現場のプロが教える!

ネットワーク運用管理の教科書

のびきよ[著]

Photo: Technicians connecting network cable. Network connection concept.
kirill_makarov/Shutterstock

本書のサポートサイト

本書に関する追加情報等について提供します。

https://book.mynavi.jp/supportsite/detail/9784839957803.html

サポートサイトより本書の付録をダウンロード可能です。zip形式で圧縮されており解凍にはパスワードが必要です。パスワードは書籍の256ページに記載されています。

はじめに

本書は情報システム部門に配属された方、ICT（Information and Communication Technology）関連企業の方、転職などでネットワークに興味がある方など、ネットワーク運用管理業務を基礎から学びたい方を対象にしています。

本書はネットワーク運用管理業務を「定常業務」、「非定常業務」、「Q&A対応」、「トラブル対応」の4つに分け、それぞれの作業の進め方や技術ポイントを、図解を多く活用してイメージで分かるように具体例を挙げて説明しています。

また、ネットワーク運用管理を行う上で必要な運用管理ツールの使い方、セキュリティや品質など、業務を推進するための基本的な考え方や行動なども説明しています。

付録では、チェックシートにより担当するネットワークがどのようになっているか把握できるようにし、ネットワーク運用管理業務のイメージがつかみやすいように管理表などのサンプルも載せています。

イメージ的な理解により基礎知識を深め、ネットワーク運用管理業務に少しでも役立てられる事を願っています。

謝辞

本書を執筆するにあたり、技術的な助言や校閲を行っていただいたすべての友人に感謝します。

また、執筆を進めるにあたり、様々な方にご協力やご尽力をいただきました。

本当にありがとうございます。

2015年11月　のびきよ

目次：Contents

はじめに …… iii
謝辞 …… iii

第1章　はじめてのネットワーク運用管理 …… 1

1.1　理解しているとしていないで大違い …… 2
1.2　ケーススタディ1 …… 3
1.3　ケーススタディ2 …… 5
1.4　ケーススタディ3 …… 7
1.5　ケーススタディ4 …… 9

第2章　ネットワーク運用管理業務 …… 11

2.1　ネットワーク運用管理業務とは …… 12
a）オペレーション …… 14
b）構成管理 …… 14
c）障害監視 …… 15
d）性能管理 …… 17
e）技術調査 …… 17
f）切り分け …… 17
g）原因調査 …… 18
h）対処 …… 18
2.2　組織間の役割 …… 19
2.3　組織内の役割 …… 22
2.4　業務内容 …… 23
2.5　定常業務 …… 24
2.6　非定常業務 …… 29
2.7　Q&A対応業務 …… 34
2.8　トラブル対応業務 …… 38
2.9　定例会 …… 41
2.10　業務に就いて最初の目標 …… 43

第3章　定常業務での技術ポイント …… 45

3.1　ネットワーク構成 …… 47
a）集中ルーティング型 …… 48
b）分散ルーティング型 …… 49
c）設置場所 …… 50
d）UPS …… 50
e）パッチパネル …… 50
f）責任分界点 …… 52

g）障害監視と性能管理 …… 53
h）ネットワーク機器との接続方法 …… 53
i）バックアップ …… 55
3.2 ケーブル …… 56
a）ツイストペアケーブル …… 57
b）光ファイバケーブル …… 59
c）Twinaxケーブル …… 61
3.3 インターフェース特性 …… 62
a）全二重と半二重 …… 62
b）オートネゴシエーション …… 62
c）MDIとMDIX …… 64
3.4 VLAN …… 65
a）ポートVLAN …… 65
b）タグVLAN …… 67
c）VLANの自動配布 …… 69
3.5 リンクアグリゲーション …… 70
3.6 スパニングツリープロトコル …… 72
a）パスコスト …… 75
b）PortFast …… 76
c）STP代替え機能 …… 76
3.7 ループ対策 …… 79
a）ループ検知 …… 80
b）ストーム制御 …… 80
3.8 DHCPリレーエージェント …… 82
3.9 DHCPスヌーピング …… 85
3.10 RIP …… 87
3.11 OSPF …… 90
a）OSPFの概要 …… 90
b）OSPFコスト …… 93
3.12 VRRP …… 95
a）切り替え …… 97
b）HSRP …… 98
3.13 スタック …… 99
3.14 パケットフィルタリング …… 101
a）フィルタイングの種類 …… 101
b）暗黙の処理 …… 102
c）応答パケット …… 102
3.15 ファイアウォール …… 103
3.16 NAT …… 105
3.17 IPS …… 109
a）アノマリ型IPS …… 110
b）シグネチャ型IPS …… 111
c）誤検知 …… 112

3.18 運用管理設定 …… 113
a）ログイン設定 …… 113
b）SNMP …… 113
c）Syslog …… 114
d）NTP …… 114
e）LLDP …… 115

第4章 非定常業務での技術ポイント …… 117

4.1 スパニングツリープロトコルの検討 …… 118
a）VLAN単位で経路を変える …… 118
b）MSTPを採用する …… 119
c）STP代替え機能を採用する …… 121
4.2 ループ対策の検討 …… 123
a）ループ検知を採用する …… 123
b）ストーム制御を採用する …… 124
c）インターフェースの復旧方法 …… 125
4.3 DHCPスヌーピングの検討 …… 126
4.4 ルーティングの検討 …… 127
a）RIPからOSPFのシングルエリアに変更する …… 127
b）複数エリアを作る …… 130
c）スタブエリアを作る …… 131
4.5 業務システム変更に伴うネットワーク検討 …… 133
4.6 IPv6の検討 …… 136
a）IPv6アドレス …… 136
b）グローバルユニキャストアドレスとリンクローカルアドレス …… 138
c）NDP …… 139
d）DMZでのIPv6適用 …… 140
e）デュアルスタック …… 141
4.7 事前検証 …… 143
a）状態確認 …… 144
b）通信確認 …… 144
c）ループ確認 …… 145
d）切り替え試験 …… 146
4.8 本番での動作確認 …… 149

第5章 ネットワーク運用管理ツール …… 151

5.1 TeraTerm …… 152
a）TeraTermの概要 …… 152
b）TeraTermのダウンロード …… 152
c）TeraTermのインストール …… 152
d）TeraTermの使い方 …… 156

5.2　arpコマンド …… 159
a）arpコマンドの概要 …… 159
b）arpコマンドの動作 …… 159
c）arpコマンドのオプション …… 160
5.3　pingコマンド …… 161
a）pingコマンドの概要 …… 161
b）pingコマンドの動作 …… 161
c）pingコマンドのオプション …… 162
5.4　tracertコマンド …… 164
a）tracertコマンドの概要 …… 164
b）tracertコマンドの動作 …… 164
c）tracertコマンドのオプション …… 165
5.5　ExPing …… 166
a）ExPingの概要 …… 166
b）ExPingのダウンロード …… 166
c）ExPingの使い方 …… 167
d）切り替え試験時の利用方法 …… 170
5.6　nslookupコマンド …… 172
a）nslookupコマンドの概要 …… 172
b）nslookupコマンドの動作 …… 173
c）対話型nslookupコマンド …… 173
5.7　Wireshark …… 181
a）Wiresharkの概要 …… 181
b）Wiresharkのダウンロード …… 181
c）Wiresharkのインストール …… 182
d）Wiresharkの実行 …… 186
e）画面の見方 …… 187
f）表示フィルタ …… 188
g）キャプチャの停止と保存 …… 189
h）キャプチャフィルタ …… 190
5.8　Nmap …… 193
a）Nmapの概要 …… 193
b）Nmapのダウンロード …… 193
c）Nmapのインストール …… 194
d）Nmapの使い方 …… 196

第6章　トラブル対応 …… 199

6.1　トラブル-対応の前に …… 200
6.2　ネットワークのトラブルと考える前に …… 201
a）エンドユーザーからのトラブル連絡 …… 202
b）サーバ担当者からのトラブル連絡 …… 202
6.3　基本的な切り分けによるトラブル対応 …… 204

a）コアスイッチへのARPの問題 …… 205
b）DNSの問題 …… 207
c）ルーティングの問題 …… 208
d）Webサーバへのの問題 …… 209
e）HTTPの問題 …… 210
6.4 経験に基づくトラブル対応 …… 212
a）ループ対応 …… 213
b）インターフェース不整合 …… 214
c）同一スイッチ内で通信不可 …… 215
d）通信量が多いと不安定 …… 215
e）ARPテーブルの問題 …… 218
f）公開サーバ変更時のDNSキャッシュ問題 …… 219
6.5 Wiresharkを使った解析 …… 222
a）ポートミラーリング …… 222
b）パケット一覧部概略 …… 223
c）パケット一覧部での解析 …… 224
d）パケット詳細部概略 …… 229
e）パケット詳細部での解析 …… 230
f）トラブル時の解析例 …… 232
6.6 ログからの調査 …… 234

第7章　ステップアップ …… 235

7.1 着任後に行う事 …… 236
7.2 セキュリティ事故 …… 237
7.3 品質 …… 238
a）RAS …… 238
b）品質管理 …… 239
c）品質とコストのバランス …… 241
d）エスカレーション …… 242
7.4 ITIL …… 243
7.5 作業の優先順位 …… 245
7.6 サポートサービスへの問い合わせ …… 247
7.7 キャリアアップ …… 249
7.8 ネットワークエンジニアの可能性 …… 251

付録 …… 255

付録.1 定常業務チェックシート …… 257
付録.2 接続表サンプル …… 259
付録.3 VLAN一覧表サンプル …… 260
付録.4 IPアドレス一覧表サンプル …… 261

第1章

はじめての ネットワーク運用管理

ネットワークの運用管理者として従事する場合、技術的なスキル以外で必要なこととは何でしょうか。第1章ではケーススタディを通してどのように仕事を進めることを求められるのかを確認していきましょう。

1 理解しているとしていないで大違い
2 ケーススタディ1
3 ケーススタディ2
4 ケーススタディ3
5 ケーススタディ4

1.1 理解しているとしていないで大違い

ネットワークの運用管理者として従事する時は、技術的なスキルも求められますが、どのように仕事を進めるのかも求められます。

今まで経験がある人が運用管理者として従事する場合、技術的なスキルを求められる事も多いのですが、はじめて運用管理を担当する人に、技術スキルを求めるわけはありません。

技術スキルは業務を行っているうちに、徐々に習得していく事が求められます。

しかし、基本的な作業の進め方が間違っていたり、周囲に迷惑をかけるような事があると印象が悪く、信頼関係を築くのが難しくなってしまいます。

最初から難しい事は求められないので、初歩的な事だけでも理解して行動すると、今後の作業の仕方も変わってきます。

ここでは、4つのケーススタディを挙げてみますので、どのように進めれば良かったのか考えてみてください。

どれも分かりやすいケースですが、分かっていてもついやってしまう事もあります。

また、「何が悪いの？」と思う内容もあるかもしれません。理由は第２章で業務内容に触れながら説明します。

1.2 ケーススタディ1

新人Aさんは情報システム部門に配属後、ネットワーク運用管理を行う事になりました。

リーダーから一通り現場の環境等を説明してもらい、日々発生する簡単な設定変更をお願いされました。

1

ID、パスワード等やログインの仕方、作業の手順を確認し、最初に見本を見せてもらいました。

2

次にＡさんは隣にリーダーがいる状態で資料や手順を見ながら設定変更をしました。

Ａさんは作業を慎重に行い、不明な点はリーダーに再確認しながら進めた事もあって、特に問題なく終わりました。

リーダーからは、「作業の進め方が慎重で良かった」と好意的なコメントももらえました。

3

次の作業からは「1 人で実施してほしい」と言われたため作業をしていたのですが、リーダーから「慎重なのが良い」と言われた事を思い出し、作業ミスをしないよう念のため、その後も毎回リーダーに確認しながら作業をしていました。

4

リーダーは残念そうに答えており、信頼されてなさそうです。なぜでしょうか？

➡ **2.5『定常業務』**参照

1.3 ケーススタディ2

Aさんはネットワーク運用管理も少し慣れてきて、日々発生する簡単な設定変更は1人で実施していました。

そこで、リーダーから新たな技術を適用したいため、適用可能か、適用する時の留意点、コマンド等を調査してほしいと依頼を受けました。

1

Aさんは CCNA（Cisco Certified Network Associate）を取得しており、依頼された新技術の動作等は理解していました。ただ、一部のパラメタの値をどうしたらよいか悩んでいました。

そこでWebサイトで確認すると、推奨設定が載っていました。

3

Aさんはこの情報を基に結果を報告したところ、作業を進めてほしいと依頼を受けたため、手順書を作成し、作業を行いました。

3

作業は無事終了し、特に問題なく新機能も動作しましたが、リーダーは怒っています。
なぜでしょうか？

4

➡ **2.6『非定常業務』**参照

1.4 ケーススタディ3

Aさんは運用管理業者の新入社員です。お客様先のネットワーク運用管理を行っており、少し慣れ始めてきたため電話対応を任されていました。

ある日、お客様から電話で質問を受けたのですが、これまで受けた内容と違い、まったく管理していないWindowsサーバの設定変更についてでした。

内容を聞いてみるとまったくネットワークと関係なかったのですが、お客様からの依頼では断れないと思って引き受けました。

畑違いな事もあって調査に時間はかかりましたが、何とかやり方が分かり、設定変更して正常に動作しました。お客様も満足しています。

3

一連の作業を終えてリーダーに報告すると困った様子をしています。なぜでしょうか？

4

➡ **2.7『Q&A対応業務』** 参照

1.5 ケーススタディ4

Aさんは少しネットワーク運用管理に慣れてきていました。
ある日、電話で障害連絡があり、調査をすることになりました。

トラブルなので緊急だと思い、すぐに現地に行って調査してみると、それほど難しい内容ではなかったため、その場で対応を行い、連絡してきた人も喜んでいました。

非常に短時間で復旧したので、戻ってリーダーに報告しました。

3

リーダーはかなり憤慨しています。なぜでしょうか？

➡ **2.8『トラブル対応業務』参照**

第2章

ネットワーク運用管理業務

第2章ではネットワークの運用管理業務について詳しく解説していきます。第1章のケーススタディでどのようにすればよかったのかも説明します。

1 ネットワーク運用管理業務とは
2 組織間の役割
3 組織内の役割
4 業務内容
5 定常業務
6 非定常業務
7 Q&A対応業務
8 トラブル対応業務
9 定例会
10 業務に就いて最初の目標

2.1 ネットワーク運用管理業務とは

ネットワークの運用管理業務とは、ネットワークが利用可能なように運用、管理していく業務です。

ICT関連の機器は企画から始まり、設計・構築・試験といった導入作業を行って、その後運用を行います。

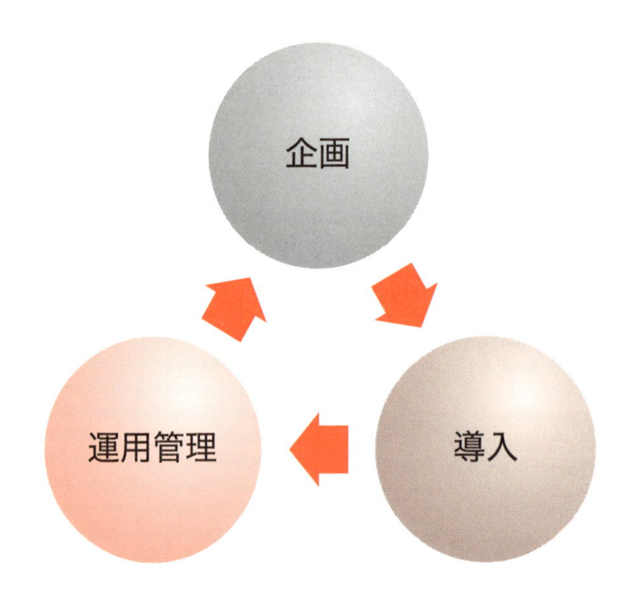

運用開始後はそのまま同じ機器で運用するわけではなく、4～5年位でリプレースと呼ばれる機器の入れ替えを行います。つまり、4～5年で上記のライフサイクルを繰り返す事になります。

これは、ICT関連の機器は常に技術が進歩しているため、新たな機能を取り入れていく必要があるためです。

例えば、エアコンの宣伝で新しい製品に買い替えると、消費電力が少なくなるというのを見かけます。ICT関連機器も同様で、同じ機能を備えた機器でも新しいほど、消費電力は少なくなります。少しの消費電力の差でもたくさんのICT機器がある場合は、1ヶ月の電力消費量、つまり電気代に大きな差が出ます。

新しい機能があれば業務を効率化できる事もあります。

例えば、電話をリプレースする際にテレビ会議機能も追加すれば、出張する時間をなくし、旅費を抑える事もできます。

また、ICT関連機器は通常、5年程度でハードウェア保守ができなくなります。メーカーで部品の在庫を長年持っておく事が難しいためです。つまり、メーカーの保守期間を過ぎると、故障した時に修理ができなくなります。

このような事から、定期的にICT機器をリプレースしていく必要があり、ネットワーク機器でも同様です。

リプレース目的の例	内容
コスト削減	電気代、旅費節約、出張時間短縮によるコスト削減
新サービス提供	新たな顧客開拓、事業拡大、業務効率化、セキュリティ対策
継続性	メーカーの保守期間内でのリプレース

ライフサイクルで最初に行う企画は、運用中のデータや課題などから次のネットワークをどのようにするか検討する事です。4〜5年のライフサイクルの中で常に検討はしますが、実際に企画を行うのはリプレースの1〜2年前位です。その後、設計・構築・試験を行ってリプレースするため、ライフサイクルのほとんどは運用管理という事になります。

区分	1年目	2年目	3年目	4年目	5年目
企画				→	→
導入					→
運用管理	→	→	→	→	→

例えば、企業の情報システム部門で運用管理する場合、課題を洗い出して企画し、それに沿って導入を行いますが、導入作業自体は一般的にはSI（System Integrator）企業に依頼します。

SI企業は、各メーカーのハードウェアやソフトウェアを組み合わせて、システムとして動作するようにします。SI企業にとって企画時期は提案活動にあたり、受注できれば導入となる設計・構築・試験を行って、システムを納める事で売上になります。

ネットワーク運用管理業務とは、この導入したネットワークが継続的に正常動作していくよう運用、管理していく事です。

ネットワーク運用管理業務を作業の内容で分けると、「オペレーション」、「構成管理」、「障害監視」、「性能管理」、「技術調査」、「切り分け」、「原因調査」、「対処」などがあります。

次からは、それぞれの作業内容について説明します。

 a）オペレーション

オペレーションは、手順書に従って事前準備を行い、設定変更や動作確認をする事です。

例えば、スイッチにVLAN（Virtual Local Area Network）を設定したり、IP（Internet Protocol）アドレスを設定してルーティングできるようにしたりします。

一般的に設定変更は、スイッチやルータなどのネットワーク機器にシリアル・USBケーブルなどで直結してログインするか、SSHなどネットワーク経由でログインして行います。

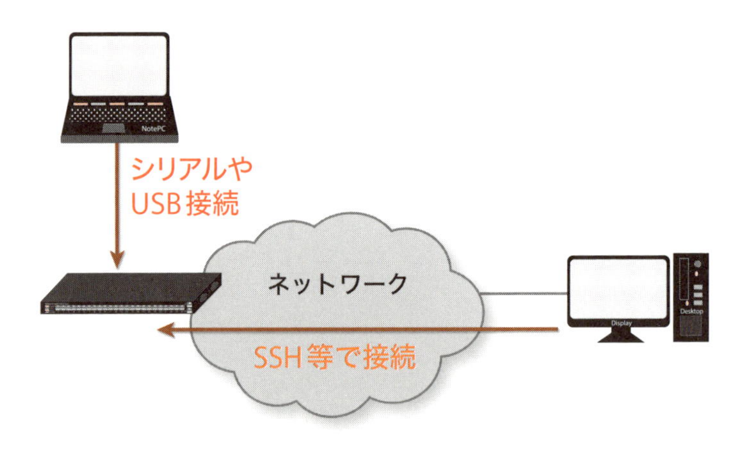

設定変更の多くは同じ事の繰り返しのため、それほど難しい事はありませんが、これまで実施した事がない設定では調査が必要で、スキルも要求されます。

 b）構成管理

ネットワーク機器は各建屋に設置される事が多く、特にスイッチは数が多くなります。

また、1台で48個など多数のインターフェースを持つスイッチもあり、どのインターフェースがどこに接続されているか管理していないとすぐに分からなくなります。

設定情報などは小さなネットワークでは覚えておけますが、それなりの規模になると設定した本人でもすぐに分からなくなってしまいます。

このような事から、ネットワーク構成図を作ったり、IPアドレスの管理などが必須で、この資料を最新に保つ事を構成管理といいます。

一般的に設定変更を行い、構成図や表に反映させる事で構成管理をします。次は構成管理

する資料の例です。

資料名	内容
ネットワーク図	ネットワーク全体を見る事ができる図。
接続表	ネットワーク機器の各インターフェースに接続された機器の一覧。
VLAN 一覧表	VLAN-ID やVLAN 名、利用用途等を記載。
IP アドレス一覧表	各機器に設定するIP アドレスの一覧。
コンフィグ	ネットワーク機器の設定情報をバックアップする。

構成管理自体は技術的に難しい事はありませんが、ネットワーク機器が多数ある場合は時間の取られる作業です。

付録（256ページ）には「接続表」、「VLAN一覧表」、「IP アドレス一覧表」のサンプルを掲載しています。

c）障害監視

ネットワークの障害監視は非常に重要です。最近は多くのシステムがネットワークを利用しており、多くの人が使っています。このような事から、いち早くネットワークの障害を検知する必要があります。

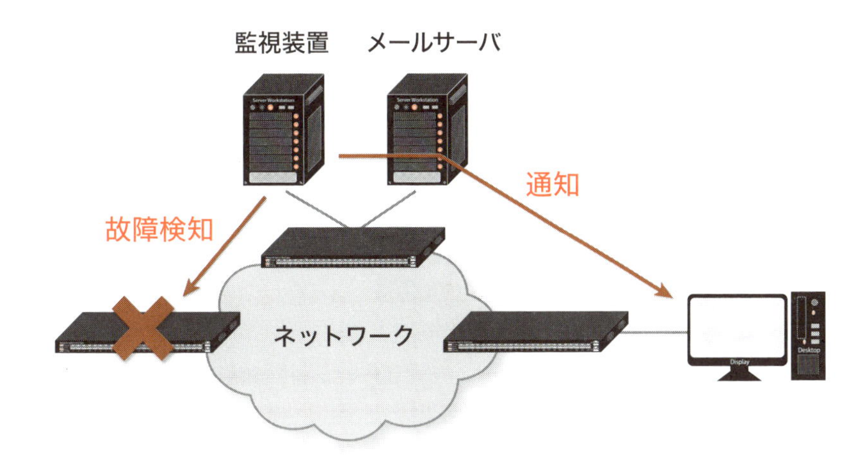

障害監視自体は上記のようにサーバを構築し、メールなどで通知する事でも可能ですが、遠隔監視という方法もあります。

サーバを構築する場合、メールサーバ自体がそのネットワーク内にあるため、ネットワークがダウンするとメールが送信できず、通知できない事があります。

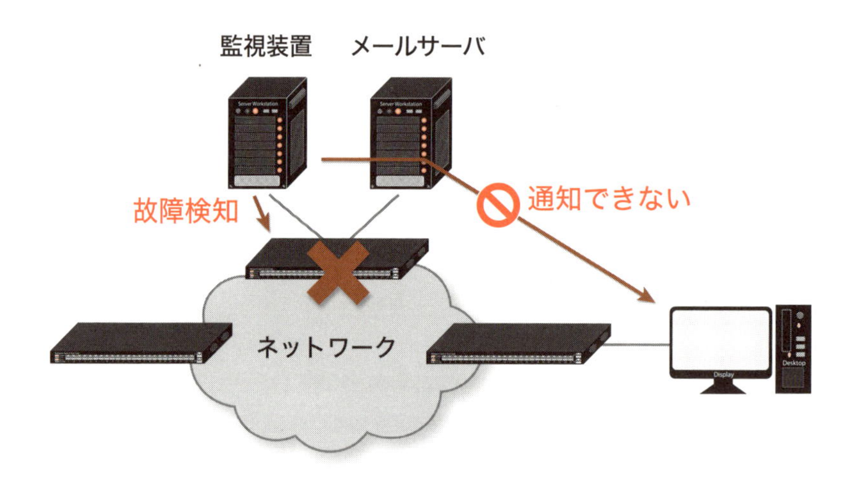

しかし、監視センターなどから遠隔監視していると、異常を検知した場合、監視センターから電話で連絡できるため、確実な連絡が可能になります。

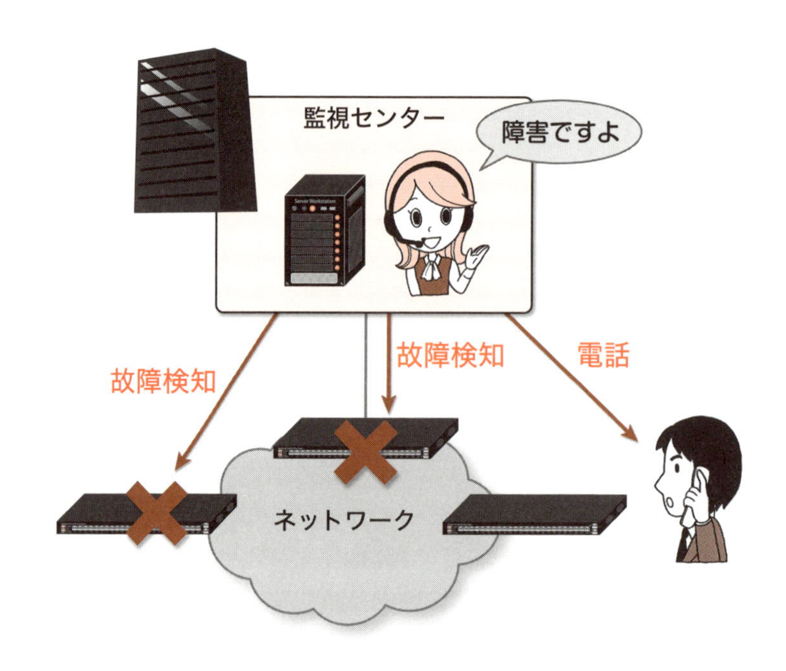

障害監視自体は平常時の作業はほとんどなく、スキルも求められません。

d) 性能管理

性能管理は通信量を測定し、推移を管理します。

最近のネットワークは1Gbpsや10Gbpsの速度が出るため、あまり帯域不足にはなりません。このため、通信量が一定なのか、一時的な上昇があるのかなど、推移を把握するのが主目的です。性能管理をする場合は、通常は監視装置などを使ってグラフ表示できるため、定期的に確認を行います。

e）技術調査

新機能を適用する、質問に回答する、手順書を作成するなどのため、技術調査をします。

書籍やWebサイトなどを利用しますが、現場のネットワークをある程度理解しておく必要があります。技術調査は依頼された時だけでなく、より良い冗長化や監視方法などがあれば改善提案します。改善していく事で運用が楽になったり、ネットワークの使い勝手が向上できます。

f）切り分け

切り分け作業は、障害監視での通知、もしくは利用者からの連絡などで認識した事象に対し、本当に障害が発生しているのか、障害が発生しているとしたらどこで発生しているのか見極める事です。例えば、利用者からネットワークが利用できないと連絡があった場合、利用者のパソコンが接続されたネットワーク機器で障害が発生しているとは限りません。

このため、切り分けを行って障害箇所を特定する必要があります。障害箇所を特定できれば、影響範囲も特定できます。上の図では、サーバが接続されたスイッチが故障しているため、連絡があった利用者だけでなく、他の利用者も通信できない可能性があります。

g）原因調査

切り分けによって障害箇所が特定された場合、該当機器の何が悪いのか調査する必要があります。例えば、ハードウェア故障なのか、設定ミスなのか、誰かが間違ってケーブルを接続したのかなどです。

h）対処

原因調査によって原因が判明した後は、対処を行います。

スイッチの故障であればスイッチの交換、設定ミスであれば設定変更、ケーブルが間違って接続されていればケーブルを抜くなどです。

対処ができない場合は、仮対処を行う事もあります。例えば、故障したスイッチを交換できるまで1日かかり、長時間ネットワークを停止できない場合は、代わりのスイッチと交換して一時的に通信だけ回復する場合もあります。

また、ハードウェアの交換はハードウェア保守業者が行ってくれる事がほとんどです。例えば、スイッチが壊れた場合、契約先のハードウェア保守要員に連絡すれば交換してもらえます。

この場合、対処はハードウェア保守要員が行ってくれますが、交換した後に通信できるかなどの動作確認は行う必要があります。

2.2 組織間の役割

ICT関連機器を利用する人をエンドユーザと呼びます。

また、ICT関連機器を管理してエンドユーザにサービスを提供する部門を情報システム部門と呼びます。

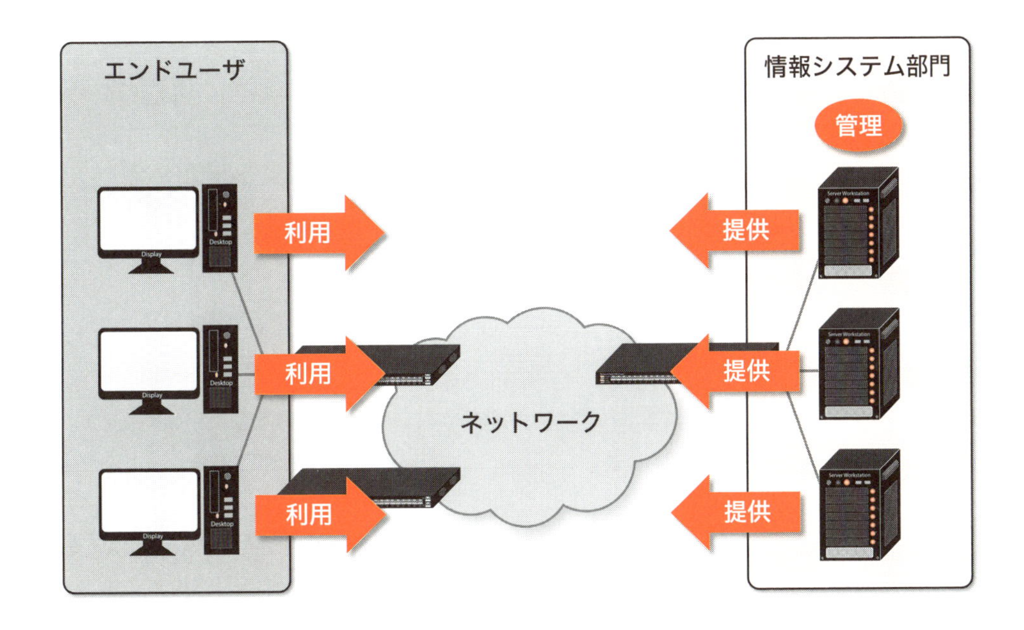

情報システム部門にとってエンドユーザはサービスの提供先です。このため、ネットワーク運用管理に限っていえば、ネットワークが継続的に利用できるようにする事が一番のサービスです。

情報システム部門の中でもネットワーク機器を中心に管理する担当者をネットワーク管理者と呼びます。

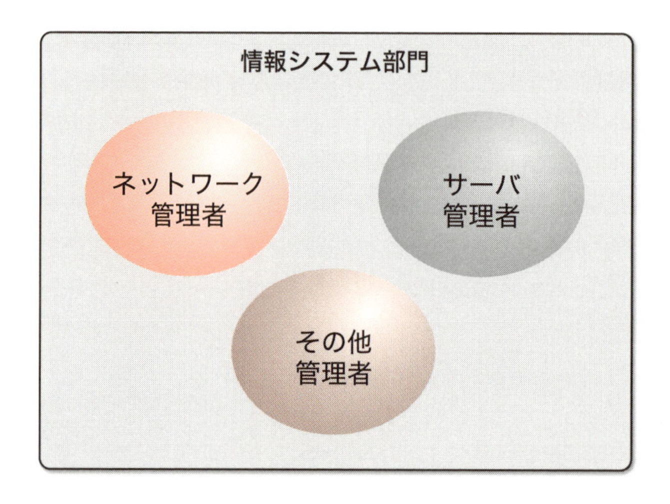

ネットワーク管理者の中で運用管理する担当者をネットワーク運用管理者と呼びますが、この業務を外部に委託する事も多くあります。この場合、受託業者がネットワーク運用管理業務を行います。

受託業者は、遠隔地からサポートする場合もありますが、ネットワークがトラブルなどで使えないと調査や対処ができないため、常駐といって現地に常時いるケースが多くあります。つまり、お客様先が勤務地になります。

また、情報システム部門は一般的にハードウェア保守のために保守契約をし、各ハードウェアやソフトウェアの質問に回答してもらえるサポートサービス、遠隔監視を行っている場合は遠隔監視サービスの契約も行います。

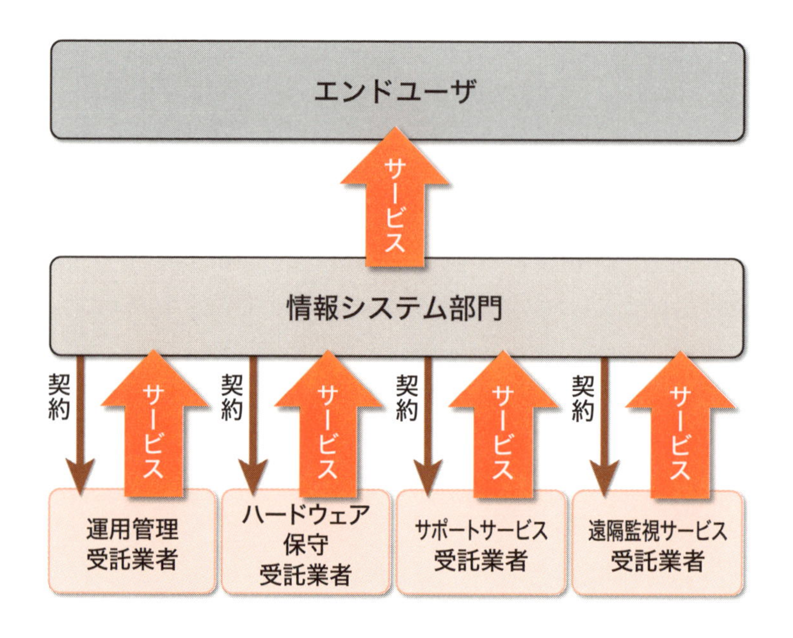

遠隔監視サービス受託業者が運用管理受託業者に直接連絡したり、運用管理受託業者がハードウェア保守受託業者に直接修理を依頼する、サポートサービス受託業者に直接問い合わせるといった事も多くあります。

なお、導入を担当したSI企業と、これら運用管理・ハードウェア保守・サポートサービス・遠隔監視サービスを一括して契約する事もあり、契約形態は様々です。

このサービス提供の流れから、情報システム部門と運用管理受託業者は次に示す特徴があります。

- 情報システム部門

エンドユーザにネットワークが継続的に利用できるようにする必要があります。外部に委託する場合は、各受託業者を取りまとめ、エンドユーザとの窓口になる必要があります。

ネットワークを改善して、より良いサービスを提供していく必要があります。

- 運用管理受託業者

直接の顧客は情報システム部門ですが、情報システム部門のサービス提供先はエンドユーザです。このため、情報システム部門の課題は、エンドユーザへサービスをどのように提供していくのかだという事を理解しておく必要があります。このように、各役割は違うもののネットワークを維持・管理して継続的に使えるようにするという目的は同じです。

なお、ハードウェア保守契約を行わない事もあります。この場合はスポット保守といって、故障が発生してハードウェアを交換する度に料金を払います。一時的な停止が許される場合や予備機にすぐ交換できる場合は、スポット保守とします。

サポートサービスを契約しないと質問ができませんし、新しいソフトウェアのバージョンが提供されないためバージョンアップもできず、運用が困難になる可能性があります。

2.3 組織内の役割

組織の中でも役割分担があります。
プロジェクトのリーダーや各担当者で、サブリーダーがいる場合もあります。

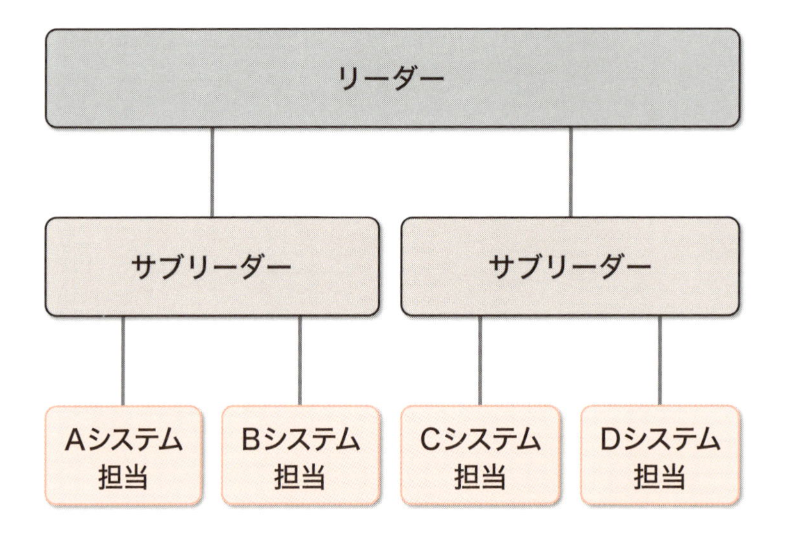

情報システム部門に配属されたり、受託業者として作業する場合、最初の役割は担当者です。担当者が複数いる事もあり、その場合はリーダーやサブリーダーからではなく、他の担当者から作業を教わる事もあります。

2.4 業務内容

ネットワーク運用管理業務は細分化する事ができます。定常業務、非定常業務、Q&A対応業務、トラブル対応業務です。

業務	区分
定常業務	ルーチンワーク対応
非定常業務	変更が求められる対応
Q&A対応業務	変更が求められない対応
トラブル対応業務	緊急対応

定常業務は、スイッチにVLANやIPアドレスを設定するなど、日々発生する作業が該当します。

非定常業務は、新しい機能を追加する、これまでの機能を変更するなど、不定期に発生する作業が該当します。

Q&A対応業務は、質問に対して調査して回答する作業です。

トラブル対応業務は、障害発生時に切り分け、原因調査、対処する作業です。

『2.1 ネットワーク運用管理業務とは』で「オペレーション」、「構成管理」、「障害監視」、「性能管理」、「技術調査」、「切り分け」、「原因調査」、「対処」などがあると説明しましたが、この作業の組み合わせで各業務が成立します。

業務	オペレーション	構成管理	障害監視	性能管理	技術調査	切り分け	原因調査	対処
定常業務	○	○	○	○				
非定常業務	○	○			○			
Q&A対応業務					○			
トラブル対応業務						○	○	○

この他にも作業報告する、記録を残すなど基本的な行動が含まれます。

2.5 定常業務

定常業務はルーチンワークといって、日々発生する作業を行う事です。一般的に手順書があり、その手順書に従って作業を行います。

定常業務は既に実績があるため、問題が発生する可能性もほとんどなく、技術的なスキルはあまり求められません。

このため、ネットワーク運用管理業務を担当すると真っ先に任される業務です。

例えばVLANの設定変更のフローは次が考えられます。

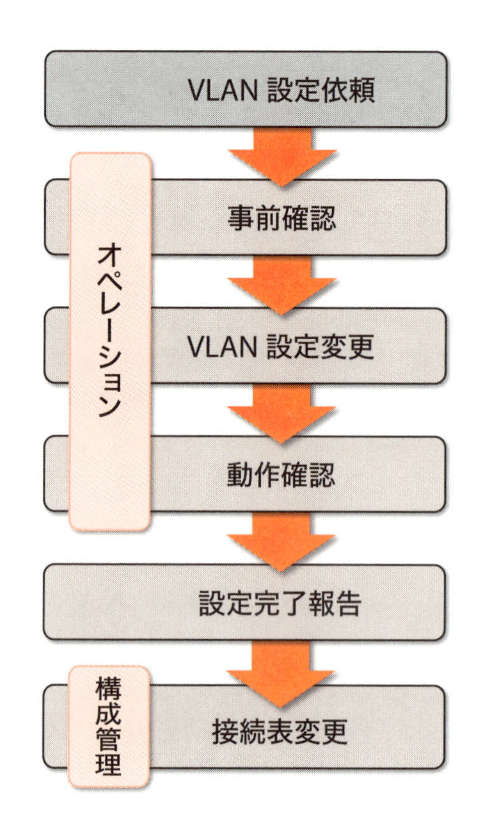

依頼は、情報システム部門の担当者であればエンドユーザから受けたり、他の担当者やリーダーなどから受けます。運用管理受託業者の担当者であれば情報システム部門から受けますが、契約内容によってはエンドユーザから直接受ける事もあります。

依頼方法は電話、フォーマットに従って紙で依頼されたり、メールなどです。また、掲示板のようなシステムで依頼を受ける場合もあります。

依頼は、いつまでにと期限が決まっている事もあります。その場合は、期限を守る必要があります。

事前確認は、VLANをどのスイッチのどのインターフェースに割り当てるか確認したり、スイッチへのログイン方法を確認したりする準備です。

VLANを設定変更して動作確認した後、完了報告をしますが、これもフォーマットに従って紙で履歴を残したり、電話やメールで報告したり、システムに書き込んだりします。

接続表の変更は構成管理にあたり、変更した箇所を修正します。

次はVLAN割り当ての作業手順書の例です。

VLAN割り当て作業手順書			
作業時間	10分	チェック	備考
業務停止	なし		
事前確認	①「接続表」でVLAN割り当てが可能か確認する。 ② スイッチへのログイン方法を確認する。	□ □	
当日作業	① スイッチにログインする。 ② enableを実行して特権モードに移行する。 ③ conf tを実行してコンフィグモードに移行する。 ④ interface gix/xを実行してインターフェースモードに移行する。(x/xは設定するインターフェース) ⑤ switchport access vlan xを実行してVLANを割り当てる。(xは割り当てるVLAN番号) ⑥ Ctrl+Zで特権モードに戻る。 ⑦ show vlan briefでインターフェースにVLANが割り当てられている事を確認する。 ⑧ copy run startで設定を保存する。	□ □ □ □ □ □ □ □	

このように、一般的には事前に確認する内容、当日作業として設定変更する方法、動作確認の内容まで記載されています。このため、依頼を受けた後はフローと手順書に従って作業を行い、完了報告と資料の修正を行えばよい事が分かります。

定常業務には障害監視も含まれる場合があります。自動的に監視して通知される場合は何もする必要はありませんが、毎日手動で通信して正常か確認する、機器の状態を目で見て確認する、機器の状態をコマンドで採取して確認する、監視装置で画面を表示して定期的に確認する場合もあります。

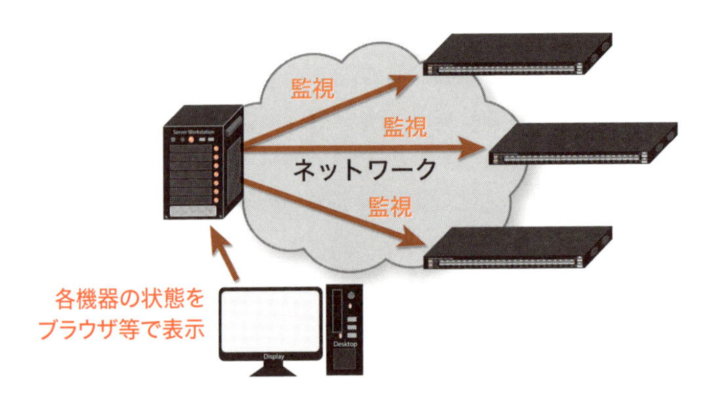

この監視も一般的には手順書に従って作業するだけです。どのような状態であれば正常と見なすかも、普通は決まっています。ただし、監視対象のネットワーク機器が増減したり、設定を変える時などは監視対象機器や監視内容を変更する必要があり、現在の監視方法について理解しておく必要があります。

遠隔監視している場合は監視センターに変更を連絡する必要もあります。この時、機器の数や監視内容で契約をしていると、変更できない事があるため、事前にどのような契約か確認しておく必要があります。

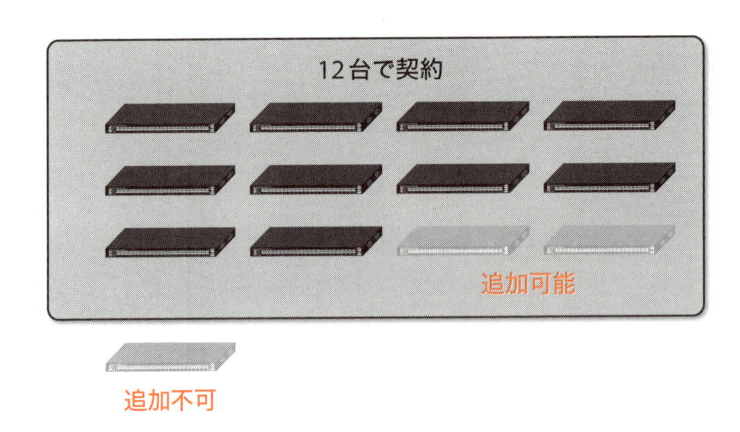

また、障害を検知した場合に次に何をするかの確認も必要です。自分でトラブル対応するのか、誰かに連絡するのかなどです。

ここで第1章のケーススタディ1を振り返ってみます。

ケーススタディ1では最初にリーダーに見本を見せてもらい、次は自分で作業しましたが、その後作業する度に確認してもらっています。これでは、作業をお願いしてもリーダーの時間は空きません。

つまり、期待された成果になっていないのです。

情報システム部門に配属されてネットワーク運用管理を行う事になった場合や、運用管理受託業者として現地に常駐する事になった場合、定常業務を正確に行い、他の人の作業量を減らす事を期待されます。このため、最初は定常業務を自分で引き取る意識が大切です。

なお、定常業務は必ずしも1人で行うとは限りません。

例えば、医療システムや電気・ガス・水道などの生活系インフラ、生命にかかわるシステムなど、重要なシステムでは2人1組で作業を行います。この場合、作業を行う人とチェックする人に分かれて作業します。手順書の例ではチェック欄があると思いますが、作業する度にチェックする人が1行1行コマンドを確認し、ここにチェックを入れる事で作業ミスを防止します。このように、重大なシステムを任されたとしても、一般的には安全策が講じられています。

また、定常業務でも手順書がない事もあります。これまでの担当者が経験に基づいて設定変更しており、手順書を作成していない事は結構あります。

この場合、作業手順の説明を受ける際、必ずメモをしておく必要があります。このメモを参考に作業しますが、できれば先ほどの手順書の例を参考に、手順書を作成する事をお奨めします。

手順書を作成して初めて気づく点もあり、勉強になる事もありますが、周囲の人にも喜ばれます。

この時、何を持って作業が完了とするかを明確に聞いてください。

例えば、VLANがインターフェースに割り当てられている事を確認すれば完了なのか、もしくはインターフェースが故障している可能性もあるので、インターフェースの先にパソコンを接続して通信確認まで行う必要があるのか、重要なシステムなので継続的な確認が必要なのかで作業が違ってきます。

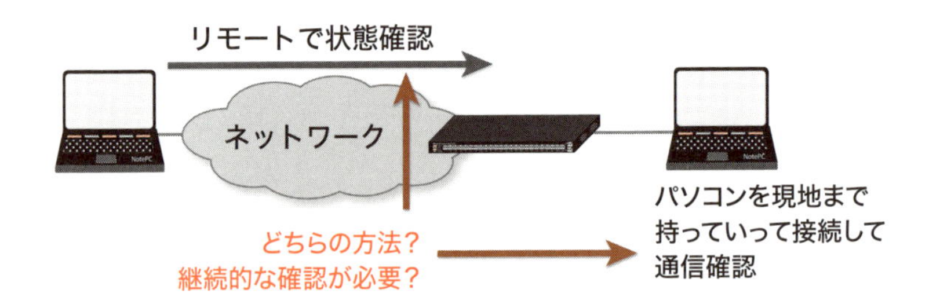

重要度に応じて状態確認で大丈夫な時、実際に現地で通信確認する必要がある時、継続して確認が必要な時などがあるため、何をもって完了とするかは意識して業務にあたる必要があります。

2.6 非定常業務

非定常業務は定常業務と違い、これまで実績がなく、作業手順書もないような作業、もしくは日常的には発生せず、たまに発生する作業などが含まれます。

例えば、ケーブルを間違って接続すると、ネットワークがループして通信できなくなる可能性があります。このループ対策のため調査・設定変更する場合のフローは、次が考えられます。

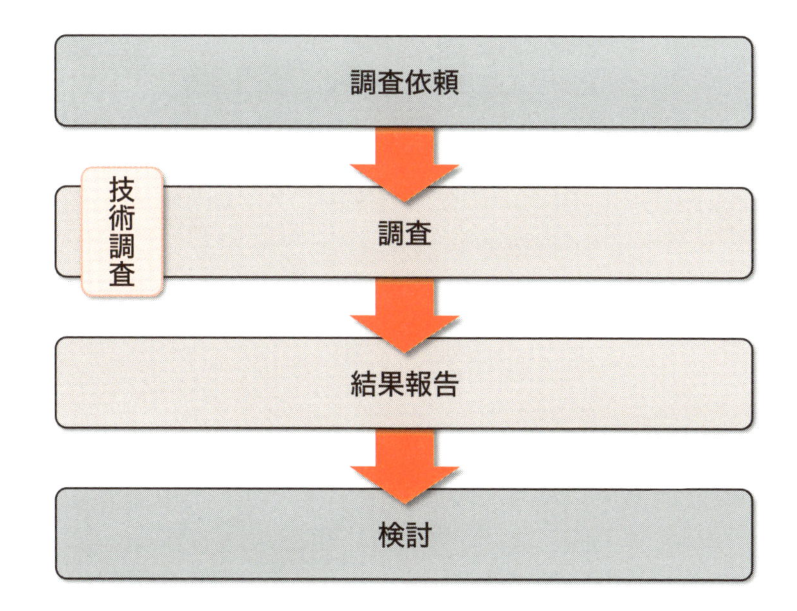

調査依頼の受付は定常業務で説明したのと同じです。

調査は書籍やWebサイトなどで行いますが、サポートサービスと契約している場合は分からない点を質問すると、回答してもらえます。結果報告はやはり電話やメールなど、決まった方法で報告します。

調査結果を受けて検討した結果、有用となった場合は適用依頼があり、設定変更する事になります。この時のフローでは次が考えられます。

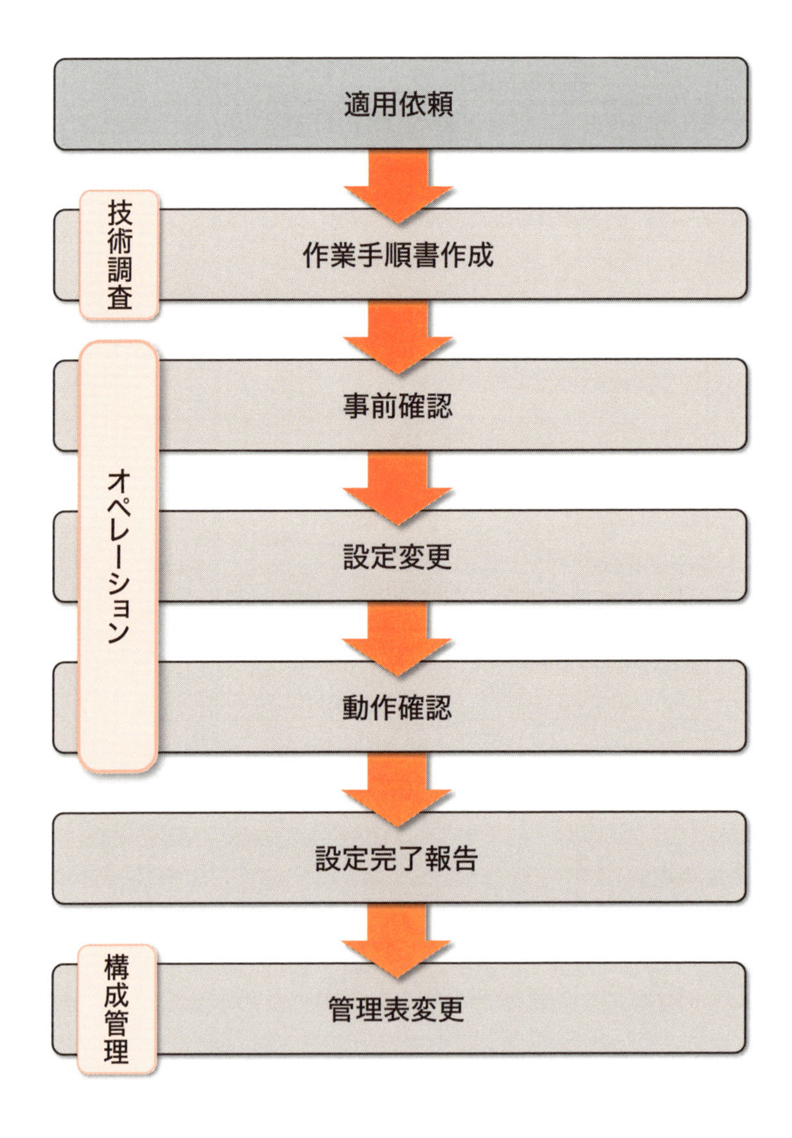

非定常業務で設定変更した後、定常業務の内容が変わる場合は、その手順書作成が必要な事もあります。

定常業務の時と違うのは、作業手順書作成がある事です。作業手順書作成後は定常業務と同じフローになります。

この時の作業手順書の例は次の通りです。

Flex Link設定作業手順書			
作 業 日	10月10日(金)	確認者	作成者
作業時間	12:00〜12:20		
設定対象機器	スイッチA		
業務停止	12:00〜12:10	チェック	備考
事前確認	① STPのブロッキングポートを確認する。 ② スイッチへのログイン方法を確認する。	□ □	
当日作業	① スイッチにログインする。 ② enableを実行して特権モードに移行する。 ③ conf tを実行してコンフィグモードに移行する。 ④ interface gix/xを実行してインターフェースモードに移行する。（x/xは設定するインターフェース） ⑤ …… ……	□ □ □ □ □ …	

定常業務の作業手順書と違うのは、赤色の文字部分のように作業日や作業時間、対象機器が明確になっている事です。また、確認者や作業者の欄があり、署名するようになっています。

これは、初めての作業のため、必ず他の人のチェックを経てから作業を行う必要があるためです。

ここで第１章のケーススタディ２を振り返ってみます。

ケーススタディ2では調査を行い、結果を報告しています。ただし、作業手順書を作成した後に、チェックしてもらっていません。

つまり、初めての作業を誰もチェックしないまま実施した事になります。

ケーススタディでは作業は成功していますが、いつ失敗してもおかしくない状態です。

作業を勝手に行わないという事も重要な事の1つです。

例えば、単純ミスはよくある事です。これは、作業のやり方を変えるなどで対策する方向を考えるべきですが、勝手に行動してトラブルになった場合、なぜ勝手な事をしたか問われます。

失敗原因	対策
単純ミス	組織として対応が必要
勝手な行動	その人個人の問題になる可能性あり

このような事にならないよう、しっかりチェックしてもらう事が重要です。また、チェックしてもらう手順を踏んでいれば、万一のトラブルの時も、少なくともチェックしてくれた人はあなたの味方です。

なお、手順書作成時はフェイルセーフを常に心がけてください。フェイルセーフとは、間違った場合でも問題を局所化するなど、大きな問題に発展させないようにする事です。

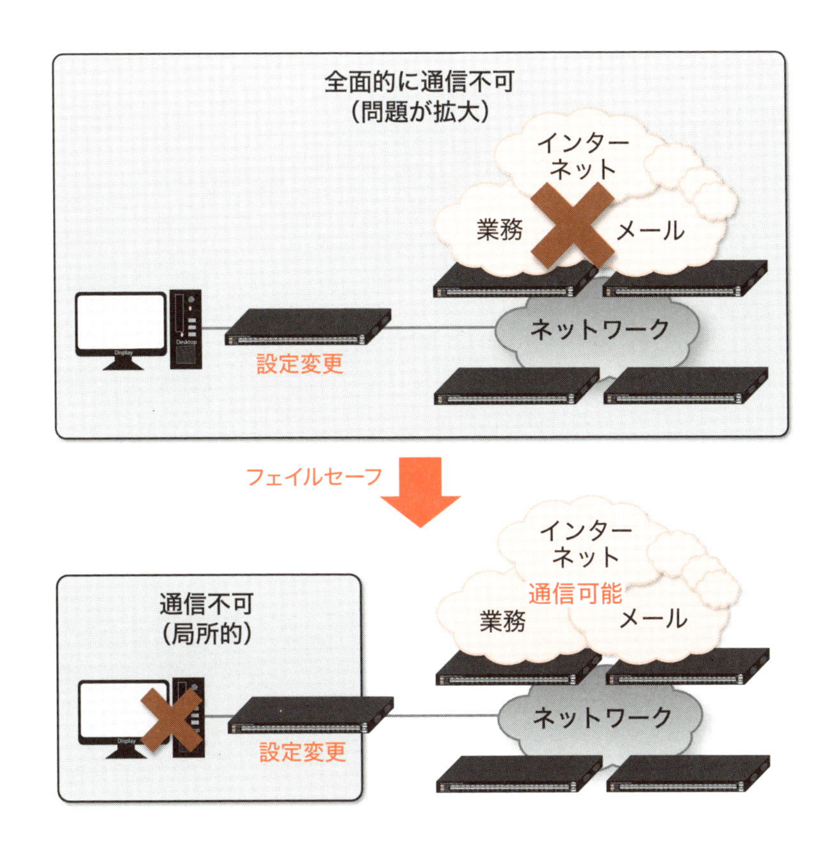

次はフェイルセーフの例です。

- ループが発生する可能性がある場合は2本のケーブルを同時に接続するのではなく、1本接続して状態を確認した後に残りを接続する。
- 設定変更時にデフォルトで設定されているか不明な場合は、念のため設定を行う。
- 万一トラブルが発生して対処できない場合でも、元に戻せる手順を確立しておく。

最後の例は切り戻しといいます。他にもフェイルセーフはたくさん考えられますが、手順を考える際は「大丈夫だろう。」ではなく、「もしかして？」と考えてください。フェイルセーフの考え方が身に付きます。

なお、サポートサービスの契約があれば、作業手順書自体をチェックしてもらえる事があります。

サポートサービスの契約先は製品の販売元か代理店です。このため、製品に精通しており、手順の間違いなどを指摘してくれたり、より良い手順を教えてくれる可能性があります。

ただし、サポート元に確認した場合でも、決められた確認者にチェック依頼が必要です。組織ごとにネットワーク環境は違うため、作業手順も変わってくる可能性があるためです。

2.7 Q&A対応業務

Q&A対応業務はこれまで実績のあるもの、または実績のないもの含めて質問に調査して回答する業務です。フローとしては次が考えられます。

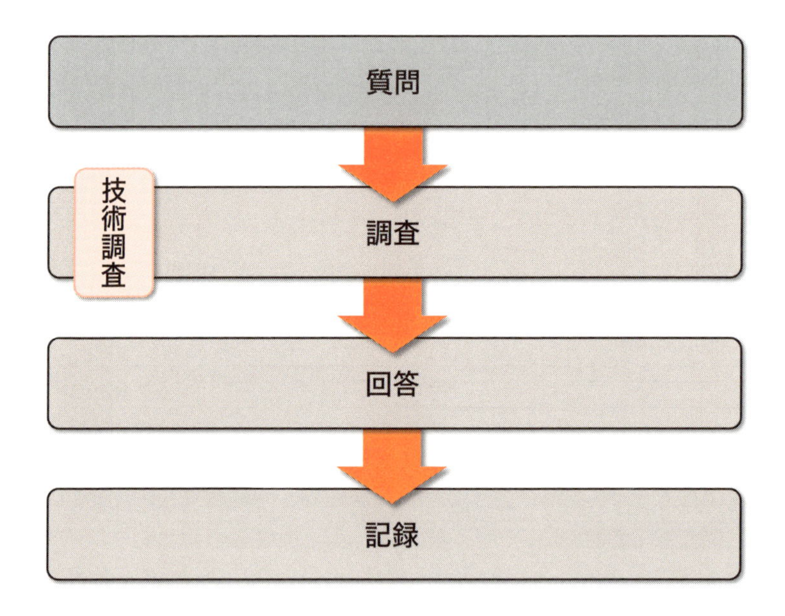

質問の受付は定常業務で説明したのと同じです。記録はどのような回答をしたか履歴として残すためのもので、例えば次のようなQ&A対応表が考えられます。

Q&A対応表			
タイトル	VLANの空き状況		
質問日	10月10日(金)	確認者	
回答日	10月10日(金)	作成者	
対象機器	スイッチ全般		
質　問	VLANの空き状況を教えて下さい。		
回　答	VLAN20まで使われており、21以降が空いています。		

このQ&A対応表は質問者と回答者で齟齬があった場合、後で確認する事があるため、正確に記載が必要です。

また、同じ質問が来る事もあります。この場合、過去の履歴を参照する事ですぐに回答ができます。

この対応表も紙ではなく、電子的に行っている場合もあり、その場合は検索などが楽に行えます。

質問によっては過去に事例がなく、全く分からない事もありますが、ハードウェアやソフトウェアに関する質問であれば、通常はサポートサービスが利用できます。

慣れないうちはそのまま質問してしまうのも手ですが、質問者から再質問される事もあります。また、自身のスキルアップのためでもあるので、サポートサービスからの回答は内容について理解しておく必要があります。

Q&A対応表には赤色の文字部分のように対象機器の項目があります。

運用管理受託業者が契約する時は、運用管理範囲が決まっています。例えば、スイッチ30台、ルータ1台、ファイアウォール1台などです。このうち、どの機器が今回のQ&A対応の対象となっているかをここに記載します。

運用管理受託業者は対象機器の範囲内で業務を行い、問題が発生した場合は責任範囲として対処が必要になります。

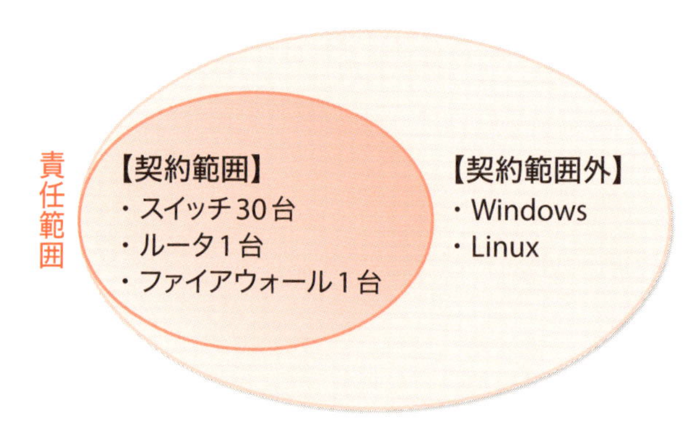

対象機器が増えれば対応する人数も増やす必要があり、契約や価格が変わる事もあります。

ここで第1章のケーススタディ3を振り返ってみます。

ケーススタディ3では全く関係ないと思いつつ、お客様の依頼は断れないと思い、結果的に設定変更まで行っています。

上の図でいえば契約範囲外の作業で、責任範囲を勝手に増やした事になります。

これが前例となって、また契約範囲外の事を依頼されるかもしれませんし、チーム内の他の人が断ると、「あの人はやってくれたのに・・・」などと言われる可能性もあります。

このように、良かれと思ってやった事が後々悪影響を及ぼす可能性があるため、契約範囲外の作業は行わないようにする必要があります。

ただし、今回のケースでは最終的にお客様も喜んでおり、付加価値ともいえます。

付加価値とは、本来のサービス以上のものを提供する事です。付加価値が顧客満足度向上に繋がるため、一概に契約範囲外の作業をしてはいけないという事ではありません。

今回のケースのような場合は、「一度確認させてください」と電話を切り、リーダーなどに確認して作業するかを決める必要があります。

慣れてくると、作業ボリュームや影響度によって、受けてよいか判断できるようになります。

2.8 トラブル対応業務

トラブル対応業務は、過去に発生した事があるトラブルや、初めてのトラブルなどの切り分け、原因調査を行って対処する業務です。

フローは次が考えられます。

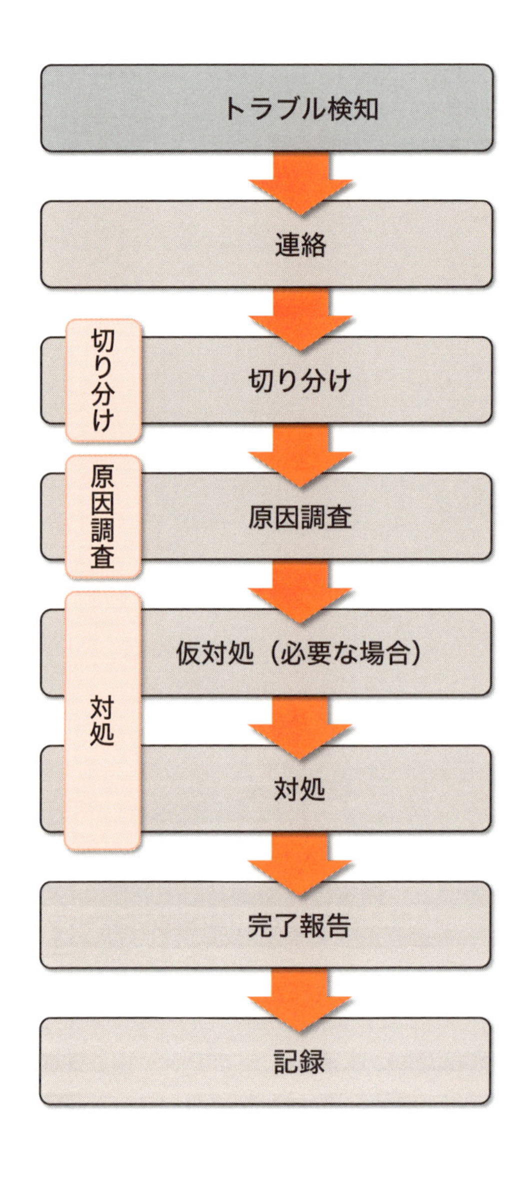

図中のトラブル検知はエンドユーザからの連絡であったり、監視装置や遠隔監視センターからの通知で認識します。

連絡は周囲へトラブルが発生した事の周知です。

切り分けから対処までは『2.1 ネットワーク運用管理業務とは』で説明した通りです。

原因調査は後回しにする事もあります。復旧を優先する場合です。

これまで動作していたので、一時的な障害かもしれません。そのような時は最低限の情報だけ採取し、スイッチをリセットするなどしていったん復旧させる事もあります。

そのままでは再発するかもしれないため、ログや採取した情報を元に後で調査を行いますが、いったん復旧させると調査が難しく原因不明になる可能性が高くなります。

このため、原因調査を優先するのか、復旧を優先するのかは事前に決めておく、もしくはその影響度によっては周囲に相談が必要です。

また、記録はQ&A対応業務と同様に、どのような対応をしたか履歴として残すためのもので、例えば次のようなトラブル対応表が考えられます。

トラブル対応表			
タイトル	A居室でネットワークが使えない		
発生日	10月10日(金)	発見者	
対処日	10月10日(金)	対応者	
対象機器	A居室スイッチ		
事象	A居室内の通信が非常に不安定で他居室とは全く通信出来ない。		
原因	A居室内の人が誤って接続し、スイッチのgi1/2とgi1/3間でループが発生していました。 居室内ではブロードキャストストームが発生し、通信が不安定でした。 上位スイッチでループを検知したため、インターフェースを遮断し、他居室と通信が出来なくなりました。		
対処	A居室のスイッチでgi1/3側のケーブルを抜き、ループを解消しました。 又、上位スイッチでインターフェースをUP/DOWNさせ、使える状態にしました。 コマンドは以下の通り。 ……		

トラブルは多くの環境で発生するものがあります。トラブル対応表の例ではループへの対応を示していますが、ループ対策していない環境では何度も経験すると思います。履歴を残

す事で、同じようなトラブルが発生した時に過去の履歴を参考にして、対応が早くできます。

逆に、ある環境でのみ発生するようなトラブルもあり、この場合は事例も少なく対処が困難です。このような場合は、やはりサポートサービス契約があれば問い合わせして協力してもらう事ができます。

特に製品のバグなどではサポートサービスに問い合わせないと原因は分かりませんし、対処も難しくなります。

なお、通信できないなどのトラブルでは一刻も早く解決する必要がありますが、まずは影響範囲を特定する必要があります。例えば、1か所通信できない事を検知した場合、他でも通信できない事も考えられます。この場合は、エンドユーザに案内を出して通知しないと、問い合わせが多発して問題が大きくなりますし、ネットワークを使っている業務に影響が出る事を、いち早く知らせる必要もあります。

ここで第1章のケーススタディ4を振り返ってみます。

ケーススタディ4ではトラブル対応をスムーズに行い、感謝もされていますが、トラブル発生時に連絡を行っていません。

ネットワークのトラブルでは、影響範囲が大きくなる可能性のある事を認識して対応が必要ですが、リーダーなどに連絡せずに現地に向かってしまっています。

今回のケースでは大きな問題にはなりませんでしたが、トラブル発生時は必ず連絡が必要です。

2.9 定例会

多くの現場では一定期間ごとに定例会を開催します。
定例会では業務の件数などの統計を報告します。

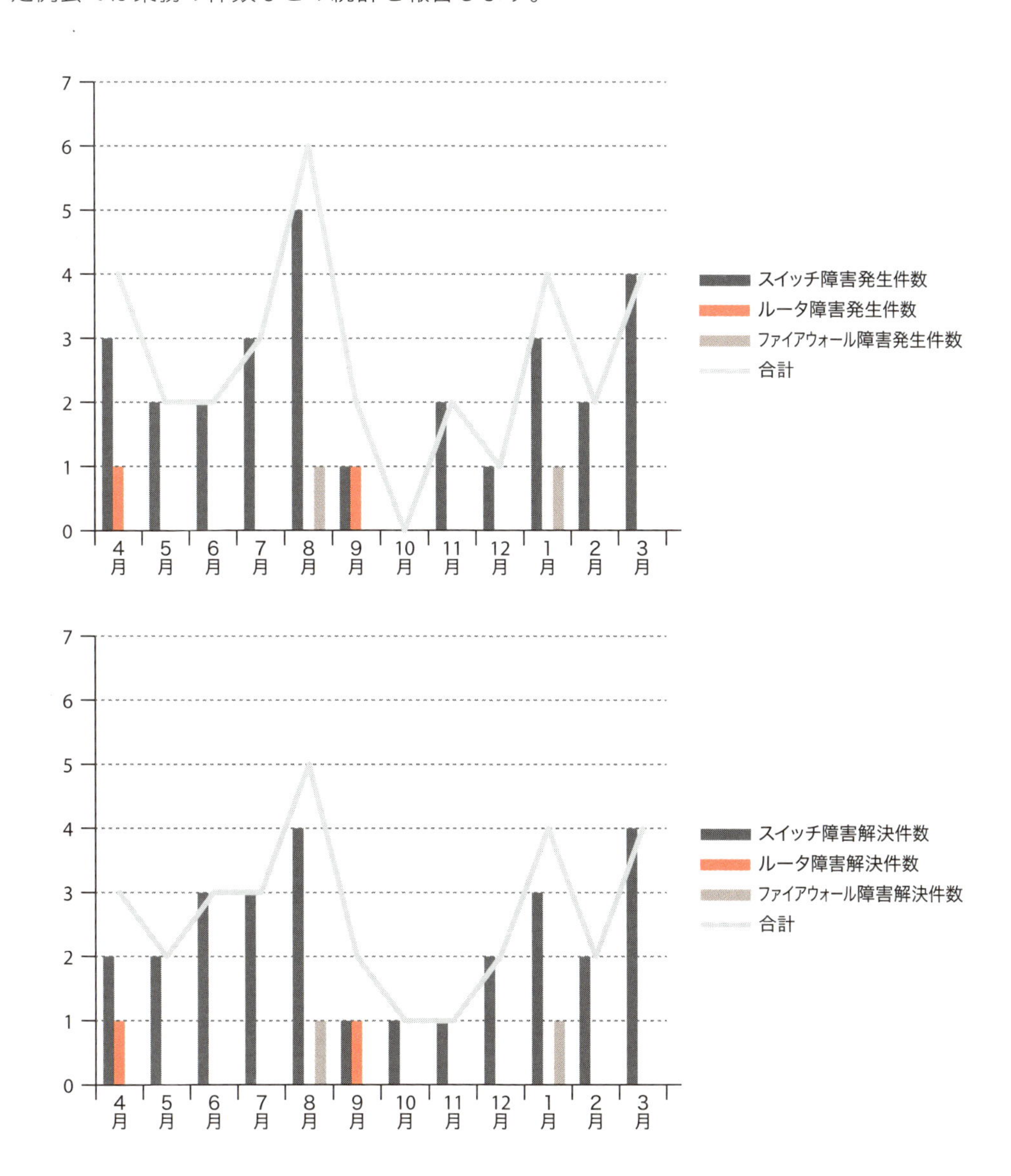

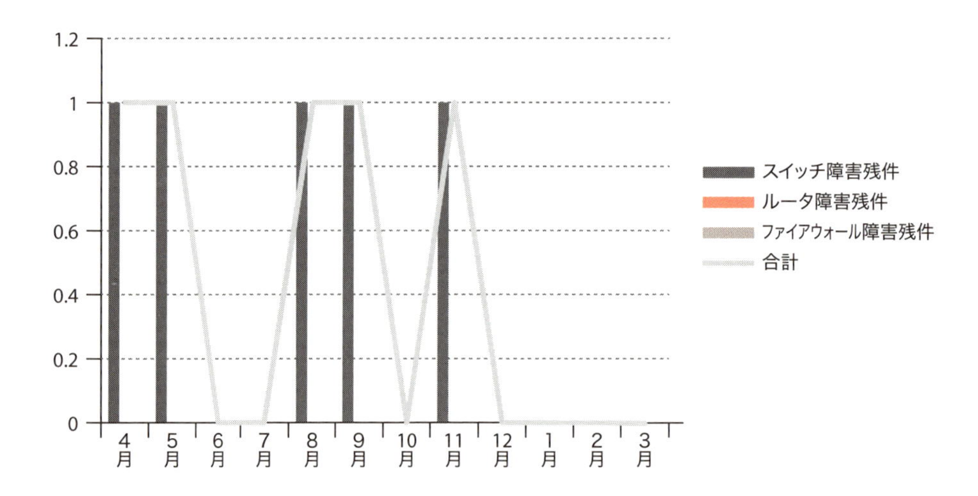

上記のように件数や残件の推移を確認します。

また、各作業の結果や進捗を報告します。

例えば、非定常業務で新機能の調査を行っていた場合、どこまで進んだか、何が分かったかなどを報告します。

課題があれば、社内の定例会の場合はリーダーなどの指示を仰ぎ、お客様との定例会であれば対処方法について相談する必要があります。

定例会によって、どの位の案件が発生するか意識の共有が図られ、突然増えたりした場合は原因を考える必要があります。

また、作業内容についても意識共有が行われ、万一問題が発生した場合でも他の人も認識しているため、共有して対処が可能になります。

定例会の開催頻度は様々で、通常は1ヶ月に1回、2ヶ月に1回位です。

通常の業務連絡と合わせて定例会を行うようなところでは、毎週行う場合もあります。

定例会の内容は議事録などを作成し、記録として残します。

2.10 業務に就いて最初の目標

第2章ではネットワーク運用管理業務について説明すると共に、第1章で示したケーススタディでどうすればよかったのかを説明しました。少し表現を変えると次のようなことが言えます。

- 作業は自信を持ってできるようにする（事例などを参考にマネをする)。
- 勝手な事はしない。
- 作業範囲を理解し、契約を守る。
- 報連相（報告、連絡、相談）を確実に行う。

見て分かる通り、各ケーススタディでの留意点は、ネットワーク運用管理業務に限らず他の職種でも当てはまる基本行動です。今回はこれを、ネットワーク運用管理という業務に当てはめて説明させていただきました。

既に説明した通り、ネットワーク運用管理業務に就いて最初の頃は、技術力を求められません。徐々に覚えていけばいいのです。ただし、基本行動は業務に就いてすぐに求められます。

業務に就いて最初の目標の1つは、基本行動を確実に行えるようにする事です。

第3章

定常業務での技術ポイント

第３章ではネットワーク管理業務の技術的な説明を行うと共に、定常業務を任された際に抑えるべきポイントを説明します。

1 ネットワーク構成
2 ケーブル
3 インターフェース特性
4 VLAN
5 リンクアグリゲーション
6 スパニングツリープロトコル
7 ループ対策
8 DHCPリレーエージェント
9 DHCPスヌーピング
10 RIP
11 OSPF
12 VRRP
13 スタック
14 パケットフィルタリング
15 ファイアウォール
16 NAT
17 IPS
18 運用管理設定

定常業務はネットワーク運用管理業務に就くと真っ先に任されると説明しました。

定常業務では一般的に作業手順が確立されていますが、それでも技術的に理解していないとトラブルが発生する可能性があります。

例えば、割り当ててはいけないVLANをインターフェースに割り当てるなどです。

このため、第３章では技術的な説明を行うと共に、定常業務を任された際に抑えるべきポイントを説明します。

また、各技術ポイントは巻末の付録に表としてまとめていますので、管理するネットワークで実際にチェックしてみてください。

なお、以降では論理図で示す場合は次のアイコンを使います。

アイコン	意味
	ルータ
	L2スイッチ
	L3スイッチ

L3スイッチはルーティング機能を持ったスイッチです。

3.1 ネットワーク構成

最初に把握するのはネットワーク構成です。
ネットワーク構成は非常に多種多様ですが、広く認知されている構成はスター型です。

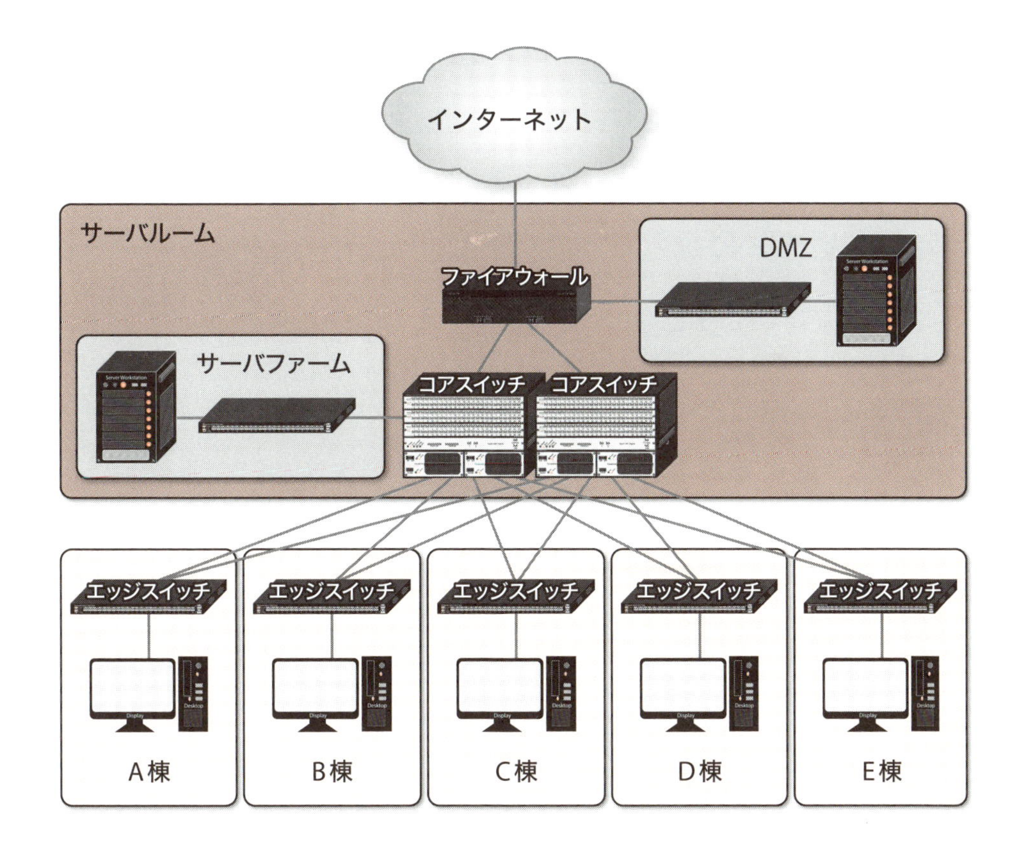

上記ではコアスイッチは2台ですが、1台しかない場合もあります。また、ファイアウォールやDMZ（DeMilitarized Zone）のスイッチなど、すべてが2台構成で冗長化されている場合もあります。

DMZは日本語で非武装地帯の意味になり、インターネットから通信があるサーバなどが配置されます。つまり、インターネットと組織内部ネットワークの間で緩衝帯的な役割をします。

エッジスイッチはルーティングする方法としない方法があります。エッジスイッチでルーティングしない方法を集中ルーティング型、ルーティングする方法を分散ルーティング型といいます。

次からは、それぞれの特徴と、業務に就いてすぐに確認が必要なその他の内容を説明していきます。

a）集中ルーティング型

集中ルーティング型ではエッジスイッチがL2スイッチで済むため、分散ルーティング型と比較して安価に構築できます。また、コアスイッチのみでルーティングを行うため構築が比較的楽に済み、VLAN間通信のフィルタリングもコアスイッチで集中して行うため、運用も楽になります。

ただし、コアスイッチとエッジスイッチ間の接続はループになるため、スパニングツリーなどの適用を検討する必要があり、場合によっては障害時の切り替えが遅くなります。

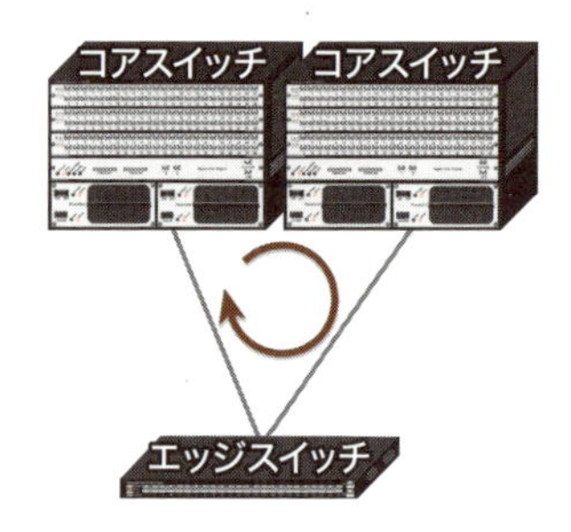

また、すべてのブロードキャストがコアスイッチまで流れるため、通信量が多い場合はコアスイッチに負荷がかかったり、コアスイッチ～エッジスイッチ間の帯域を太くする必要があります。

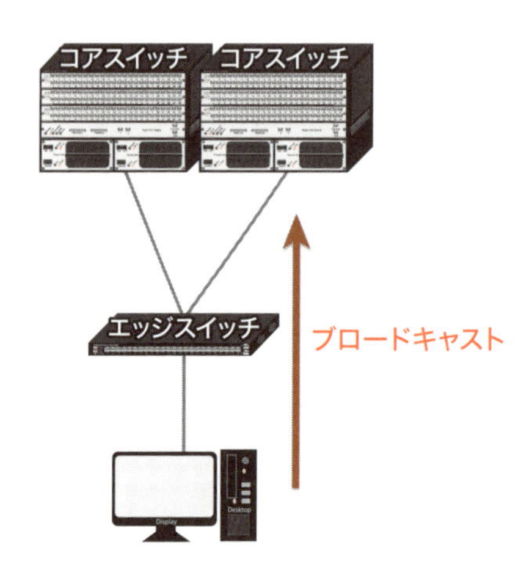

b）分散ルーティング型

分散ルーティング型ではエッジスイッチをL3スイッチにする必要があり、集中ルーティング型と比較して高価になります。また、すべてのエッジスイッチでルーティングを行うため、L3について知識が必要です。

VLAN間通信のフィルタリングもそれぞれのエッジスイッチで行うため、場合によっては運用が煩雑になります。

ただし、コアスイッチとエッジスイッチ間の接続はスパニングツリーなどが不要で、障害時の切り替えが速くなります。

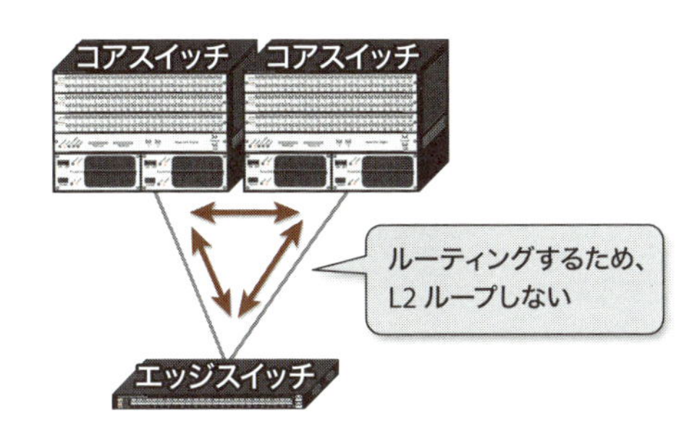

また、すべてのブロードキャストがコアスイッチまで流れないため、通信量が多い場合は集中ルーティング型に比べて優位です。

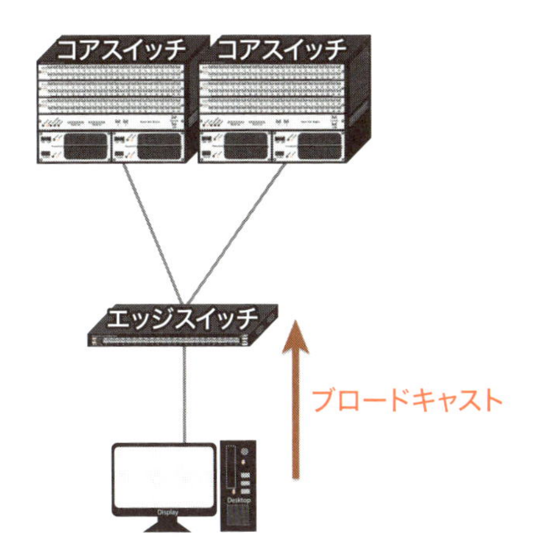

「ネットワーク構成図」を見れば、どの装置がどのように接続されているか分かります。この時、ルーティングしている機器がどれかも合わせて確認すると、ネットワークの全体像が把握しやすくなります。

c）設置場所

ネットワーク機器の設定は、SSHなどリモート接続して変更すると楽ですが、現地のスイッチにシリアルケーブルやUSBケーブルなどで直接接続して行う事もあります。

例えば、設定変更すると一時的に通信できなくなる場合は、現地に行って設定する必要があります。また、障害発生時は現地に行く事も多くあります。

このため、各装置がどこに設置されているか知っておく必要があります。

設置場所には鍵がかかっている事もあるため、事前に入り方の確認も必要です。

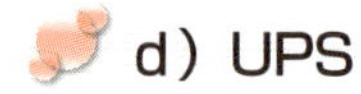

d）UPS

UPS（無停電電源装置）は停電時にバッテリーから電源を供給する装置ですが、それほど長い時間供給はできないため、瞬断対策が主な目的です。また、落雷があった場合は電源を伝わって最悪機器が壊れてしまいますが、UPSでは落雷対策があるため、ネットワーク機器が壊れるのを防ぐ事ができます。

UPSはネットワーク機器の電源ケーブルをUPSに接続し、UPSの電源ケーブルは電源コンセントに接続して利用します。

UPSの有無で商用電源の瞬断時にネットワークがダウンするかが変わります。

また、UPSのバッテリーは消耗品のため、期限が来ると交換が必要です。

通常はメールなどで通知があるため、ハードウェア保守業者に連絡して交換してもらいます。

e）パッチパネル

パッチパネルとは、ケーブルを集約してパッチケーブルによりスイッチなどと接続するためのパネルです。ケーブルはツイストペアケーブルを接続するタイプと、光ファイバケーブルを接続するタイプの両方があります。

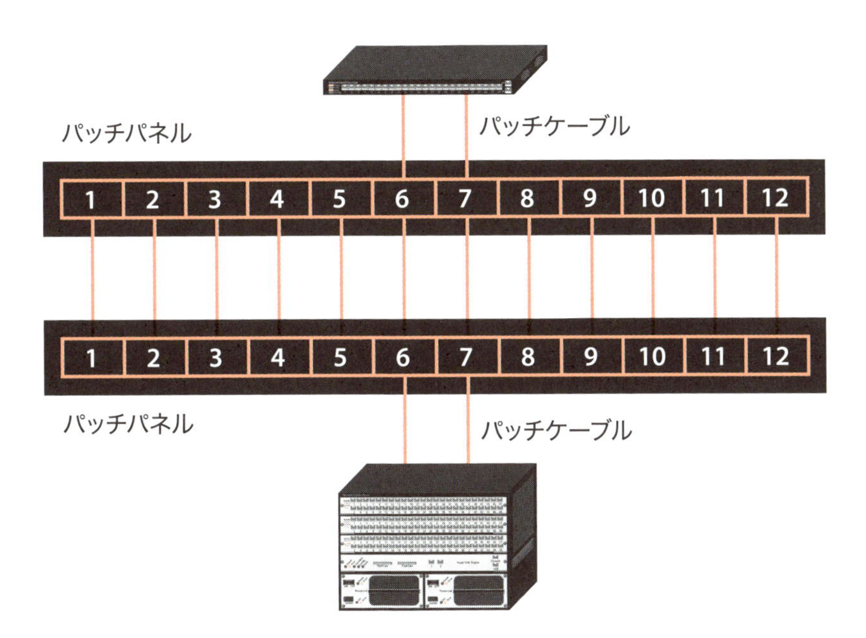

パッチケーブルという名前で呼ばれていますが特殊なケーブルではなく、ツイストペアケーブルであったり、普通の光ファイバケーブルだったりします。パッチパネルと機器の間を繋ぐ短いケーブルを特にパッチケーブルと呼んでいます。

パッチパネル間は既にケーブルが敷設されているため、インターフェースを増強する、新たにスイッチを接続するといった場合は、スイッチとパッチパネルの間をパッチケーブルで接続するだけで済みます。

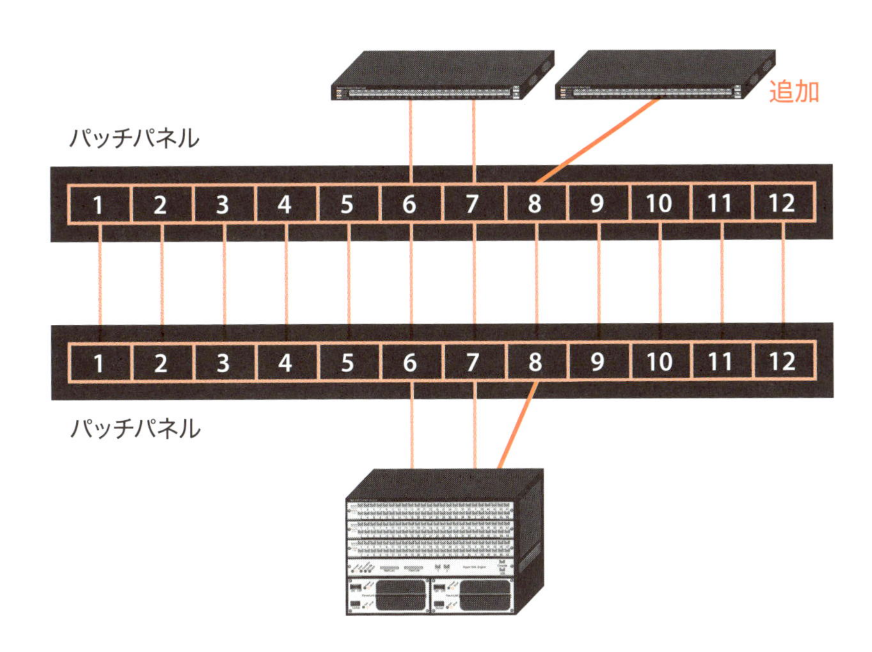

パッチパネル間のケーブルがどのように接続されているか示す資料があるはずです。この資料を見て接続します。

また、スイッチのどのインターフェースとパッチパネルの何番目を接続しているか「接続表」などで管理されている事もあるため、接続変更後は資料の更新が必要です。

f）責任分界点

ネットワークにはスイッチやルータ、ファイアウォールなどのネットワーク機器だけでなく、パソコンやサーバ、プリンターなど多数の機器が接続されています。

また、居室に個人がスイッチや無線LANを持ち込んで接続できる場合もあります。

これらすべてを把握する事はできないため、責任分界点を把握しておく必要があります。

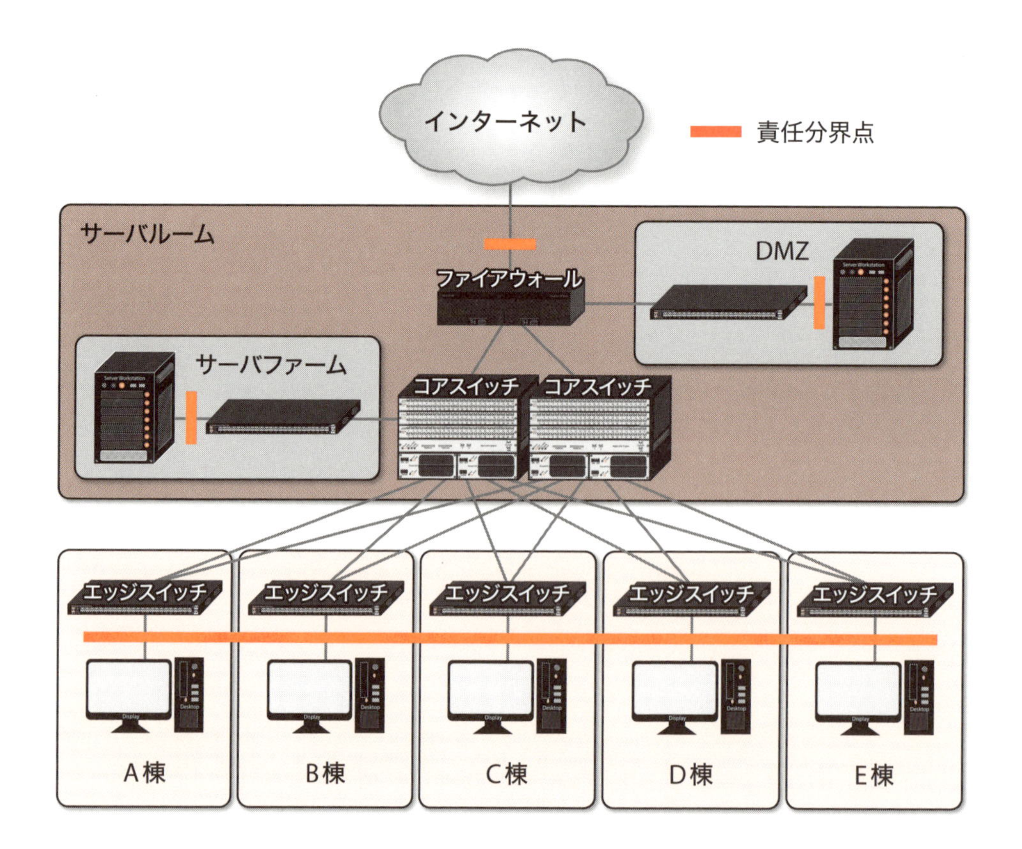

責任分界点を越えている場合は対応する必要がありませんが、ネットワークは繋がっているため、責任分界点を越えたところでネットワークがダウンすると影響を受ける事があり、その場合は影響を受けないよう対応が必要になる事があります。
ネットワーク運用管理受託業者の場合は、契約範囲が責任分界点になります。

 g）障害監視と性能管理

ネットワーク機器の監視をどのように行っているか確認が必要です。SNMP（Simple Network Management Protocol）マネージャ装置で通信量を測定していたり、障害を検知したりしているのか、遠隔監視により電話で連絡がくるのかなどです。
SNMPで監視する場合、OSS（Open Source Software）ではNagios（https://www.nagios.org/）やZabbix（http://www.zabbix.com/）などがよく使われています。

遠隔監視により電話で連絡がくるのであれば気づきますが、メールで通知がくる場合は一定時間ごとにメールを確認する必要があります。画面で障害を通知するだけの場合は、一定時間ごとに装置の画面を確認する必要があります。
遠隔監視を行っている場合、停電などでネットワーク機器を停止する時は事前に連絡が必要です。例えば、休日に停電が予定されている場合、事前に連絡していないと、契約内容によっては休日でも電話で連絡がきてしまいます。
また、性能管理ではどこにデータが保存されて、どのように見るのか、およびどのようなデータが管理されているのかを確認しておく必要があります。
性能管理の場合、通信量をグラフ化して管理するため、OSSではCacti（http://www.cacti.net/）などがよく使われています。

h）ネットワーク機器との接続方法

ネットワーク機器との接続方法について確認が必要です。シリアルケーブルやUSBケーブルで接続する場合は専用のケーブルが必要です。

シリアルケーブルでネットワーク機器側のコネクタがRJ45であれば、次のようなケーブルで接続します。

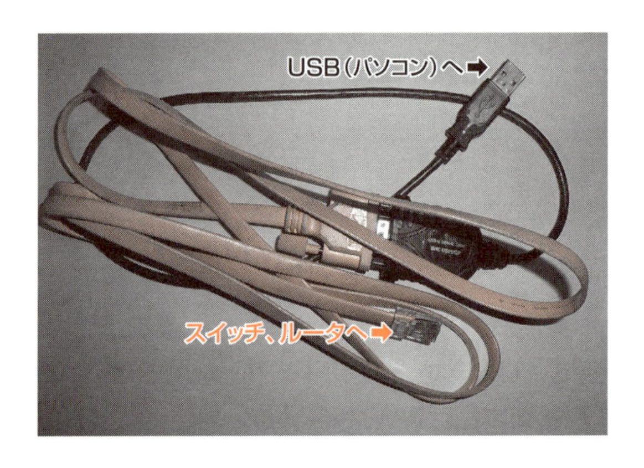

USBケーブルの例としては以下があります。このケーブルは、パソコンとデジカメやプリンターなどを接続する際にも使われています。

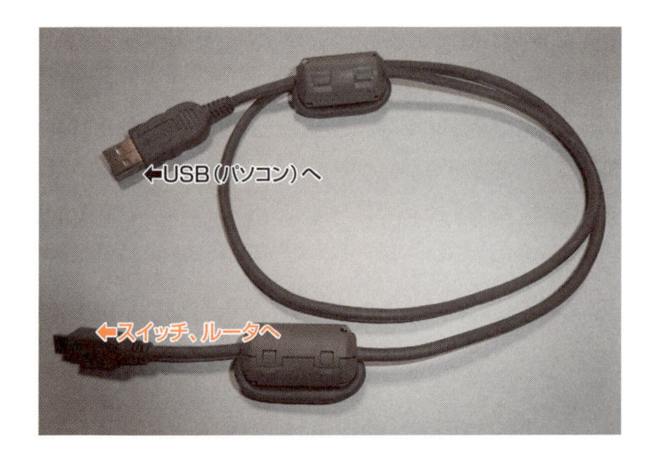

ネットワーク機器に応じて必要なケーブルを用意する必要があります。

SSHなどリモート接続する時は、ネットワーク機器に直接通信できる場合と、サーバなどを経由しないと通信できない場合があります。

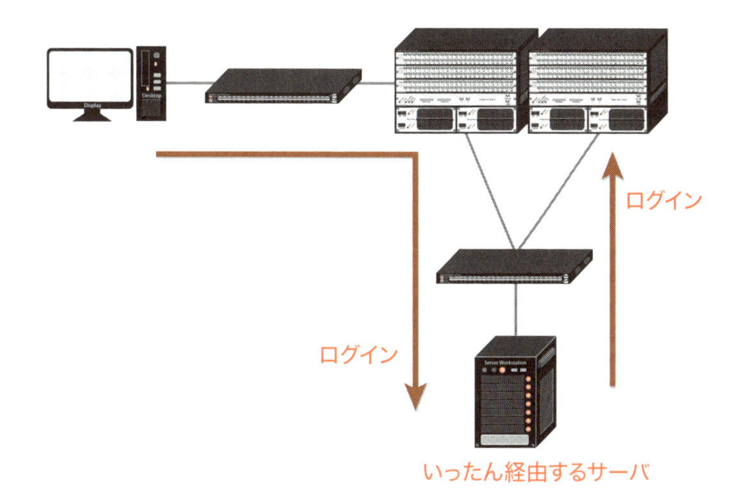

ネットワーク機器は専用のVLANからのみ通信可能にしていたり、許可した機器からのみ通信できるようにしている事があるため、その場合はこのように経由するサーバを作ります。

いったん経由するサーバは踏み台サーバと呼ばれる事もあります。踏み台サーバを経由した通信のみ許可すると、2回ログインする必要があり、第三者がネットワーク機器に勝手にログインするリスクを軽減できます。

i）バックアップ

ネットワーク機器のコンフィグのバックアップ方法についても確認が必要です。毎日自動でバックアップしているのか、設定変更する度に手動でバックアップするのか、もしくは両方などです。

また、設定以外にもバックアップする情報はないかの確認も必要です。

3.2 ケーブル

装置間はツイストペアケーブルか光ファイバケーブルで接続されています。また、距離が短い間ではTwinaxケーブルが使われる事もあります。

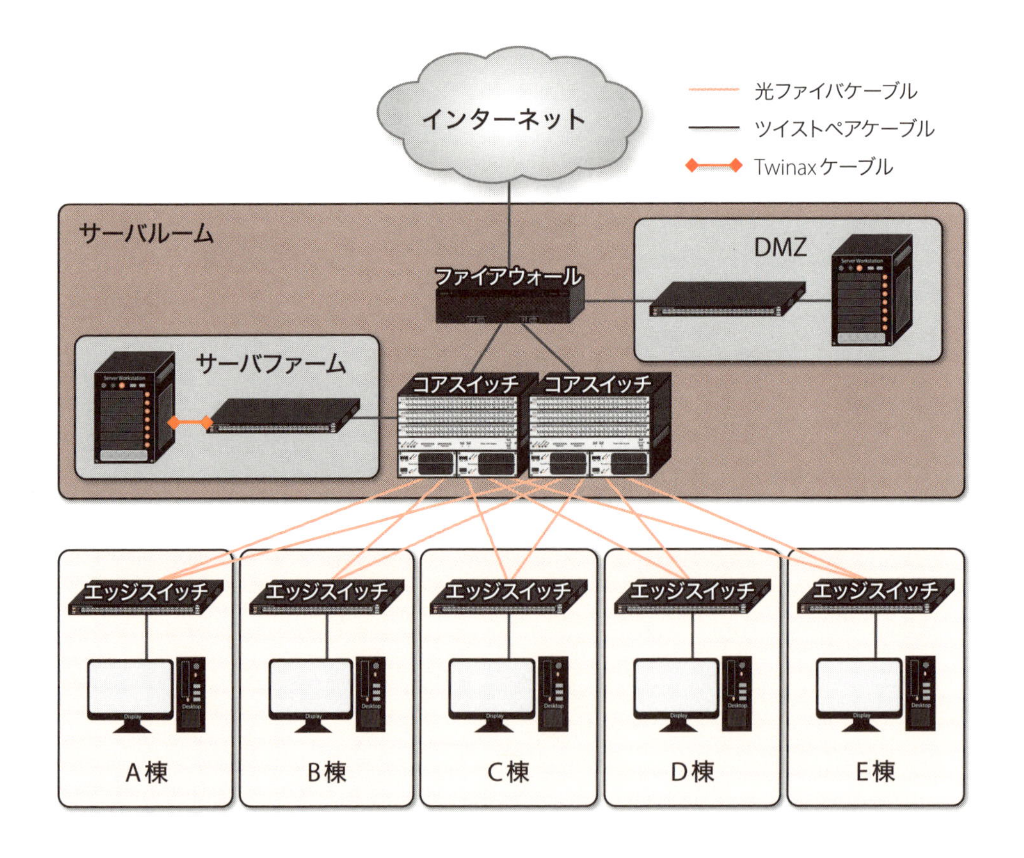

事前にどこにどのようなケーブルが使われているか確認が必要で、ケーブル交換時や新規接続時はこれまでと同様のケーブルを使う必要があります。

次に、それぞれの特徴と留意点を説明します。

a）ツイストペアケーブル

ツイストペアケーブルは8芯の銅線を束ねて1本のケーブルにしています。ツイストという名前から分かる通り、2芯を撚り合わせてノイズに強くしています。ノイズの影響を受けると01の判断ができないため、通信エラーになりやすくなります。

屋外にケーブルを敷設して落雷があると高電圧になり、接続されている機器が故障する可能性があります。また、普通100mが機器間を接続できる制限長のため、主として同一階の機器を接続するために使われます。

ツイストペアケーブルを利用した規格は10BASE-T、100BASE-TX、1000BASE-Tなどといわれていて数字のところが帯域を表しています。

規格	帯域
10BASE-T	10Mbps
100BASE-TX	100Mbps
1000BASE-T	1Gbps
10GBASE-T	10Gbps

ツイストペアケーブルのコネクタはRJ45です。電話線のコネクタと非常によく似ていますが、電話線は4芯でコネクタはRJ11といってRJ45より少し小さいものになります。

パソコンやサーバなどはコネクタの端子1、2番目がセットとなり送信、3、6番目がセットとなり受信し、スイッチなどでは1、2番目がセットとなり受信、3、6番目がセットとなり送信します。

この組み合わせをストレートケーブルといいます。

ルータもパソコンなどと同じで1、2番目がセットになり送信、3、6番目がセットになり受信します。このため、このままではパソコンとルータをストレートケーブルで接続すると、信号がぶつかって送受信できません。
このため、ケーブル内でクロスして接続する事で送受信できるようになります。

このようにクロスして接続するケーブルをクロスケーブルといいます。
ケーブルを交換する際、ストレートケーブルで接続されているのにクロスケーブルで接続したり、逆にクロスケーブルで接続されているのにストレートケーブルで接続すると通信できなくなる事があります。
ツイストペアケーブルはカテゴリ分けされています。

カテゴリ	説明
3	初期の10BASE-Tで使われていたケーブルです。
5	100BASE-TXに対応したケーブルです。
5e	1000BASE-Tに対応したケーブルです。
6	接続距離は短いものの10Gに対応しています。
6a	10GBASE-Tに対応しています。

例えば、1000BASE-Tを使う場合、カテゴリ5e以上のケーブルを使う必要があります。
ケーブルを交換する時、カテゴリ6aを使っているのにカテゴリ5で接続したりすると通信できなくなる事がありますが、カテゴリ5eを使っていて上位の6aに交換するのは問題ありません。
ツイストペアケーブルは情報コンセントに接続されている事もあります。
情報コンセントはRJ45のコネクタになっていて、電源コンセントが電源ケーブルを挿して使うのと同様に、その先にツイストペアケーブルを接続して使います。

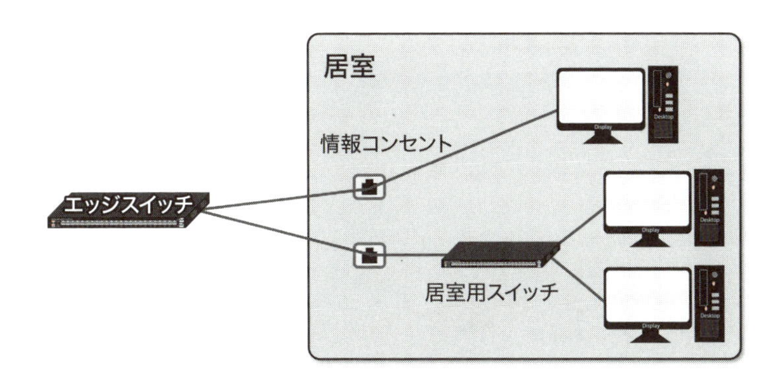

もし、ツイストペアケーブルや情報コンセントまでが責任範囲に含まれるのであれば、ケーブルの敷設先や情報コンセントの位置も把握が必要です。

b）光ファイバケーブル

光ファイバケーブルはケーブルの中に光が通るように作られていて、光によって通信を行います。

屋外にケーブルを敷設して落雷があっても影響を受けません。また、km単位の距離を接続可能なため、主として建屋内の階をまたぐ時、屋外に敷設する時に使われます。

ケーブルの種類は大きく分けて2種類あります。マルチモードファイバ（MMF: Multi Mode Fiber）とシングルモードファイバ（SMF:Single Mode Fiber）です。

マルチモードファイバの接続距離は規格にもよりますが2kmなどです。このため、建屋内の階をまたがる機器間の接続や隣接した建屋間の機器での接続に使われます。マルチモードファイバにはコア径50μmのものと62.5μmのものがあります。

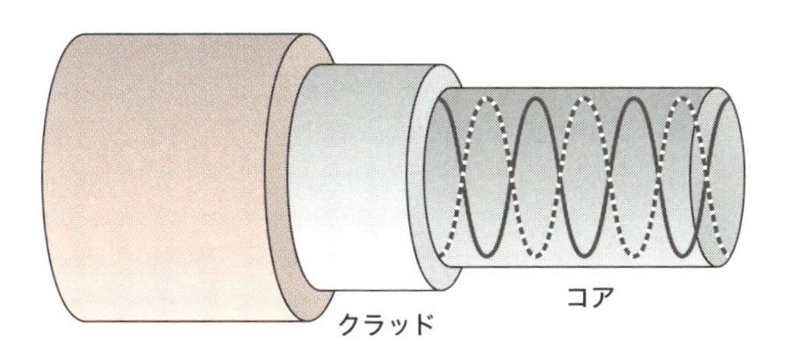

シングルモードファイバの接続距離は規格にもよりますが10kmなどで、場合によってはもっと遠距離の接続が可能です。このため、建屋間、都市間などを結ぶために使われます。

光ファイバケーブルのコネクタには複数種類がありますが、主なものはSCコネクタとLCコネクタです。SCコネクタはGBIC、LCコネクタはSFPやSPF+に接続されます。SFPは1Gbps、

SFP+は10Gbpsの通信で使います。

ルータなどの装置は内部で電気信号により動作していますが、GBIC、SFP、SFP+が光に変換してくれます。ルータやスイッチなどにGBIC、SFP、SFP+を挿入し、光ファイバケーブル用のインターフェースとして使います。

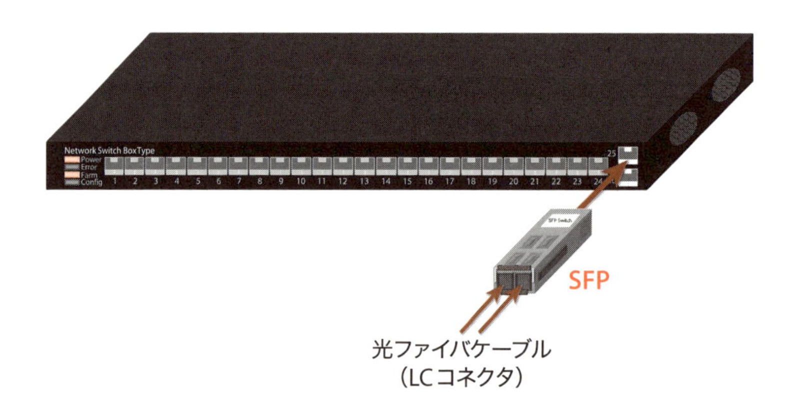

GBICは形状が大きく古いタイプです。SFP、SPF+は形状が小さく新しいタイプです。このため、最近はSFPやSFP+とLCコネクタの組み合わせが主流です。

光ファイバケーブルを利用する規格には次のようなものがあります。

規格	帯域	距離	主に使われるケーブル
100BASE-FX	100Mbps	2Km	MMF
		20Km	SMF
1000BASE-SX	1Gbps	550m	MMF
1000BASE-LX	1Gbps	5Km	SMF
10GBASE-SR	10Gbps	300m	MMF
10GBASE-LR	10Gbps	10km	SMF

例えば、1000BASE-SXでは1000BASE-SX用のSFPをスイッチなどに挿し、LCコネクタのMMFケーブルを利用して機器間を接続します。10GBASE-LRであれば、10GBASE-LR用のSFP+をスイッチなどに挿し、LCコネクタのSMFケーブルを利用して機器間を接続します。

ケーブルを交換する際は、コネクタ種別が同じでないと接続できません。また、マルチモードファイバを使っているのにシングルモードファイバで接続したり、逆にシングルモードファイバを使っているのにマルチモードファイバで接続しても多くの場合、通信できません。

c）Twinaxケーブル

Twinaxケーブルは両端にSFP+が付いたケーブルです。

通常のSFP+同様、両端のSFP+をスイッチやサーバなどに挿して使います。速度は10Gbpsです。

Twinaxケーブルは、SFP+とケーブルを個別で購入するより驚くほど安価ですが、接続距離は5mや10mです。このため、サーバルームなどで近くに設置している機器間を接続する場合のみ利用できます。

3.3 インターフェース特性

インターフェースは装置間で設定が一致していないと通信できなくなります。また、設定によってはケーブルの交換にも影響があります。次に、それぞれの特性と留意点について説明します。

a) 全二重と半二重

インターフェースには半二重通信（Half Duplex）と全二重通信（Full Duplex）があります。半二重通信は片方の装置が送信している間は受信しかできず、相手装置の送信が終わった後、送信を開始します。今ではほとんどが双方同時に送信できる全二重通信です。

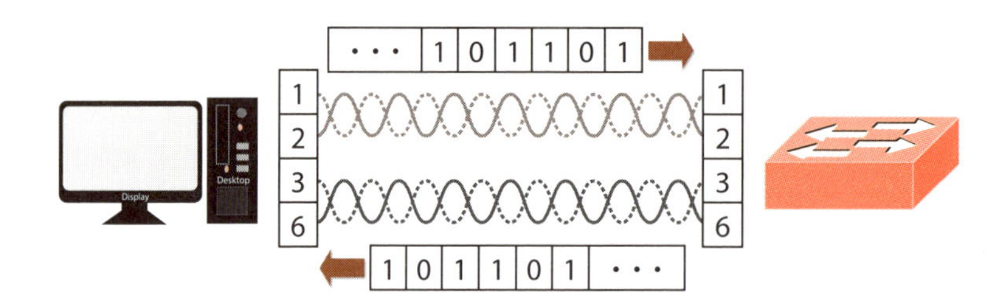

b) オートネゴシエーション

サポートするインターフェースが　10/100BASE-TX、10/100/1000BASE-Tなどと記載されている事があります。この場合は、どの規格にも対応しており、設定によってその規格を使う事ができます。

例えば、100BASE-TXしか対応していない装置と接続する時は100BASE-TX、1000BASE-Tの装置と接続する時は1000BASE-Tを使う事ができます。

これは固定で設定する事も可能ですが、装置間で自動的に速度と全二重/半二重を判別する事も可能です。これをオートネゴシエーションといいます。

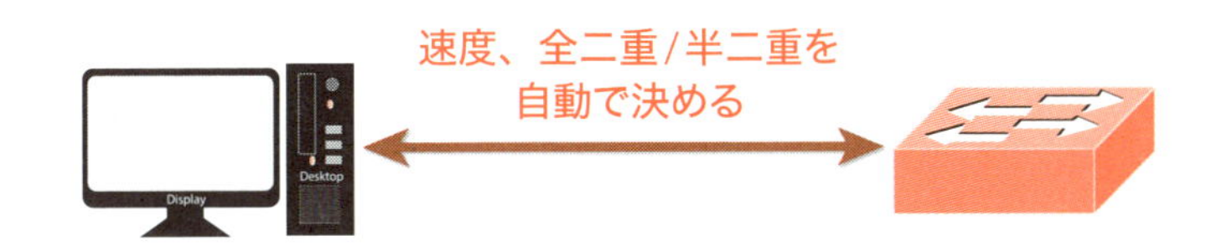

オートネゴシエーションはできるだけ早い速度、全二重で動作するようネゴシエーション（情報の相互交換）します。

次の表はサポートしている規格によってインターフェース間が接続された時に、有効になる速度と全二重/半二重どちらで通信できるかを示しています。

インターフェース	10/100BASE-TX	10/100/1000BASE-T
10/100BASE-TX	100M 全二重	100M 全二重
10/100/1000BASE-T	100M 全二重	1000M 全二重

オートネゴシエーションに設定されたインターフェースでは、相手が固定で設定されていると速度は判別できるものの、1000BASE-T以外は半二重で動作するため、通信できない場合があります。

次の表は、10/100BASE-TX、または10/100/1000BASE-Tがオートネゴシエーションに設定されており、接続先が固定設定だった場合の通信可否を示しています。

オートネゴシエーションのインターフェース	10M		100M		1000M
	半二重	全二重	半二重	全二重	全二重
10/100BASE-TX	○	×	○	×	×
10/100/1000BASE-T	○	×	○	×	○

一番トラブルになりやすいのは赤色の文字で示した部分です。100BASE-TXが固定の時は全二重が一般的で、接続先がオートネゴシエーションだと半二重になるため、正常に通信できません。

通常、「接続表」のような資料で各機器が何に接続されているか管理すると共に、オートネゴシエーションなのか、固定設定なのかも記載されています。また、資料がない場合でも機器にログインし、各インターフェースの設定や状態を参照する事で確認できます。

c）MDIとMDIX

100BASE-TXでは、パソコンはツイストペアケーブルのRJ45コネクタのうち、1、2番目を使って送信し、3、6番目を使って受信します。これをMDI（Medium Dependent Interface）といいます。

スイッチのように1、2番目を使って受信し、3、6番目を使って送信するインターフェースをMDIX（Medium Dependent Interface Crossover）といいます。

MDIとMDIXの装置はストレートケーブル、同じMDI間、またはMDIX間はクロスケーブルで接続します。それぞれに属する装置は次の通りです。

MDI	MDIX
パソコン、サーバ、ルータ	スイッチ

最近では、MDIにもMDIXにもなれる装置も増えてきました。この場合、装置間で自動的にMDIかMDIXかを決めます。これをAUTO MDIXといいます。

AUTO MDIXを有効にすると、クロスケーブルが不要になります。

AUTO MDIXは接続する機器の片方だけ有効になっていれば、有効になっている方が必要に応じてMDI、またはMDIXになるため、通信可能です。

なお、オートネゴシエーションが無効な場合、AUTO MDIXも自動的に無効になります。AUTO MDIXが無効になると、スイッチ間をストレートケーブルで接続していた場合、MDIX同士の接続となり、通信できなくなります。

このように、オートネゴシエーションを停止する時は、ケーブルにも気を配る必要があります。

3.4 VLAN

VLANを使うと、グループ内だけで通信できるようになります。

VLANには、スイッチのインターフェースをグループ分けするポートVLANと、スイッチをまたがってグループ分けするタグVLANがあります。

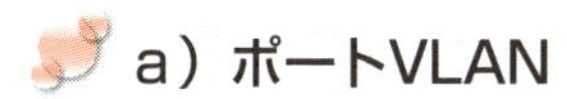

a）ポートVLAN

ポートVLANは、スイッチに1～12番目のインターフェースはVLAN10、13～24番目のインターフェースはVLAN20に属するといった設定を行います。この番号をVLAN番号といい、番号を複数持たせる事で1つのスイッチを2つだけでなく複数のネットワークに分ける事ができます。

例えば、エッジスイッチにVLAN10とVLAN20を設定し、総務向けのパソコンはVLAN10、営業向けのパソコンはVLAN20が割り当てられたインターフェースに接続します。

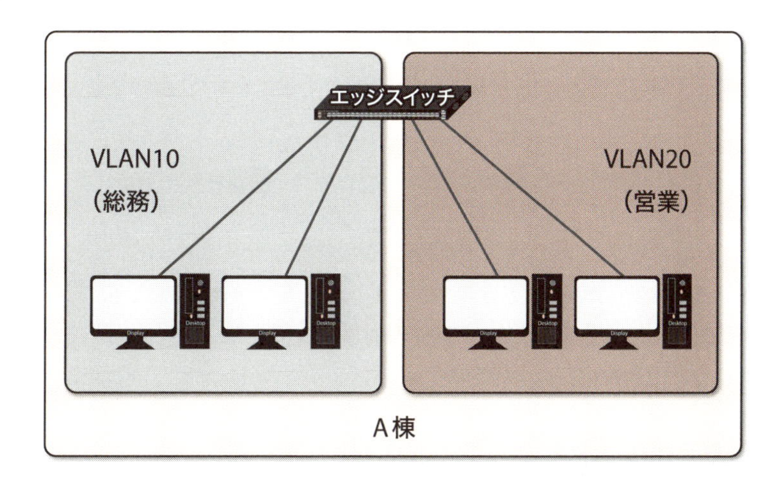

これで部署内の通信は可能ですが、部署間の通信はできなくなります。
これは、1台のスイッチを論理的に2台のスイッチとして利用するイメージです。

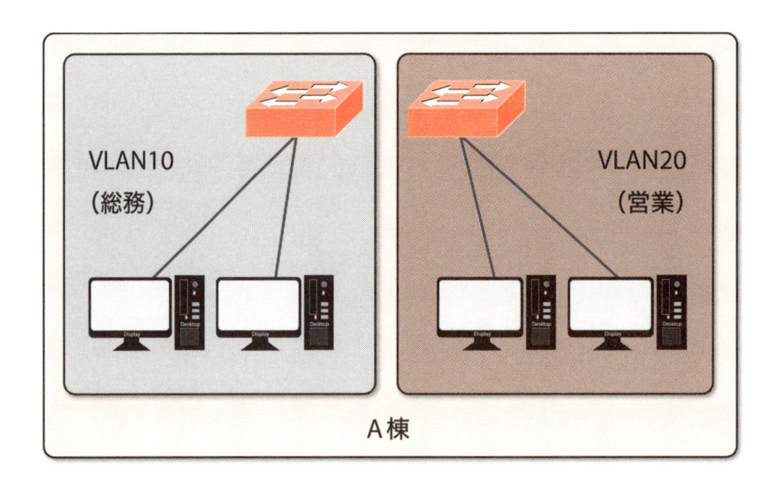

エッジスイッチがL3スイッチの場合、各VLANにIPアドレスを割り当て、VLAN間ルーティングにより部署間の通信を可能にする事もできます。

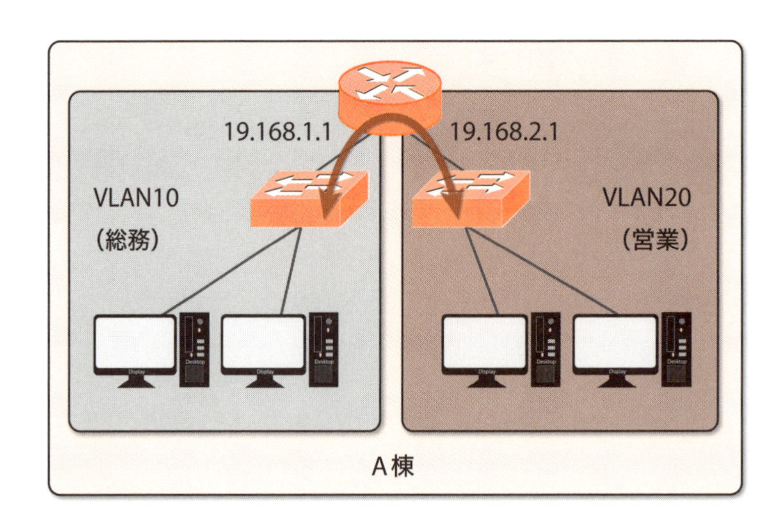

VLANは多数作る事ができるため、エッジスイッチでVLAN分けを細かく行っている場合は、人の移動や部署の変更がある度にVLAN変更の作業が発生します。
一般的には、スイッチのどのインターフェースにどのVLANを割り当てているか「接続表」などで管理されているため、設定後は資料の修正が必要です。
VLANの設定を間違えると、意図した通信ができないだけでなく、意図しない他部署の機器と通信できてしまう可能性があります。

このため、簡単な作業ですが慎重に行う必要があります。

b）タグVLAN

2つのスイッチにまたがってネットワークを分けたい場合は、タグVLANを使います。タグVLANはIEEE802.1qとして標準化されています。

タグVLANは、1つのスイッチの中に論理的なスイッチを複数持たせ、それぞれのスイッチ間を論理的なケーブルで接続するイメージです。

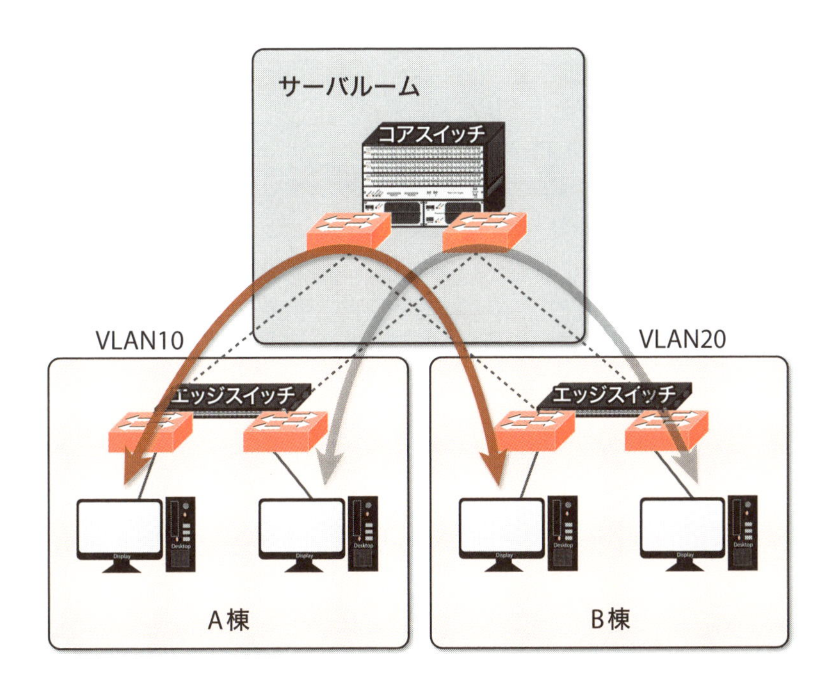

スイッチ間を論理的なケーブルで接続すると書きましたが、実は簡単な方法で実現しています。フレームにVLAN番号を追加して送受信しています。このフレームに追加されたVLAN番号をタグと呼びます。

FCS	パケット	タイプ	VLANタグ	MACアドレス	
				送信元	宛先
4byte	46 - 1500byte	2byte	**4byte**	6byte	6byte

コアスイッチとエッジスイッチ間で通信するフレームにタグを付ける事で、スイッチをまたがってグループ分けできます。

コアスイッチがL3スイッチであれば、VLAN間ルーティングによりグループ間の通信も可能です。

タグVLANを使うインターフェースでは、全VLANを通信可能に設定している場合もありますが、必要なVLANのみ許可している場合もあります。

その場合、ポートVLANの変更に伴い、タグVLANを使うインターフェース側の設定変更も必要です。

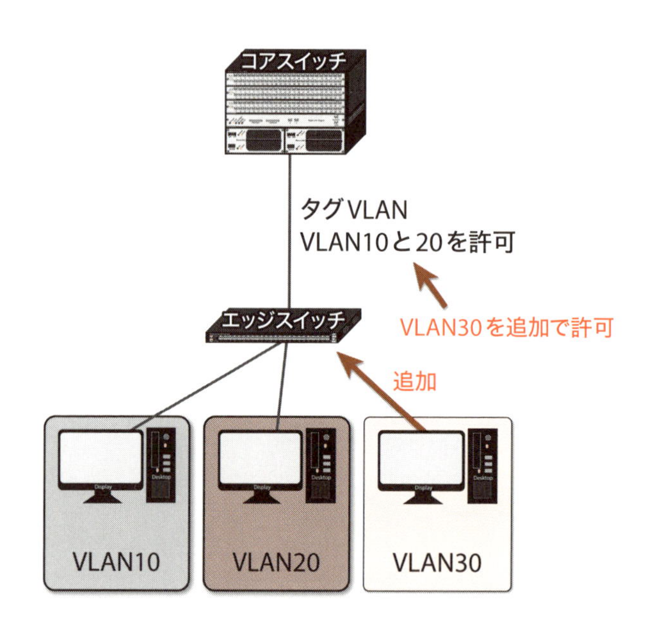

上記の例では、エッジスイッチでパソコンを接続するインターフェースにVLAN30を割り当てると共に、コアスイッチと接続したインターフェースでVLAN30を許可する必要があります。また、コアスイッチ側でもエッジスイッチと接続したインターフェースで、VLAN30の許可が必要です。

 c）VLANの自動配布

VLANはそれぞれのスイッチで個別に設定が必要です。

このため、作業を簡略化できるようVLANを自動的に配布できるスイッチもあります。例えばシスコシステムズ社のCatalystなどに搭載されている機能はVTP（VLAN Trunking Protocol）と呼ばれます。

自動的に配布できる機能があれば、コアスイッチでVLANを作成するだけで、各エッジスイッチの設定は不要です。

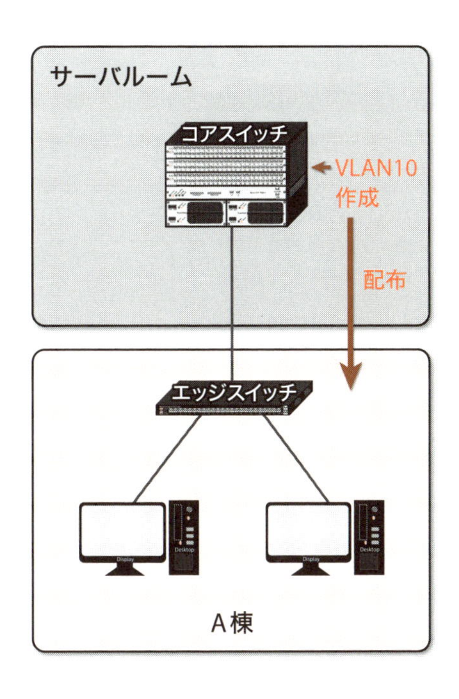

このため、VLANを追加・削除する時にどのスイッチで行えばよいのか作業時の手順に違いが出てきます。

便利な機能ですが、間違ってVLANを削除すると全スイッチで削除されてしまいます。また、新規にスイッチを接続した際、間違ってそのスイッチからVLAN情報が自動配布されてしまうと、他のスイッチのVLAN情報が上書きされてしまう可能性があります。

このため、VLANを削除する時やスイッチを追加する時は充分確認してから作業を行う必要があります。

VLAN番号や名前、目的などが記載された「VLAN一覧表」などで管理されている場合は、作成・削除後に資料の更新が必要です。

3.5 リンクアグリゲーション

リンクアグリゲーションを利用すると、複数のインターフェースを1つのインターフェースのように扱う事ができます。

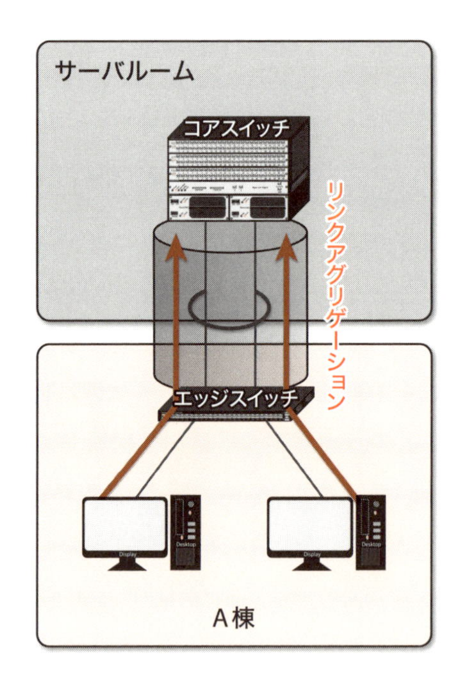

リンクアグリゲーションを使えば、左のインターフェースを使う通信と右のインターフェースを使う通信、それぞれが1つのインターフェース分の帯域を使えるため、高速に通信が可能です。

通常、リンクアグリゲーションは1つの通信を複数のインターフェースに分ける事はしません。このため、1つの通信に限れば高速にはなりません。複数の通信がある場合に有効な技術です。

また、1つのインターフェースが障害で通信不可になった場合でも、残りのインターフェースで通信を継続可能です。

リンクアグリゲーションにはモードがあります。

モード	意味
固定	接続先の設定に関係なくリンクアグリゲーションが有効になります。
active	自身からリンクアグリゲーションを構成するためネゴシエーションします。
passive	自身からはリンクアグリゲーションを構成しようとせず、相手からネゴシエーションがあった場合のみ構成します。

固定であれば、相手機器に関係なくリンクアグリゲーションが有効になるため、異機種間でもリンクアグリゲーション可能です。

また、activeモードやpassiveモードでもネゴシエーションはLACP（Link Aggregation Control Protocol）で行われ、IEEE802.3adで規格化されているため、基本的には異機種間で接続できます。

設定変更前にケーブルを接続し、後でモードを固定に設定すると、通信できなくなったりネットワークがダウンする事があります。

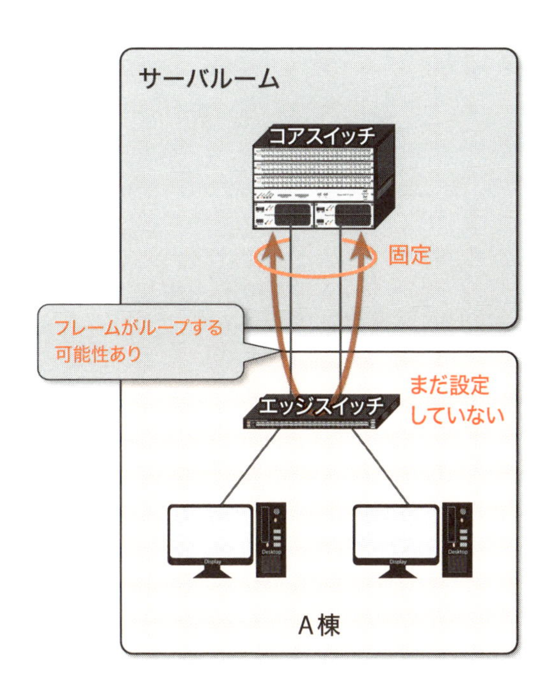

このようにならないよう、モードや手順が決まっている場合は、それに従った設定が必要です。

3.6 スパニングツリープロトコル

スイッチ間でループを形成した場合、ARP（Address Resolution Protocol）などのブロードキャストフレームは全インターフェースに送出されるため、永遠に回り続けます。

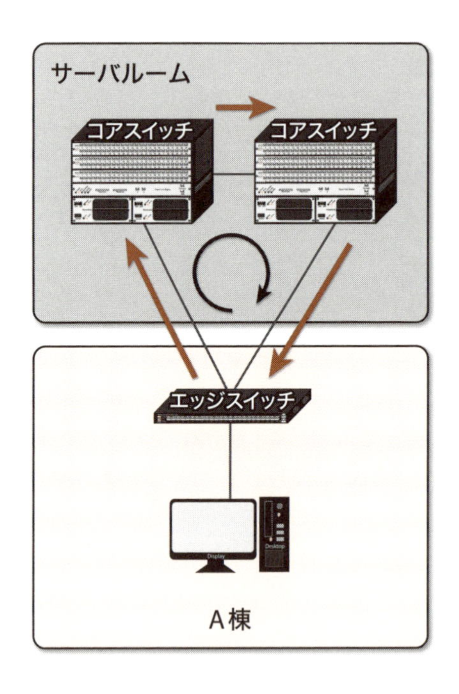

減る事がないためすぐに大量になり、スイッチの許容量を超えてフレームを処理しきれなくなり、通信がほとんどできない状態になります。これをブロードキャストストームといいます。

スパニングツリープロトコル（Spanning-Tree Protocol）を利用すると、ループを形成した場合でも通信しないインターフェースを設ける事で、ブロードキャストストームになりません。

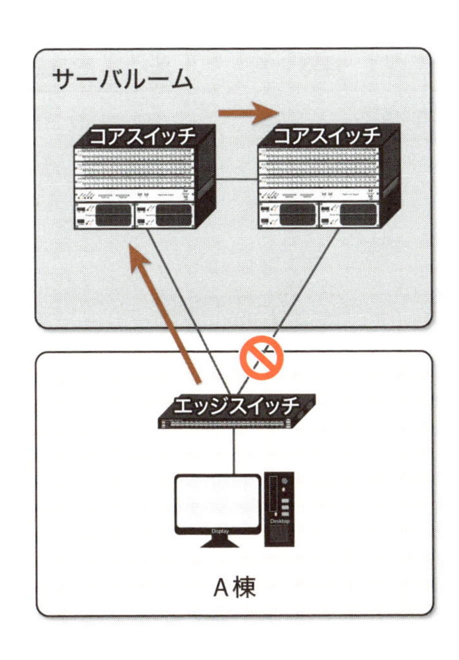

スパニングツリープロトコルは略してSTPと呼ばれ、IEEE802.1Dで規定されています。

STPはBPDU（Bridge Protocol Data Unit）というフレームをスイッチ間で送受信し、優先度の高く設定されたスイッチをルートブリッジ（ルートスイッチ）に決めます。このBPDUのやりとりの中でループを検出し、どちらのインターフェースがルートブリッジにとって最短かを判断し、フレームを転送するフォワーディング、転送しないブロッキングというインターフェースを決めます。

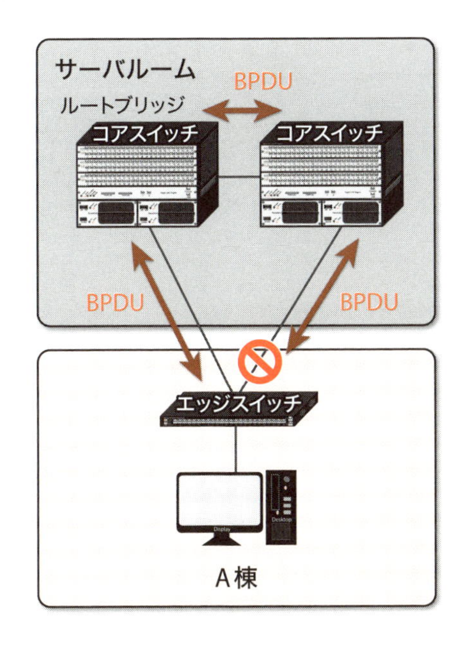

フォワーディングのインターフェースが障害などで通信不可になった場合、BPDUのやりとりができなくなった事を検知し、ブロッキングのインターフェースがフォワーディングになります。

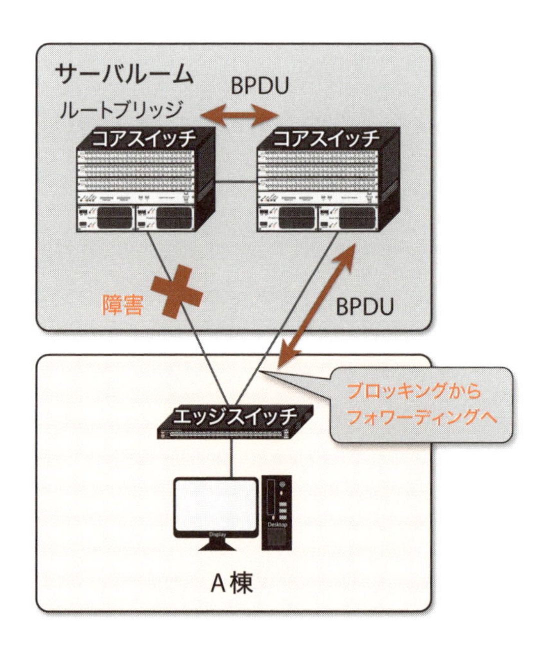

このようにSTPはループ構成を回避すると共に、BPDUを絶えず送受信する事で切り替わりのしくみも持っています。

なお、STPでは障害が復旧すると、元ブロッキングだったインターフェースをブロッキングに戻すため、通信経路も元に戻ります。

IEEE802.1Dで規定されたSTP以外にも次の種類があります。

PVST+ （Per-VLAN Spanning-Tree plus）	VLAN単位でSTPを構成します。
RSTP （Rapid Spanning-Tree Protocol）	通常のスパニングツリーより高速に切り替えができます。
Rapid PVST+ （Rapid Per-VLAN Spanning-Tree plus）	RSTPのPVST+版で、VLAN単位でSTPを構成し、通常のスパニングツリーより高速に切り替えができます。
MSTP （Multiple Spanning-Tree Protocol）	VLANをグループ分けし、グループ単位でSTPを構成します。また、通常のスパニングツリーより高速に切り替えができます。

このため、管理するネットワークでどのモードを採用しているか確認が必要です。

デフォルトでどのモードを利用するか決まっている装置もありますが、デフォルト以外のモードを使う場合は最低限、装置全体で利用するモードを設定する必要があります。また、優先度であるプライオリティの設定を行う場合もあります。

それに加えてMSTPでは、リージョン名とリビジョン番号を設定し、各VLANをインスタンスというグループ分けする設定が必要です。これはよほど大きなネットワークでない限り、すべてのスイッチで同じ設定をします。

上記を踏まえ、現状の設定を確認しておく必要があります。

a）パスコスト

スイッチの起動直後はループを発生させないように、すべてのインターフェースがフレームを転送しませんが、BDPUのやりとりの中でフォワーディングやブロッキングが決まってきます。このため、フレームを転送し始めるまで少し時間がかかります。

また、この決定は「ルートブリッジにとって最短か」であって、「通信にとって最短か」ではありません。ただし、設定を行う事で優先度を変更し、異なるインターフェースをブロッキングにする事も可能です。この設定はパスコストと呼ばれます。

パスコストはインターフェースの帯域が大きいほど、小さな数字がデフォルトで割り当てられています。

速度	パスコスト
10Mbps	100
100Mbos	19
1Gbps	4
10Gbps	2

ルートブリッジまで複数のスイッチがある場合、パスコストはスイッチを経由するごとに加算されるため、すべて同じパスコスト値を設定した場合、ルートブリッジまで3台のスイッチがある経路と2台のスイッチがある経路では、2台の経路がフォワーディングになります。

なお、機種や使うSTPの種類によってはデフォルトでロングパスコストといって、大きな数字が割り当てられているものもあります。

速度	ロングパスコスト
10Mbps	2,000,000
100Mbos	200,000
1Gbps	20,000
10Gbps	2,000

ロングパスコストとそうでないパスコストが混在している場合、どちらかに合わせる必要があります。

通常、コアスイッチのどちらかがルートブリッジになるよう設定されています。また、エッジスイッチのブロッキングになるインターフェースを固定させるために、パスコストをデフォルトから変更する運用をしているところがあります。このような場合、スイッチを追加した際にパスコストも合わせて設定が必要です。

 b）PortFast

STPを有効にしていると、パソコンやサーバが起動、もしくは接続されてもすぐには通信できるようになりません。BPDUで情報をやりとりしてループしていないか確認するため、最初はブロッキングになるためです。

このため、パソコンやサーバの起動時に必要な通信がしばらくできず、再送などが必要となり、使えるようになるまで時間がかかります。

このような事を避けるため、端末やサーバが接続されたインターフェースではSTPを無効にする事があります。

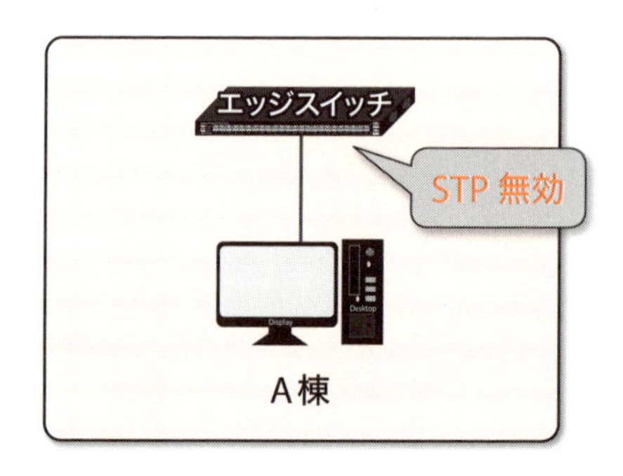

このままでは、間違ってケーブルを接続してループが発生するとネットワークがダウンするため、別途ループ対策が必要です。

この問題に対応するため、PortFastという機能を持ったスイッチもあります。

PortFastを有効にすると、BPDUのやりとりを待たずにすぐに通信できるようになりますが、ループが発生してBPDUを検知するとブロッキングになります。

このため、PortFastが利用できる場合はSTPを無効にせず、PortFastを利用します。

管理するネットワークがどの方法を採用しているか確認して、同じ設定を各インターフェースに行う必要があります。

c）STP代替機能

ループ構成にする場合、STPの利用が必須になるわけではありません。

STPは切り替わりが遅い場合がありますし、分かりにくいなど課題もあります。

このため、多くの装置では代替え機能を用意しています。代表的な手法は、ループを構成するスイッチで片方のインターフェースをActive、他方をStandbyにする方法です。

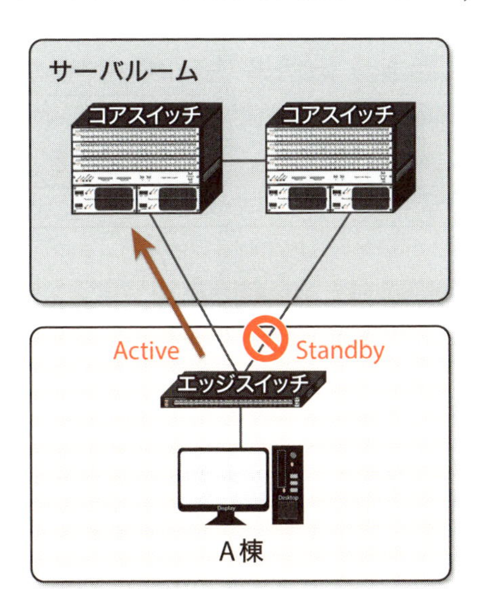

通常時はActive側が通信を行い、Standby側は通信を行わないため、ループになりません。

Active側がダウンすると、Standby側が通信を行うため、STPのように冗長性も確保できます。

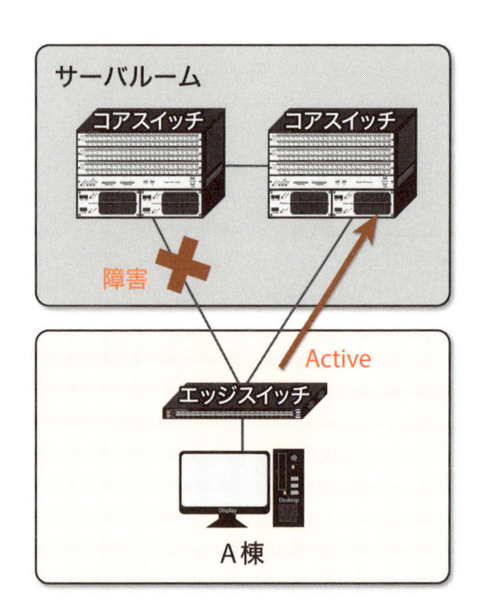

STPと比較してしくみが簡単で、リンクダウンを検出してすぐに切り替わるため、切り替えも早く行えます。また、上の図では、エッジスイッチ側で機能を持っていれば適用できるため、導入も簡単です。

この代替え機能をメーカーによってFlex Link、バックアップポートなどと呼んでいます。

この他にもメーカーによってはEPSR（Ethernet Protected Switched Ring）、EAPS（Ethernet Automatic Protection Switching）などでループ構成における冗長化を実現できます。

STPとは併用できないため、どれを採用しているか確認し、エッジスイッチを追加する際は、他のエッジスイッチと同じ設定を行う必要があります。

3.7 ループ対策

スイッチには多くのパソコンが接続されますが、居室などで複数のパソコン、プリンターが接続される場合はインターフェースが不足するため、居室用のスイッチを独自に設置する事もあります。また、スイッチに自由にパソコンを接続可能な環境もあります。

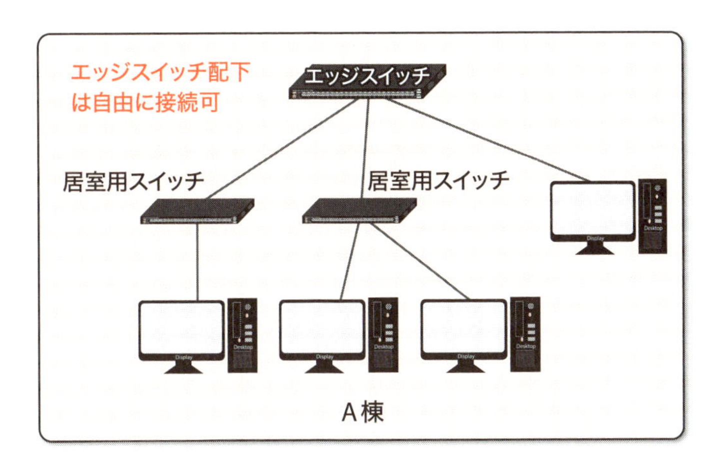

このような環境ではSTPや代替え機能を利用しても、ループによりブロードキャストストームが発生する可能性が高くなります。

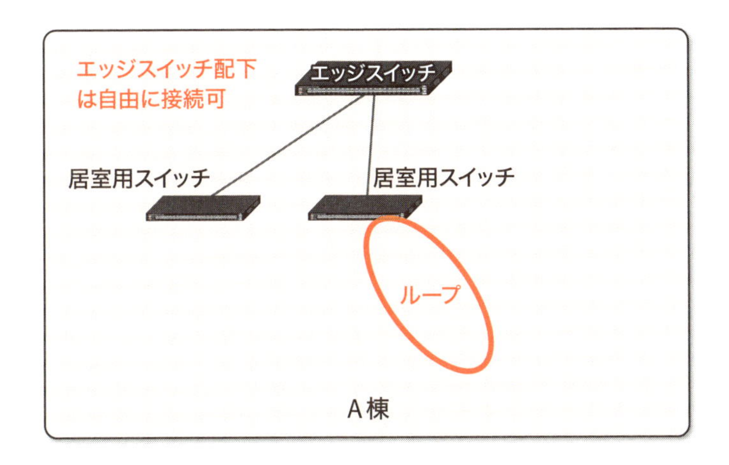

例えば、通信できないためスイッチを見てみると近くに接続されていないケーブルがある、通信できるようになるかもしれないと思ってとりあえずスイッチに挿してみる、これだけでループが発生し、最悪のケースではループを発生させた近辺だけでなく、全ネットワークが停止します。これは少しネットワークが分かっている人は行いませんが、たくさんの人が使うネットワークでは非常に多くあるトラブルです。

STPを有効にしていればある程度は防げますが、居室用スイッチがBPDUを透過せずにSTPでループを検知できなかったり、スイッチでは端末を接続するインターフェースのSTPを無効にする事もあるため、別途ループ対策を行う事は運用を行う上で重要です。

ループ対策にはループ検知やストーム制御などがあり、どちらを利用しているか把握して、インターフェースを有効にする時は合わせて設定が必要です。

a）ループ検知

スイッチには独自にループ検知するしくみを持っている装置があります。代表的なしくみは、独自のループ検知フレームを送信し、自身にフレームが戻ってきた場合にループと認識する方法です。

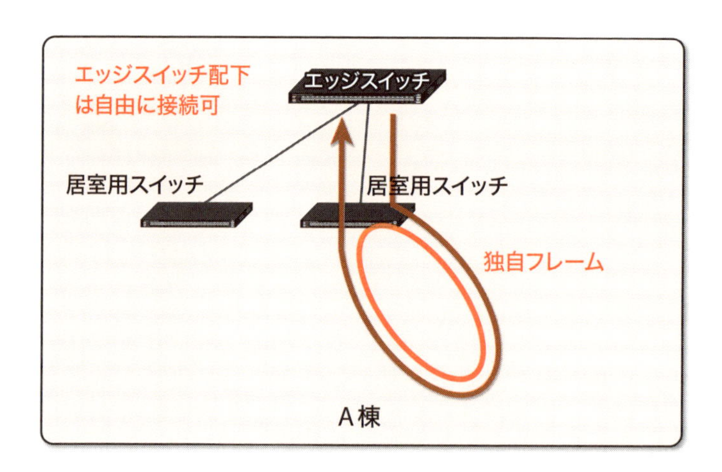

ループを検知したインターフェースを遮断する事もできるため、ループが回避されます。

b）ストーム制御

ストーム制御は、インターフェースで受信するフレームを監視しておき、一定量を越えるとループと判断し、該当のインターフェースを遮断する事ができます。一定量のことを閾値（しきいち）といいます。

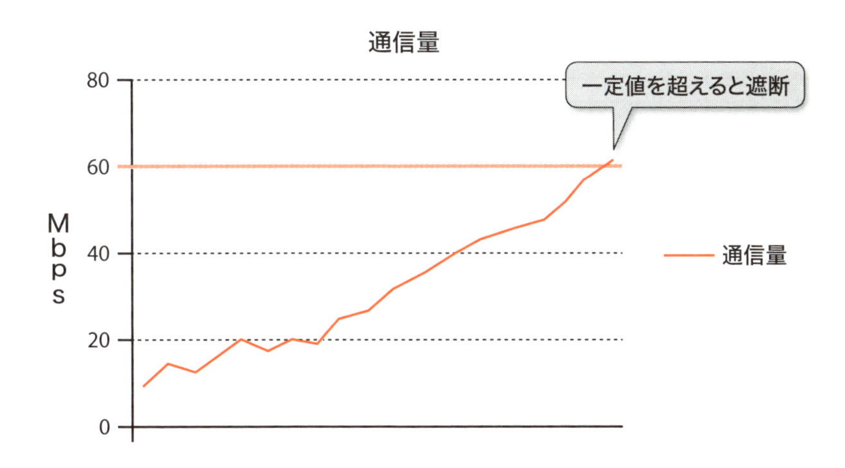

閾値はそれぞれのネットワーク環境に合わせて設定されているため、他の同等機種と同じ設定を行う必要があります。

3.8 DHCPリレーエージェント

パソコンの電源を入れると、IPアドレスを設定していなくても自動で割り当てる事ができます。これをDHCP（Dynamic Host Configuration Protocol）といいます。

DHCPはパソコンを起動した時にUDPをブロードキャストして、DHCPサーバからIPアドレスなどの情報を取得しています。

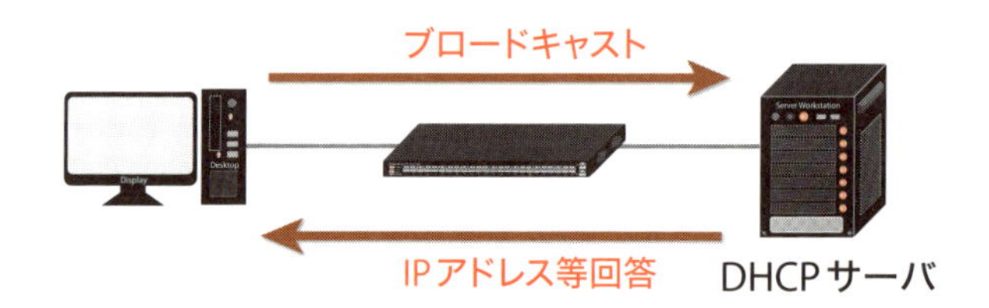

ブロードキャストはサブネットを越えて通信できないため、サブネットごとにDHCPサーバが必要ですが、DHCPリレーエージェントを利用すると、サブネットを越えて通信できるようになります。

DHCPリレーエージェントを利用する事で、複数サブネットのIPアドレス割り当てを1台のDHCPサーバで行う事ができます。

DHCPリレーエージェントは、サブネットを越えてDHCPで通信する機能のため、ルーティングしている装置で設定します。

エッジスイッチでルーティングしている場合は、エッジスイッチでDHCPリレーエージェントの設定を行います。

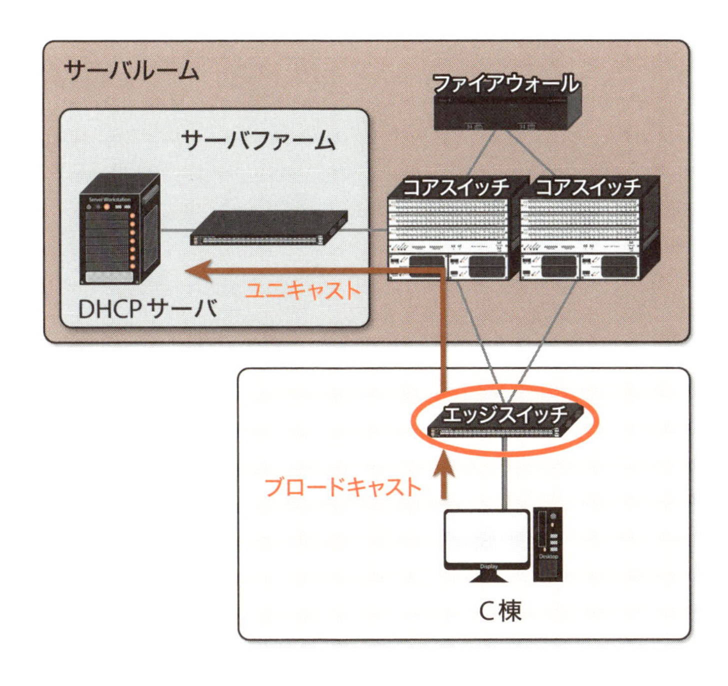

DHCP リレーエージェントの設定を行った装置とDHCPサーバの間は、ユニキャストで通信を行います。

エッジスイッチではルーティングしておらず、コアスイッチでルーティングしている場合は、コアスイッチで設定します。

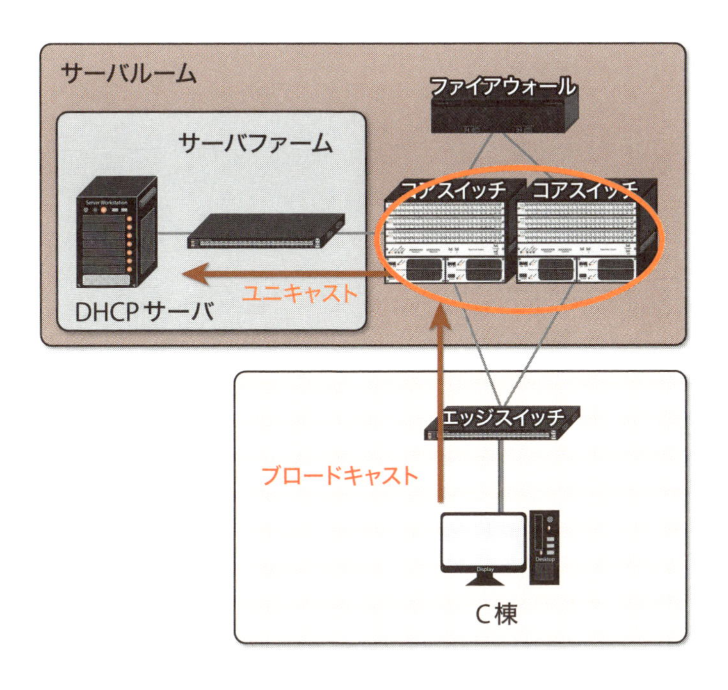

このように、ネットワーク構成によってどこで設定するか異なるため、確認が必要です。
実際にスイッチを追加したり、VLANを追加してDHCPリレーエージェントの設定を行う場合、既にDHCPリレーエージェントの設定がされた他のスイッチと同じ設定を行います。
設定自体は通常、通信先であるDHCPサーバのIPアドレスを指定するだけです。

3.9 DHCPスヌーピング

DHCPスヌーピングは不正端末、間違ってIPアドレスを設定した端末、不正なDHCPサーバなどを簡易的に排除できる機能です。

DHCPスヌーピングを有効にすると、DHCPでのIPアドレス取得のやりとりをスイッチで監視します。

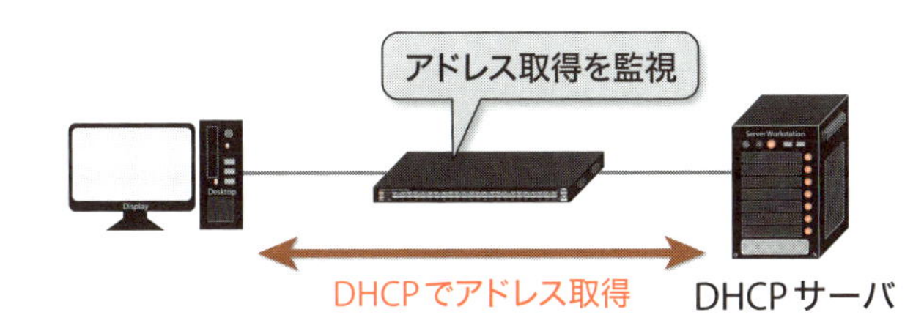

スイッチは、正式にIPアドレスを割り当てられた端末が接続されているインターフェースやMACアドレスなどの情報を保持しており、その端末の通信しか許可しません。

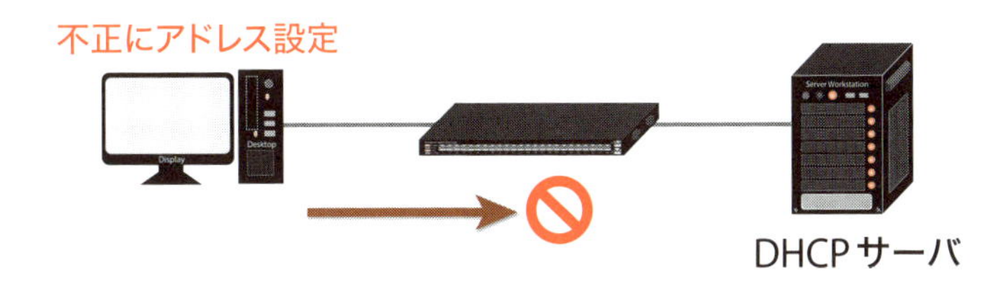

つまり、DHCPを利用せずにパソコンに固定でIPアドレスを設定しても、通信できないようにできます。

DHCPスヌーピングを動作させる際は、DHCPサーバや固定でIPアドレスを割り当てるサーバ、プリンターなどが接続されるインターフェースをTrustedインターフェースとして設定します。

Trustedインターフェースではスヌーピングを行わないため、自由に通信が可能です。

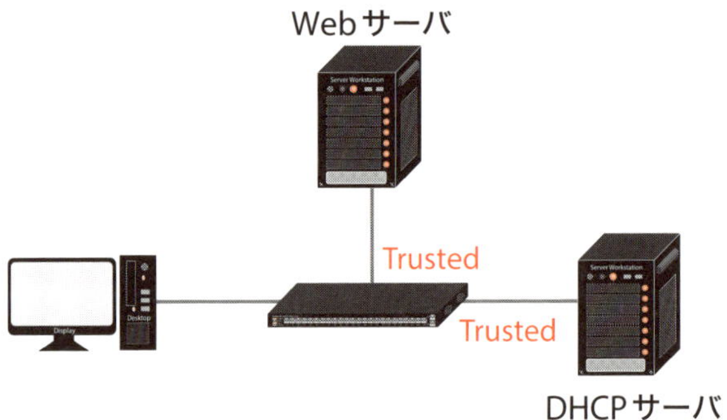

その他のインターフェースはUntrustedインターフェースと呼ばれ、正式にDHCPサーバからIPアドレスが割り当てられた場合のみ通信が可能になります。

また、ほとんどの場合、エッジスイッチでDHCPスヌーピングを有効にすると、コアスイッチとの接続インターフェースはTrustedインターフェースに設定する必要があります。

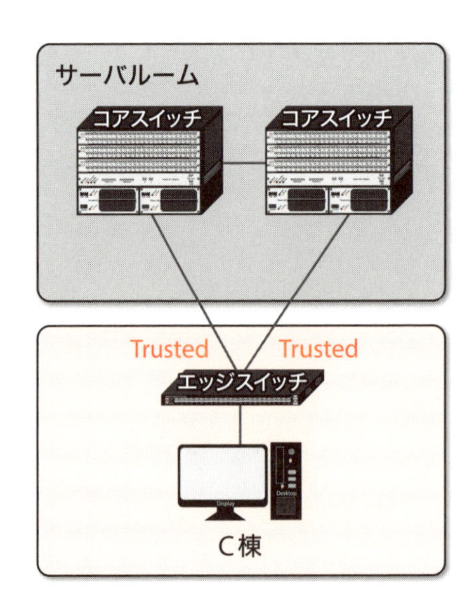

設定を忘れるとコアスイッチとの間で通信ができなくなります。

このように、DHCPスヌーピングを利用している場合は、Trustedの設定を行うインターフェースを理解しておく必要があります。

3.10 RIP

RIP（Routing Information Protocol）はダイナミックルーティングを実現するルーティングプロトコルの1種です。

RIPでは、ルータが知っているサブネット情報を通常30秒間隔でブロードキャストします。例えば、サブネットマスクが255.255.255.0のネットワークでIPアドレス172.16.4.1のインターフェースを持つルータは、サブネット番号である172.16.4.0のデータをUDPでブロードキャストします。これを受け取ったルータは、自身が知っているサブネット番号と受け取ったサブネット番号のデータを、同様にUDPでブロードキャストします。

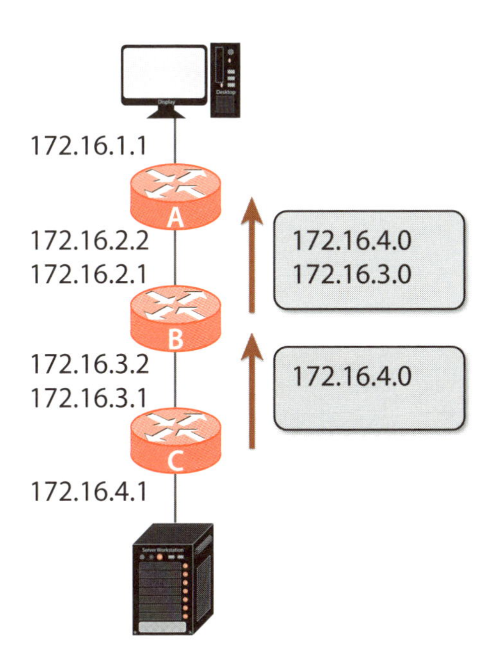

RIPを受信したルータはルーティングテーブルに反映させるため、例えばルータAのルーティングテーブルは次ページの表になります。

サブネット番号	宛先IPアドレス	ホップ数
172.16.1.0	直接（direct）	0
172.16.2.0	直接（direct）	0
172.16.3.0	172.16.2.1	1
172.16.4.0	172.16.2.1	2

172.16.1.0と172.16.2.0は直接接続されている事、172.16.3.0と172.16.4.0はRIPで受信し、ルータBの172.16.2.1に送信すればよい事が分かります。

ホップ数とはルータを経由した数です。

ルータは、RIPを受信する度にホップ数を1追加してルーティングテーブルに反映させます。このため、次のネットワークがあった場合、通常は実線の矢印で通信し、ルータA～B間で何らかの障害が発生した場合に破線の経路を使います。

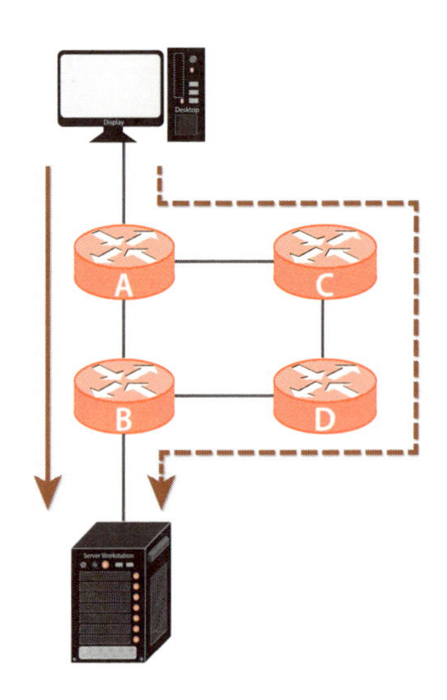

切り替えは、RIPでサブネット番号が通知されなくなった事を確認した後に行われるため、数分ほどの時間を要します。また、ホップ数の最大値は15のため、大きなネットワークには適用できません。

このため、最近では利用される事も少なくなっています。

RIPの最低限の設定は、172.16.0.0など利用するネットワーク番号を指定する、または装置によっては利用するインターフェースで有効にするだけですが、コアスイッチとエッジスイッチ間でRIPを利用している場合は、インターフェースにホップ数を設定して通常時利用する経路を固定する事があります。

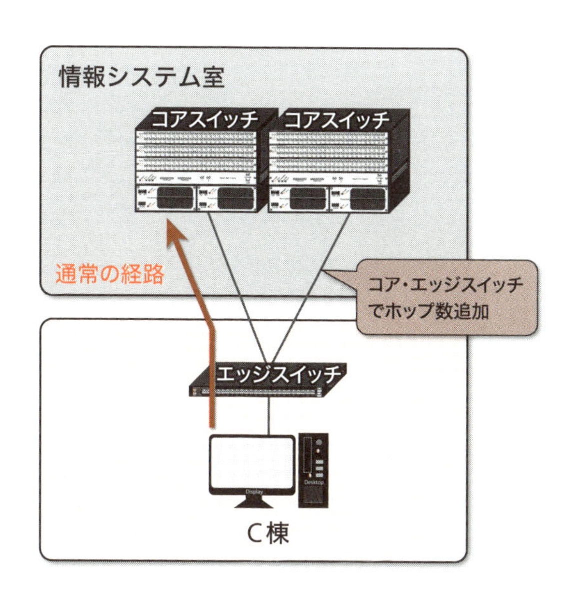

この場合、新たにスイッチを追加した時はホップ数の設定を忘れないようにする必要があります。

また、RIPにはバージョン1とバージョン2があるため、他のスイッチとバージョンを合わせないと通信できません。

3.11 OSPF

a）OSPFの概要

OSPF（Open Shortest Path First）もダイナミックルーティングを実現するルーティングプロトコルです。

OSPFでは、互いにマルチキャストアドレスである224.0.0.5宛てにHelloパケットを送信し、相手ルータが受信する事でルータを検知します。検知したルータをネイバーといいます。

ネイバー間では優先度に従って代表ルータ（DR:Designated Router）とバックアップ代表ルータ（BDR:Backup Designated Router）というルータを選出します。DRとBDRはサブネット単位に1台ずつ選出されます。

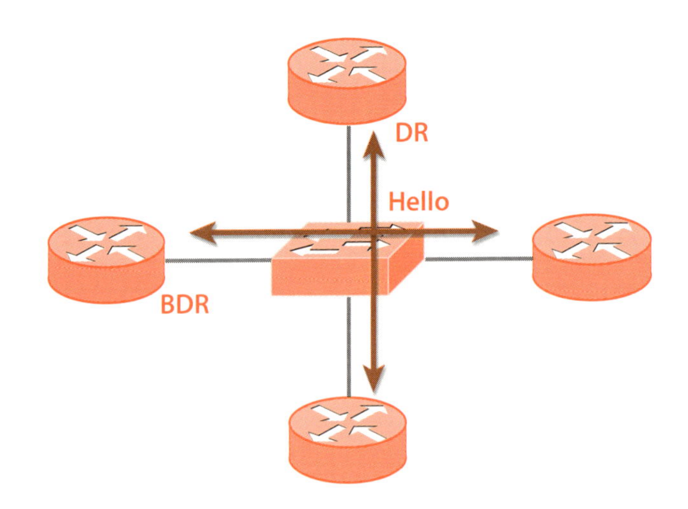

各ルータは、経路変更が発生した場合や30分に1回、DRとBDRに対してマルチキャストアドレスである224.0.0.6宛てにLSU（Link State Update）というパケットを送信します。

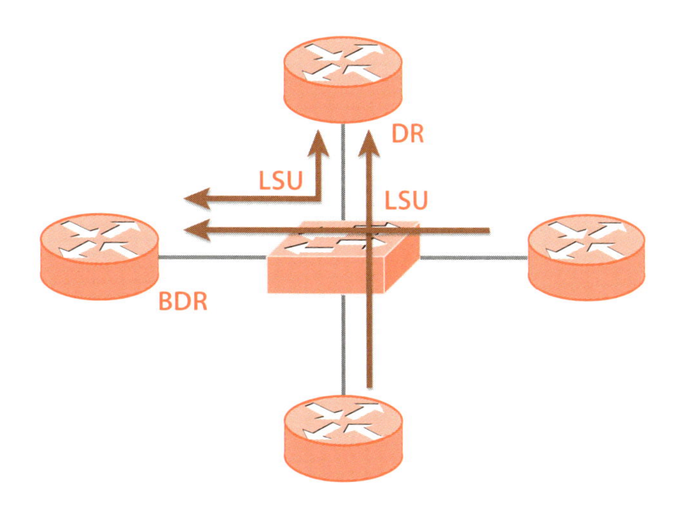

DRは各ルータから教えてもらった情報を、マルチキャストアドレスである224.0.0.5宛てにLSUパケットを送信します。LSUを受信した各ルータは、ルーティングテーブルに反映します。

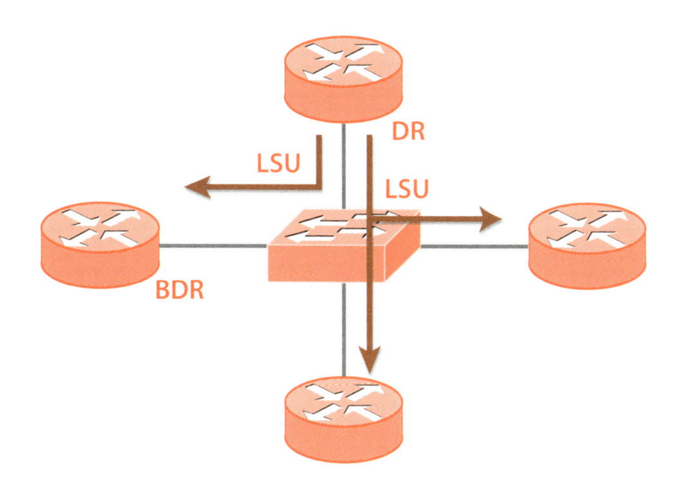

つまり、RIPが各ルータで独自にルーティングテーブルを構成するのに対し、OSPFではDRがまとめて各ルータに教えます。

この時の情報をLSA（Link State Advertisement）といい、ネットワークに対する同一のデータベースであるLSDB（Link State DataBase）を持つ事ができるようになっています。

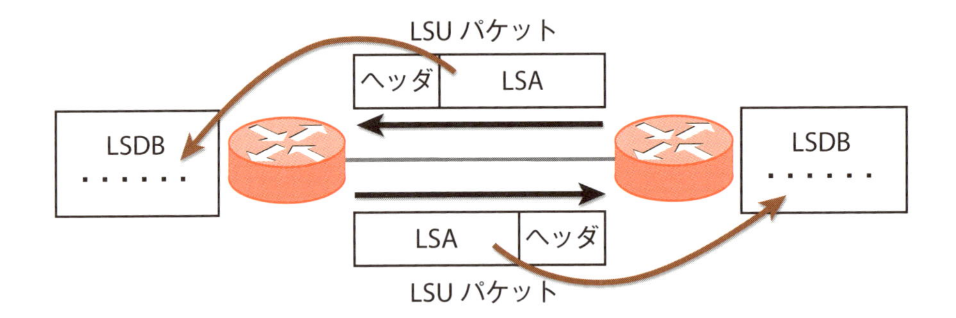

ルーティングテーブルはLSDBの中で最短となる経路が選択されます。これをSPF（Shortest Path First）計算といいます。

ルーティングテーブルは各ルータでLSDBを基に計算するため異なりますが、LSDBはすべてのルータで一致したデータベースになります。

DRが故障した場合はBDRがDRとなり、新たにBDRが選出されます。

一般的にコアスイッチ2台がDRとBDRになるように優先度を上げていると思われますが、どのスイッチがDR、BDRになっているか確認しておく必要があります。

OSPFの設定は、最低限利用するインターフェースとエリアIDを指定すると動作します。エリアはOSPFの範囲を示し、他のスイッチと同じ番号を使う必要があります。

また、ルータやスイッチを識別するルータIDが、明示的にIPアドレス形式で設定されている事があります。他の装置に接続しない仮想的なインターフェースであるループバックインターフェースにIPアドレスを設定する事で、そのIPアドレスをルータIDにしている場合もあります。このように明示的に設定する場合、ルータIDが他のルータやスイッチと重複しないよう設定が必要です。

明示的に設定しない場合、インターフェースに設定したIPアドレスから自動でルータIDが割り当てられます。

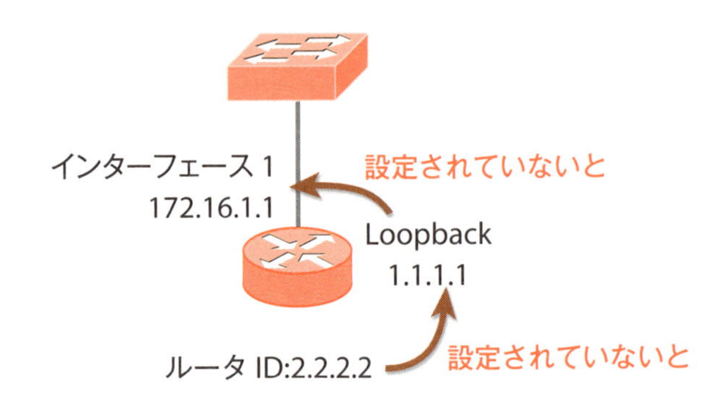

ルータIDはLSDBで装置を識別するために使われます。

b）OSPFコスト

OSPFにもRIPのホップ数に似た考えがあり、コストといいます。ホップ数はルータを経由する数ですが、OSPFではインターフェースの帯域を基準にしています。

デフォルトでは10Base-Tは10、100Base-TXは1になります。1000Base-Tも1になりますが、コストを設定で変えて10Base-Tを100、100Base-TXを10、1000Base-Tを1などにする事も可能です。

このため、RIPと異なり、ルータを経由する数ではなく、その経路までのコストの合計が一番小さいルートが選択されます。

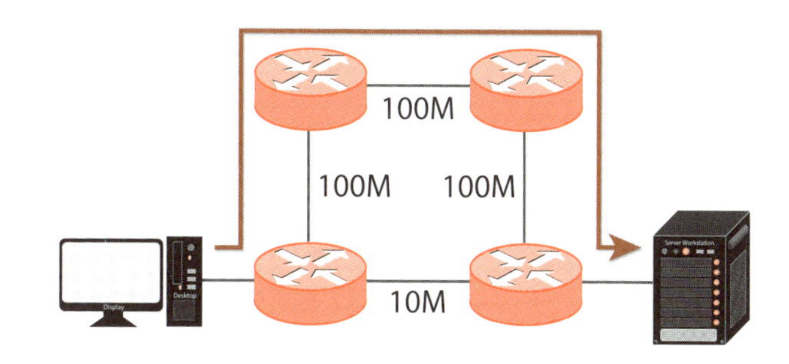

Helloパケットは LSDBの構成後も10秒間隔で送信され、相手からのHelloパケットを受信できなくなると、相手装置がダウンしたと認識します。また、インターフェースがダウンした時も経路が無効になったと判断します。このように、経路変更が発生した時はDRに通知を行い、DRがLSUパケットによりLSA情報を送信して各ルータのLSDBを更新し、ルーティングテーブルが変更されます。このため、切り替えは数秒～数十秒程度で行われます。

コアスイッチとエッジスイッチ間でOSPFが使われている場合、インターフェースにコストを設定して通常時利用する経路を固定する事があります。

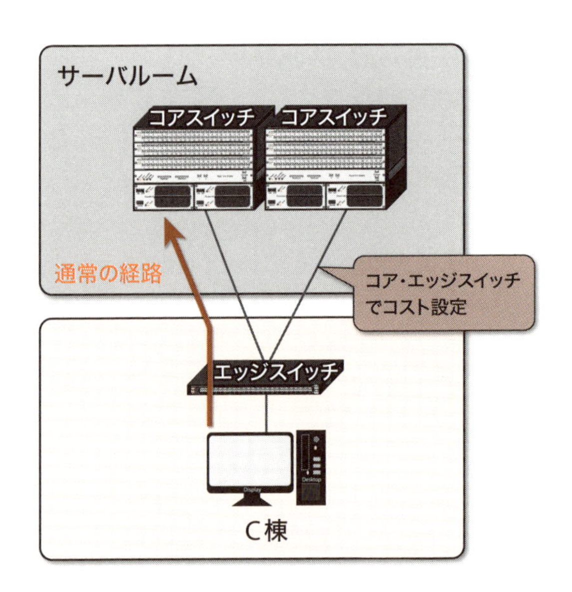

この場合、新たにスイッチを追加した時はコストの設定を忘れないようにする必要があります。

3.12 VRRP

VRRP（Virtual Router Redundancy Protocol）を利用すると、複数のルータを1台の仮想的なルータに見せる事ができます。

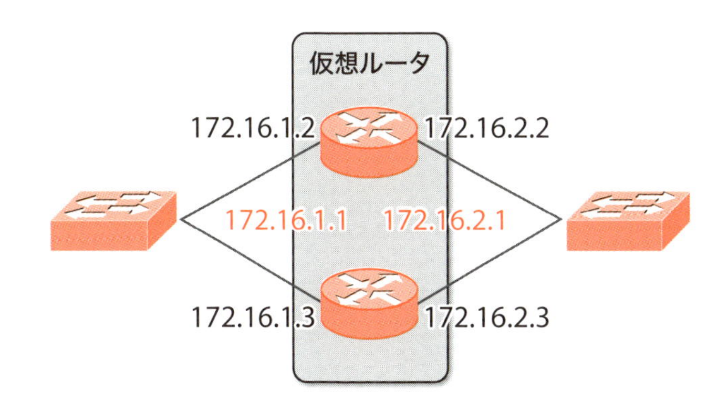

上の図で、各ルータに設定されたIPアドレスに対して172.16.1.1と172.16.2.1は仮想IPアドレスと呼ばれます。また、仮想ルータに属するルータのうち、1台のみアクティブになります。

パソコンやサーバは仮想IPアドレスをデフォルトゲートウェイに設定する事で、アクティブなルータがルーティングを行って通信可能となります。

VRRPはVRIDをグループ番号として使います。

ルータが起動されると、マルチキャストアドレスの224.0.0.18宛てに制御パケットを送信します。制御パケットにはVRIDや優先度が入っており、自身に設定されたVRIDと同じであれば同じグループと認識します。

また、優先度に従ってアクティブになるルータが決定されます。このルータをマスタルータといい、その他のルータはバックアップルータといいます。

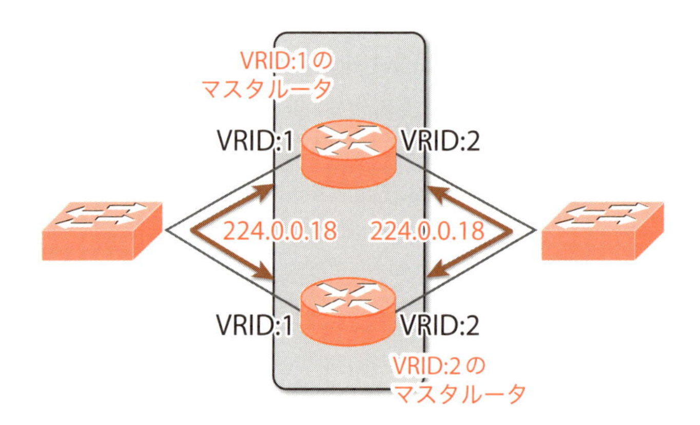

上記では各サブネットでマスタルータが異なるため、行きと戻りの通信が違うルータを通る事になりますが、このようにVRRPは各サブネットで個別に動作します。

仮想IPアドレスは、ルータのインターフェースのIPアドレスと同じにする事もできます。この場合は、仮想IPアドレスと同じIPアドレスと持つルータがマスタルータになります。

なお、仮想IPアドレスのMACアドレスは「00-00-5E-00-01-xx」でxxのところはVRIDになります。マスタルータは仮想IPアドレスのMACアドレスを要求するARPに対しては、このMACアドレスを応答し、このMACアドレス宛ての通信は自身がルーティングする必要があると判断します。

異なる仮想ルータにしたいのにVRIDが重複すると通信できなくなったり、予想外のトラブルが発生します。このため、VRIDを一覧表などで確認して割り当てる必要があります。

a）切り替え

マスタルータは常に224.0.0.18宛てに送信を続けます。バックアップルータは制御パケットを送信しませんが、マスタルータの制御パケットを監視しています。

マスタルータの制御パケットが一定時間届かなくなると、マスタルータがダウンしたと判断し、優先度に従ってマスタルータが決定され、新しいマスタルータがルーティングするようになります。

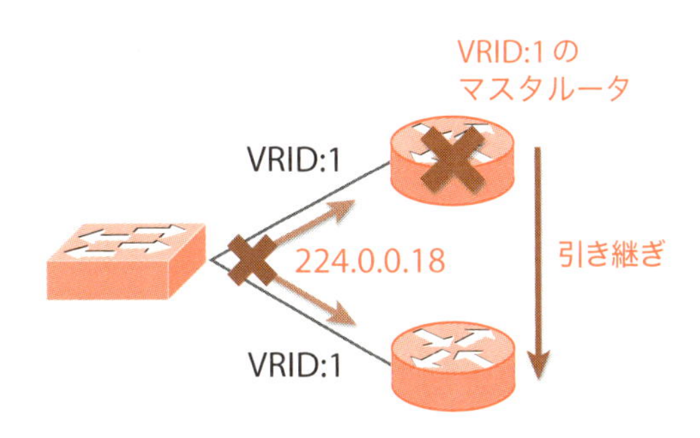

制御パケットを送信する間隔はデフォルトでは1秒で、数秒でマスタルータのダウンを検知して切り替わります。

マスタルータが切り替わった後、ダウンしたルータが復帰した場合、仮想IPアドレスと同じIPアドレスを持つルータであればマスタルータに戻ります。

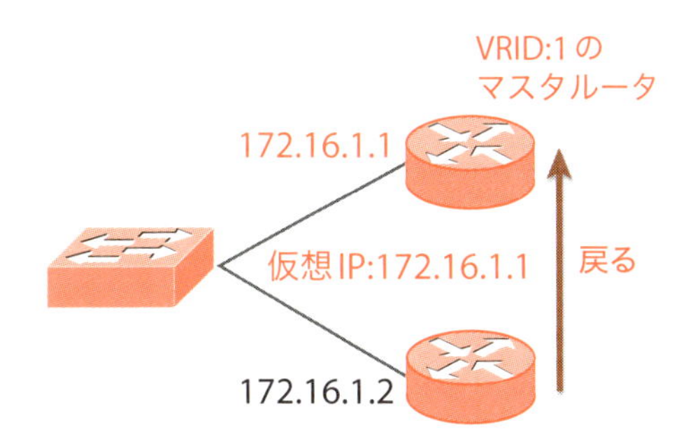

また、デフォルトの状態では仮想IPアドレスと同じでない場合もマスタルータに戻りますが、プリエンプトモードをoffにする事で戻らないようにもできます。

集中ルーティング型でVRRPを利用している場合、一般的にコアスイッチのどちらかをマスタルータにしています。

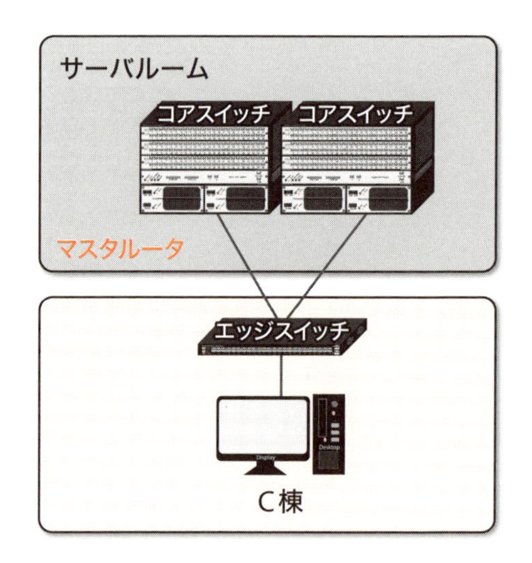

また、VLAN単位でマスタルータを変えて、負荷分散している事もあります。その場合、2～50は左のコアスイッチ、51以上は右のコアスイッチをマスタルータにするなど決まりがあるのか確認が必要です。

ほかにもプリエンプトモードをデフォルトのままとするか、offにして切り戻しをしないのか確認が必要です。

新たにVLANを作ってルーティングに組み込む際は、これらの情報を元に設定を行います。

b）HSRP

Ciscoのルータやスイッチでは、VRRPの元になったHSRP（Hot Standby Routing Protocol）を利用している事があります。

HSRPの動作はVRRPとほとんど同じで、VRRPにおけるマスタルータをアクティブルータ、バックアップルータをスタンバイルータと呼びます。

アクティブルータが故障した場合、もう1台のスイッチがルーティングを行いますが、故障したスイッチが直った時、デフォルトではアクティブルータに戻りません。VRRPではマスタルータに戻るため、デフォルトの動作が異なります。

HSRPであっても確認する点はVRRPと同じです。

3.13 スタック

スイッチをスタック接続すると、複数のスイッチを1台のように扱えます。

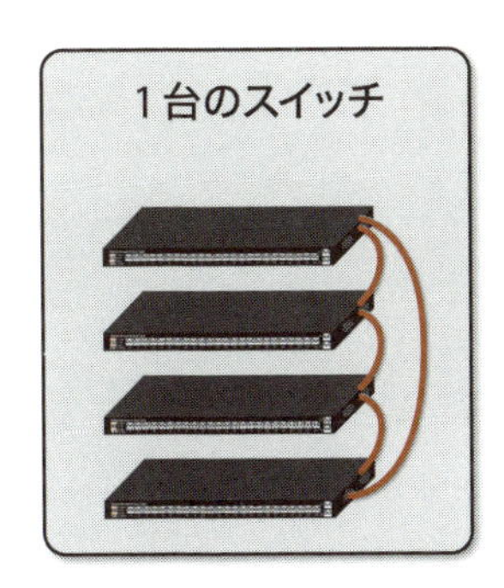

スイッチ間はスタックケーブルという装置固有のケーブルを使って接続します。

スイッチをスタックすると台数分の設定を行う必要がなく、1台の装置として設定できます。また、監視を行う場合でも1台として扱えるため、多数のスイッチがあるネットワークでは管理を簡略化できます。

通常、エッジスイッチでスタックを行い、接続できるインターフェースを増やすと共に、コアスイッチからの接続は異なるスイッチに接続して、1台のエッジスイッチが故障してもコアスイッチとの通信が継続できるようにします。

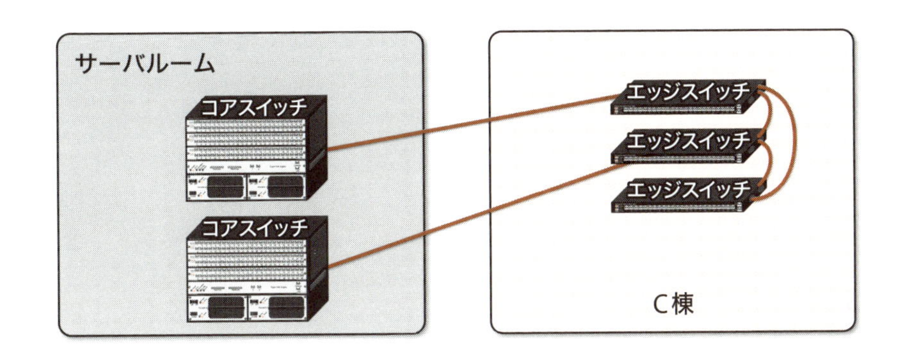

スタックするスイッチを追加する時は留意が必要です。

追加するスイッチの電源を入れたまま接続すると、追加した方のスイッチの設定が有効になる可能性があります。安全に交換するには、追加するスイッチの電源を切った状態で接続し、接続後に電源を入れます。通常は、既存のスイッチは電源を切らずに、利用を継続しながら新たなスイッチを接続できます。接続後は、追加したスイッチのインターフェースに対する設定が行えます。

3.14 パケットフィルタリング

パケットフィルタリングを利用すると通信を遮断できます。

設定はMACアドレスやIPアドレス、ポート番号などの組み合わせで行います。

例えば、172.16.1.2と172.16.2.3の間の通信を遮断するといった設定になります。

フィルタリングの設定方法は装置によって様々ですが、ここでは設定を行う際の留意点を3つ説明します。

a）フィルタリングの種類

パケットフィルタリングには種類があり、インターフェースで受信時に適用するフィルタリング、ルーティング時に適用するフィルタリングなどがあります。

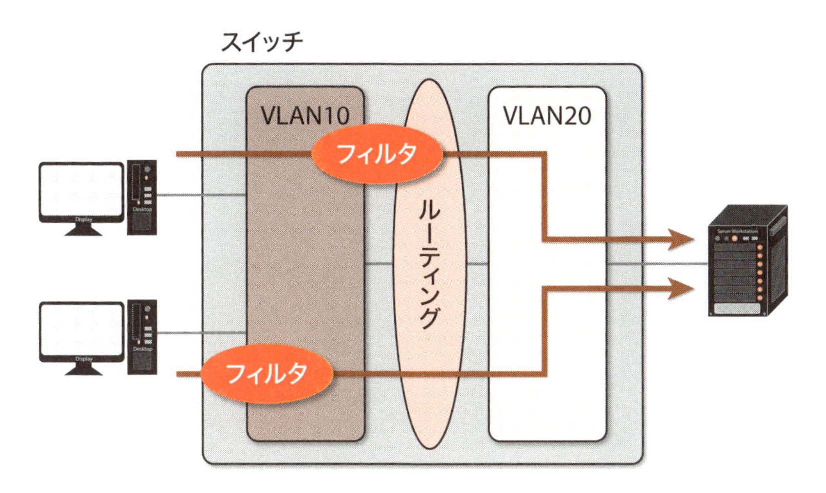

上記の場合、ルーティング時のフィルタリングはVLAN内の通信には有効でありません。スイッチによっては他にも種類があり、受信時だけでなく送信時にフィルタリングできる装置もあります。

パケットフィルタリングの設定をする際は、どこで有効になるか理解しておく必要があります。

b）暗黙の処理

フィルタリング内容は、先に説明した通り172.16.1.2と172.16.2.3間を遮断するといった設定で複数記述します。記述した優先度に従って内容に一致すると処理されますが、すべての記述に一致しなかった場合、暗黙の処理が行われます。

フィルタ定義

①172.16.1.2 からの通信は全て透過
②172.16.1.3 と 172.16.2.2 間は透過
③172.16.1.4 と 172.16.3.3 間は透過
④172.16.1.5 と 172.16.4.4 間は透過
（暗黙の遮断）

①から④まで順番に評価して途中で一致するとその処理が行われる。全て一致しないと暗黙の処理で遮断される。

上記では暗黙の処理は遮断ですが、デフォルトで遮断の装置や透過する装置があるため、どちらになっているか確認が必要です。

暗黙の処理が透過になっているのに、透過の定義だけをしても意味がありませんし、逆に暗黙の処理が遮断なのに、遮断の定義だけをしても意味がありません。

c）応答パケット

パケットフィルタリングでは通信のやりとりを見て遮断しているわけではなく、単純に通過するフレームを見て遮断しています。

このため、172.16.1.2から172.16.2.2への通信を許可する定義をしても、172.16.2.2からの応答パケットは遮断されたままです。

このため、応答パケットも透過する設定が必要です。

3.15 ファイアウォール

ファイアウォールは主としてインターネットの接続で使われ、内部とインターネット、DMZ間の通信を遮断したり、透過したりします。

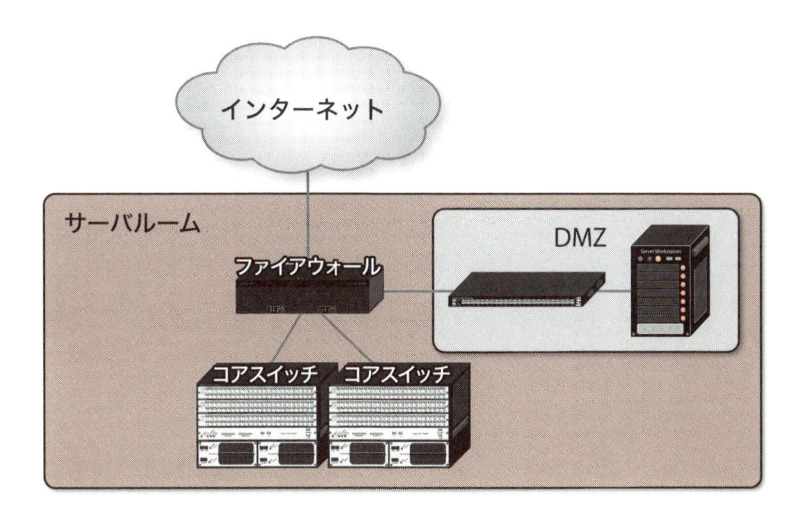

DMZには公開Webサーバのようにインターネットから通信が必要なサーバが配置され、内部のネットワークには直接インターネットから通信ができないようにします。

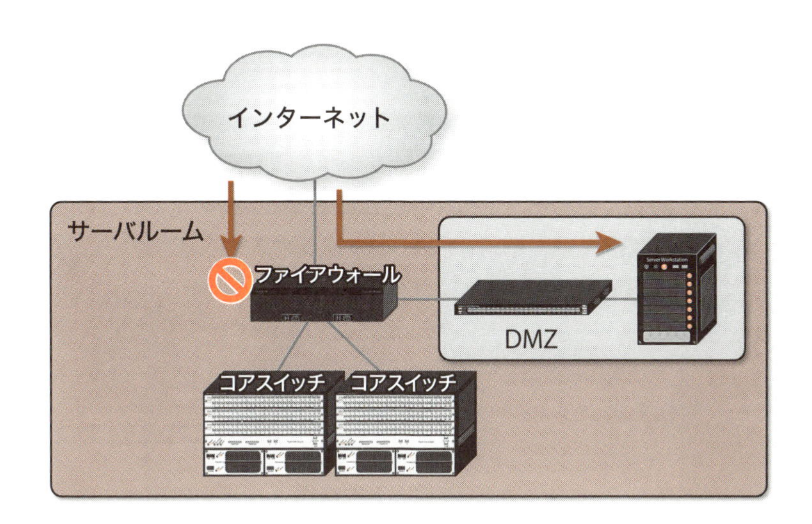

　また、ファイアウォールを介する通信は基本を遮断とし、必要最低限の通信のみ許可する事でセキュリティを確保します。
　ファイアウォールは通信を許可/遮断するため、パケットフィルタリングでも行えますが、通常はインターネットとの接続口ではステートフルインスペクションの機能を持った装置を使います。
　ステートフルインスペクションでは装置を通る通信を管理しており、一度許可した通信の応答パケットは定義がなくても遮断しません。

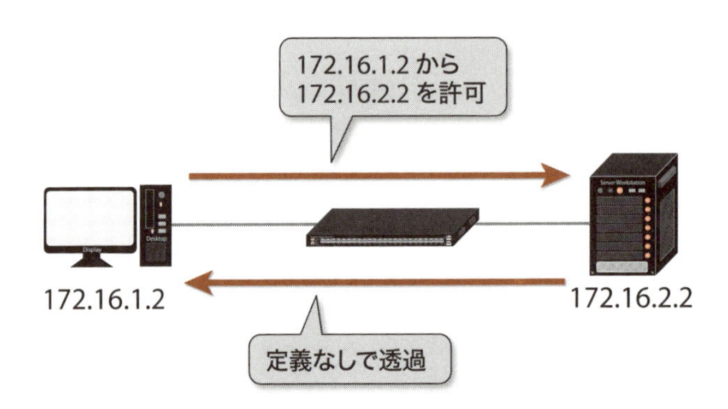

　パケットフィルタリングでは常に応答パケットを許可する必要があり、インターネット側から応答パケットを偽造して攻撃を受ける可能性がありますが、ステートフルインスペクションでは通信中の装置間だけ透過を許可するため、より安全です。
　ファイアウォールを通る通信は、すべてログを採取しておく必要があります。万一セキュリティ事故が発生した時はログから調査できます。
　ファイアウォールの定義を変更する際は、基本が遮断なので、できれば必要な通信のみ透過するような定義にすると、定義を追加するだけで済みます。
　よくあるのは、ファイアウォールは必要な時は定義を追加しますが、不要になった時に定義を削除するという事があまりありません。
　増えすぎると何百、何千という定義になる事もあるため、ログから使ってない定義を洗い出し、1年に1回程度整理して定義を少なくすると運用が楽になります。

3.16 NAT

IPアドレスにはインターネットで使えるIPアドレスと使えないIPアドレスがあります。

インターネットで使えるIPアドレスをグローバルアドレス、使えないIPアドレスをプライベートアドレスといいます。

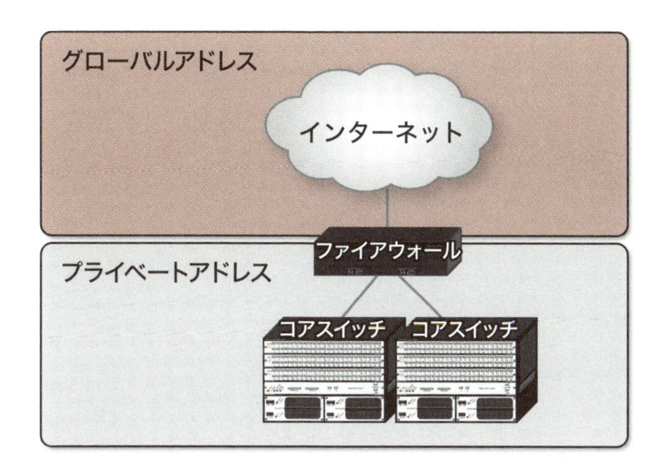

それぞれのアドレス範囲は次の通りです。

種類	範囲
グローバルアドレス	0.0.0.0～223.255.255.255 ※プライベートアドレス範囲を除く
プライベートアドレス	10.0.0.0～10.255.255.255 172.16.0.0～172.31.255.255 192.168.0.0～192.168.255.255

グローバルアドレスはインターネットの中で重複しないように管理されており、一意になっています。プライベートアドレスはインターネットで使わないため自由に設定できますが、通信する範囲では重複しないように割り当てる必要があります。

プライベートアドレスの10.0.0.0～10.255.255.255はクラスAです。172.16.0.0～172.31.255.255はクラスB、192.168.0.0～192.168.255.255はクラスCです。

クラスAでは約1,658万台、クラスBでは約65,000台、クラスCでは250台分位のIPアドレスが使えるため、ネットワークの規模によってどのクラスを利用するかが決まってきます。

プライベートアドレスを送信元、宛先としたパケットはインターネットでは利用できないため、グローバルアドレスに変換して通信を行います。これはNAT（Network Address Translation）と呼ばれています。

下図のネットワークがあったとします。

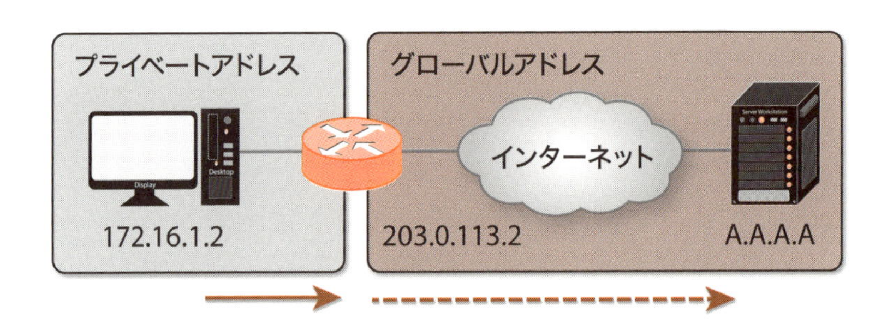

実線の矢印で示した部分のパケットは次の通りです。

データ	ポート番号		IPアドレス	
	送信先	送信元	送信先	送信元
HTTP GET	80	49200	A.A.A.A	172.16.1.2

NATを介した後の点線の矢印部分のパケットは次の通りです。

データ	ポート番号		IPアドレス	
	送信先	送信元	送信先	送信元
HTTP GET	80	49200	A.A.A.A	**203.0.113.2**

このようにアドレス変換する事で、プライベートアドレスが設定された機器でもインターネットと通信ができるようになっています。ファイアウォールではアドレス変換テーブルを保持しており、戻りのパケットの宛先が203.0.113.2の場合、送信先を172.16.1.2と元々のアドレスに戻してパケットを転送します。

このままでは1台1台にグローバルアドレスが必要です。利用するグローバルアドレスを少なくする方法としてNAPT（Network Address Port Translation）、またはPAT（Port Address

Translation）と呼ばれる機能があります。

NAPTではポート番号も変換されるため、パケットは次のように変換されます。

データ	ポート番号		IPアドレス	
	送信先	送信元	送信先	送信元
HTTP GET	80	49200	A.A.A.A	172.16.1.2

データ	ポート番号		IPアドレス	
	送信先	送信元	送信先	送信元
HTTP GET	80	**49300**	A.A.A.A	**203.0.113.2**

このため、ファイアウォールで保持するアドレス変換テーブルも、ポート番号を含んだ状態で保持されています。次は172.16.1.2～5までの送信元IPアドレスがNAPTで変換された時のアドレス変換テーブルの例です。

変換前		変換後	
IPアドレス	ポート番号	IPアドレス	ポート番号
172.16.1.2	49200	203.0.113.2	**49300**
172.16.1.3	49210	203.0.113.2	**49400**
172.16.1.4	49220	203.0.113.2	**49500**
172.16.1.5	49230	203.0.113.3	49300

上記では、変換前のIPアドレス172.16.1.2～4までは同じIPアドレスである203.0.113.2に変換されますが、赤色の文字の通り変換後のポート番号が異なります。このため、応答パケットの宛先ポート番号が49300であれば172.16.1.2、49400であれば172.16.1.3、49500であれば172.16.1.4に変換されます。

送信元だけでなく、送信先のアドレスを変換する時も利用できます。例えば、DMZに設置されたサーバがプライベートアドレスだった場合、インターネットからの送信先にはグローバルアドレスしか使えないため、変換が必要です。

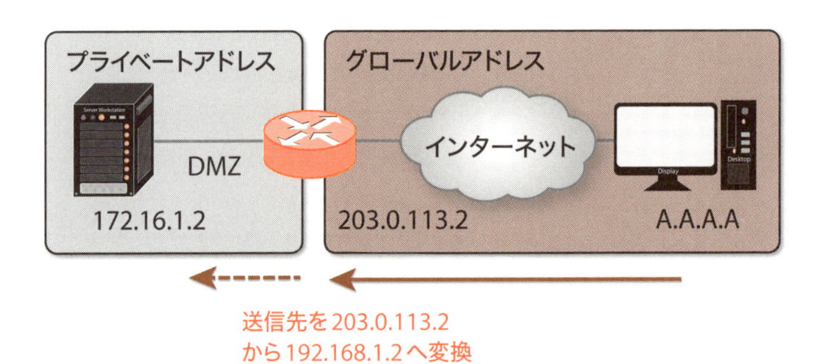

このような環境では、DMZのサーバが追加、撤去される度にNATの設定の追加、削除が必要になります。

3.17 IPS

Webサーバを公開する場合、インターネットから80番ポートに対して通信可能にする必要があります。

ファイアウォールでセキュリティを確保した場合でも80番ポートに対する通信は許可されるため、80番ポート宛ての不正なアクセスや攻撃があった場合は防ぐ事ができず、最悪の場合はサーバダウンや改ざんなどの被害に遭ってしまいます。

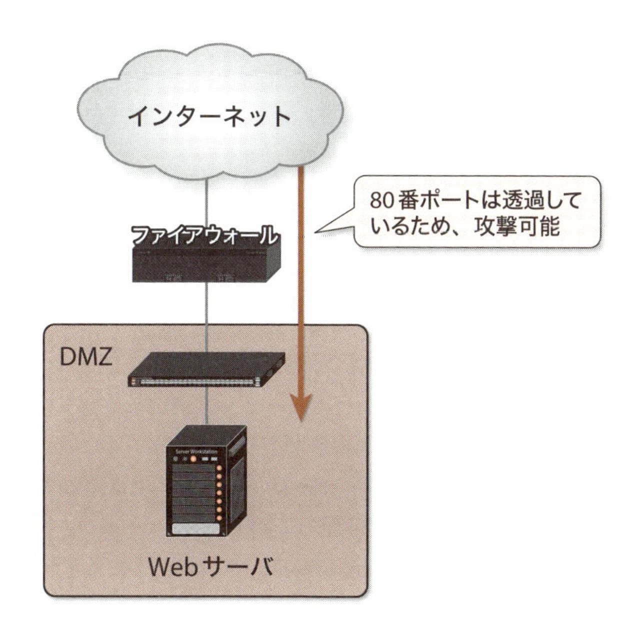

IPS（Intrusion Prevention System）を利用すると、不正なアクセスや攻撃を検知して破棄したり、一定時間通信できないようにブロックして防御する事が可能であり、サーバダウンや改ざんなどを防げる可能性が高まります。

a）アノマリ型IPS

アノマリ型IPSは、例えば一度に大量のSYNが発生すると攻撃を検知し、防御する事が可能です。

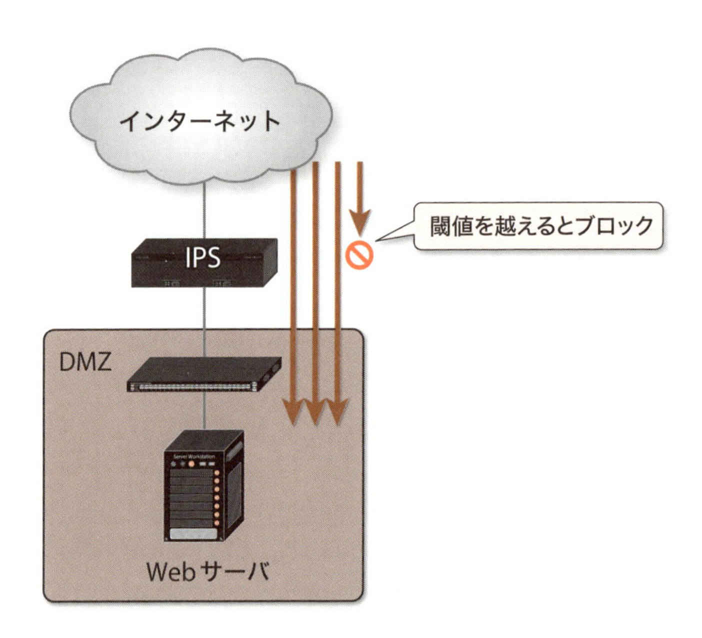

この他にも攻撃の準備として、空いているポートを順番に検索するポートスキャンといった通信も防御可能です。短期間に多数のポート宛ての通信を行った場合に防御できます。

また、大量のpingを攻撃と見なしたり、巨大なサイズのファイルを添付しているメールを攻撃と見なしたり、様々な定義をする事で対応する攻撃を防げます。

b）シグネチャ型IPS

シグネチャ型IPSは内部にパターンファイルを持っており、パターンにマッチした通信を攻撃とみなし、防御する事が可能です。

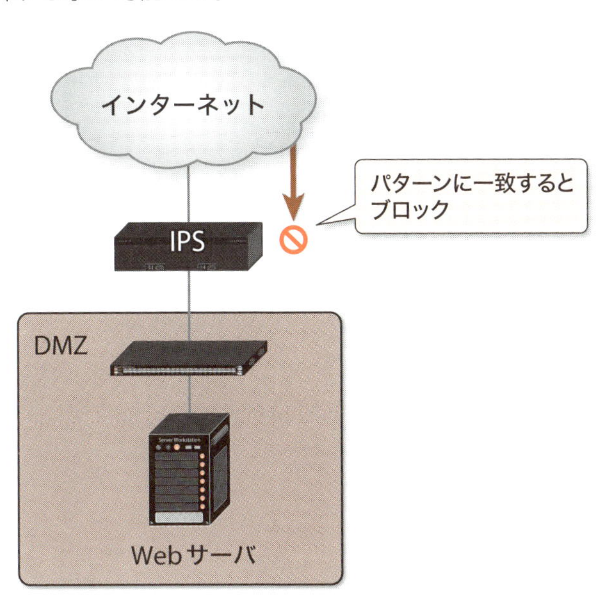

パターンファイルには例えば、通信中にある文字列の羅列があった場合は検知するなどが記載されています。パターンマッチのため、パソコンでウイルス対策ソフトが検知するしくみと同様に、メーカのサイトからパターンファイルをダウンロードして、そのファイルに基づいて検知します。

シグネチャ型IPSでは脆弱性をついた攻撃だけでなく、ウイルスやワームなどもパターンファイルに記述可能であり、様々な防御が可能な反面、パターンファイルの更新が遅い場合は新たな脅威を防げません。

c）誤検知

アノマリ型IPS、シグネチャ型IPS共に誤検知の可能性があります。

アノマリ型IPSでは、例えばアクセスが多いWebサーバに対してSYNが1秒間に10回以上は防御すると定義した場合、通常の通信も防御されてしまいます。

また、シグネチャ型IPSでは、極端に例えればxxxという文字列のパターンがあって有効にしていると、正常な通信でもxxxと入力しただけで防御されてしまいます。

運用では、検知したメールなどで送られるアラートが本当に危険か判断し、セキュリティ上危険な通信はファイアウォールで明示的に遮断する、誤検知が多い場合はその定義を無効にするなどの処置が必要です。

慣れないうちは判断が難しいですが、安易に遮断すると必要な通信まで遮断される可能性があります。逆に、安易に無効にするとセキュリティが弱くなってしまいます。

慣れないうちは周囲に相談するか、サポートサービスが使える場合は問い合わせるなどして慎重に行う必要があります。

3.18 運用管理設定

a）ログイン設定

スイッチを追加する場合は、適切なログイン設定を行う必要があります。シリアルケーブルやUSBケーブルからの接続だけ許可するのか、SSHなどのネットワーク経由からの接続を行うのか、ネットワーク経由で接続する場合はフィルタリングなどで通信可能な機器を特定するのかなどを確認し、他の機器と同じ設定をします。

b）SNMP

SNMPを利用すると、TRAPによりSNMPマネージャで障害を検知できます。

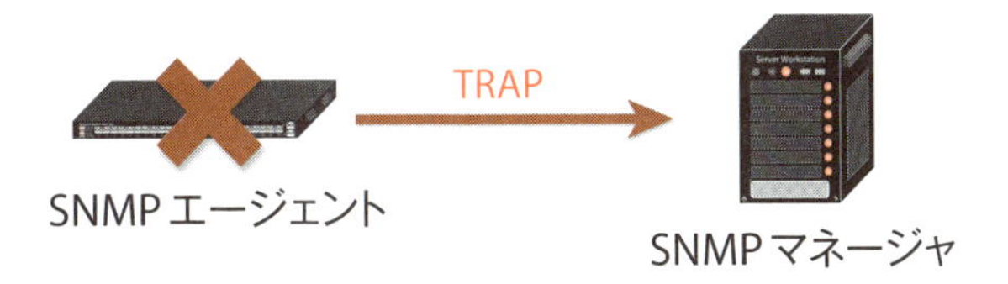

SNMPマネージャからメールを送信する事で管理者に通知する事もできます。

SNMPマネージャはMIB（Management Information Base）というスイッチ内の情報を利用して通信量の測定などもできます。

SNMPを利用する時は、コミュニティ名というパスワードのような文字列がエージェントとマネージャ間で一致している必要があります。

新規にスイッチを追加する時は、他のスイッチで設定されたTRAP先のIPアドレスやコミュニティ名などを確認し、同様の設定が必要です。

c）Syslog

Syslogサーバがあるとログを大量に保存できます。

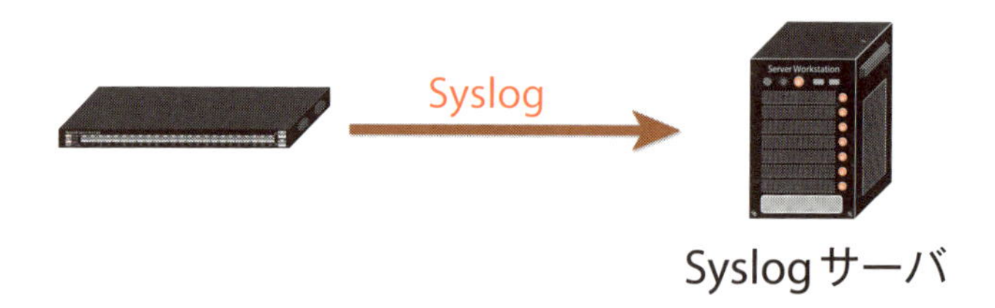

Syslogサーバではログが分かりやすいようにファシリティで区分けされています。例えばファイアウォール用のファシリティとスイッチ用のファシリティで分けた場合、別々のファイルにログが保存されます。

新規にスイッチを追加する時は、他のスイッチで設定されたSyslogサーバのIPアドレスやファシリティなどを確認し、同様の設定が必要です。

d）NTP

NTP（Network Time Protocol）は時刻同期するためのしくみです。

NTPは階層構造になっており、最上位は原子時計などで正確な時間を刻んでいます。

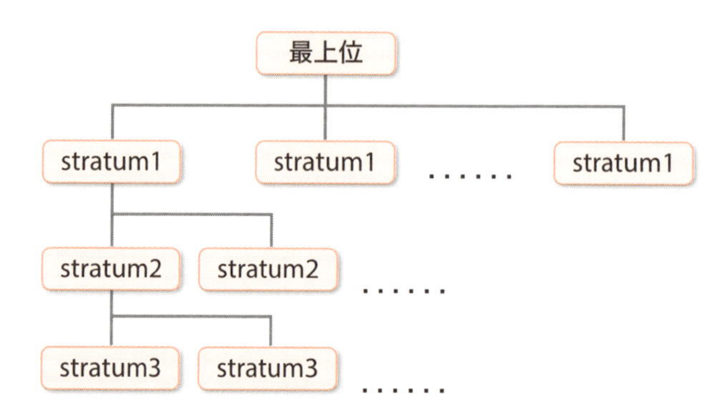

下位の機器は1つ上位のNTPサーバを指定して時刻同期を行います。例えばstratum2の機器はstratum1の機器に時刻を合わせる事で、最上位の機器とほとんど時刻がズレないようにできます。

新規にスイッチを追加する時は、他のスイッチで設定されたNTPサーバのIPアドレスを確認し、同様の設定が必要です。

e）LLDP

LLDP（Link Layer Discovery Protocol）を有効にすると、装置は定期的に自身の情報をのせたフレームを送信するようになります。

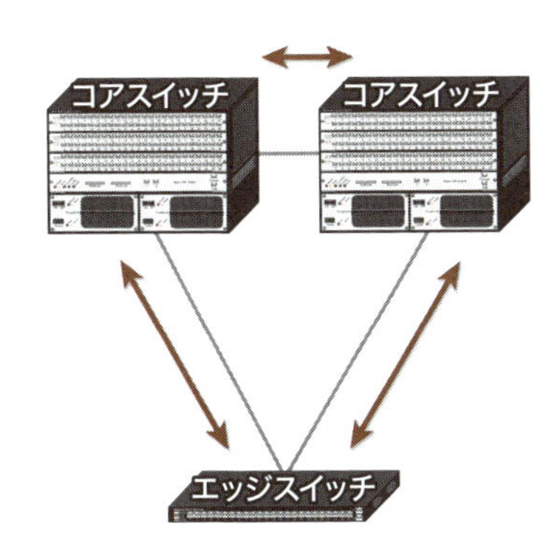

LLDPを受信した装置は、隣接装置がどのような機器でどのインターフェースに接続されているかなどの情報を表示可能になります。

スイッチが多い場合、接続先を管理していても一部間違っていたり、接続変更を反映していなかったりして、正確でない事があります。

このため、接続を変更したり設定を変更する前に、管理されている情報が正確か確認する時に使えます。

LLDPが動作していると、装置の情報やインターフェースの情報も含まれているため、簡単に接続機器が確認できます。また、LLDPはIPパケットによる通信ではないため、IPアドレスが設定されていなくても双方有効にするだけで情報を交換できます。

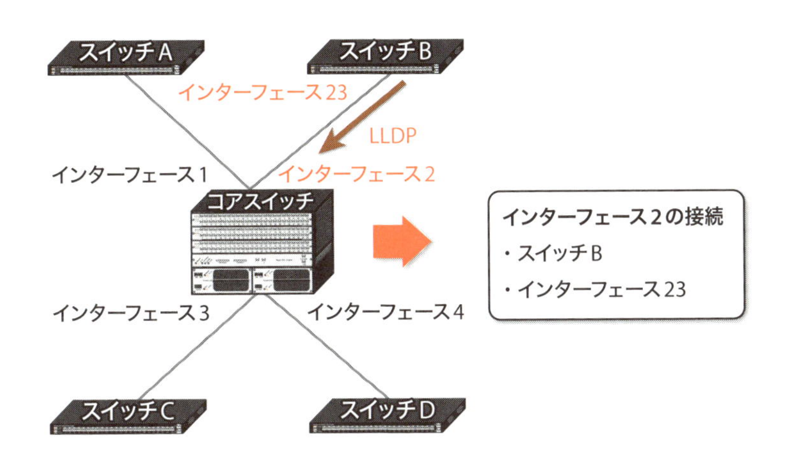

なお、LLDPと似たメーカー独自の機能としてCDP（Cisco Discovery Protocol）やEDP（Extreme Discovery Protocol）などがあります。CDPはデフォルトで有効なため、使わない場合は無効にする必要があります。

他のスイッチの設定を確認し、同様の設定が必要です。

第4章

非定常業務での技術ポイント

ネットワークを運用していると、新たに機能を追加したり、今まで利用していた方式を変更する必要が出てきます。

このため、第４章では非定常業務で新たに機能を適用する際に、検討が必要な技術ポイントを説明します。

1 スパニングツリープロトコルの検討

2 ループ対策の検討

3 DHCPスヌーピングの検討

4 ルーティングの検討

5 業務システム変更に伴うネットワーク検討

6 IPv6の検討

7 事前検証

8 本番での動作確認

4.1 スパニングツリープロトコルの検討

通信量が多くなってくると、なるべく効率的にネットワークを使う必要が出てきます。また、STPを使っている場合、VLAN数が多くなってくると、PVST+やRapidPVST+ではBPDUの数が多くなってスイッチが負荷に耐えられなくなる事があります。STP自体を廃止して、管理を簡単にしたいといった要望もあると思います。そのような場面での技術ポイントを説明します。

なお、スパニングツリープロトコルの基本機能については『3.6 スパニングツリープロトコル』をご参照ください。

a）VLAN単位で経路を変える

PVST+やRapidPVST+では、VLAN単位でSTPを構成します。このため、2台のコアスイッチで片方をVLAN10～50までのルートブリッジ、もう片方をVLAN51～90までのルートブリッジにするなど、ルートブリッジをVLANごとに変える事ができます。

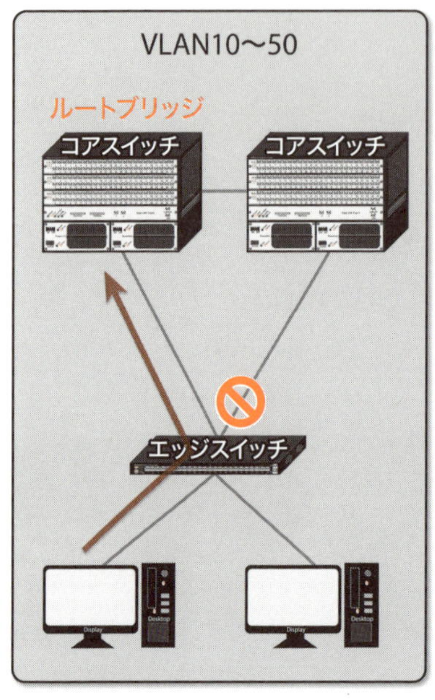

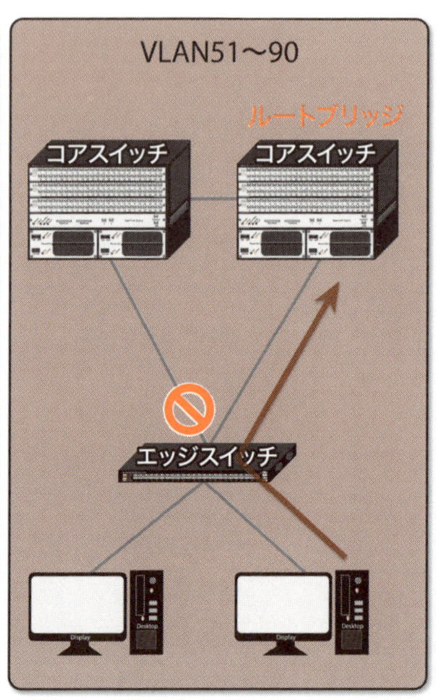

ルートブリッジはBPDUのやりとりで決められますが、この優先度はブリッジプライオリティの設定が一番反映されます。このため、左のコアスイッチでVLAN10～50のブリッジプライオリティを最小にし、右のコアスイッチでVLAN51～90のブリッジプライオリティを最小にする事で、ルートブリッジを分ける事ができます。パスコストをエッジスイッチ側で設定する時も、VLANごとに分けて設定が必要です。

なお、設定変更してルートブリッジが変更されると、一時的にネットワークが停止します。エンドユーザに案内を出すなどして、停止してよい時間に作業を行う必要があります。

b）MSTPを採用する

PVST+やRapidPVST+はタグを使ってVLAN単位でBPDUをやりとりします。BPDUがVLANごとに送信され、それをスイッチで処理する必要があるため、VLANの数が多くなると処理しきれなくなってきます。BPDUはデフォルトでは2秒間隔で送信され、VLANごとに送信されると大量のBPDUを処理する必要があるためです。また、通常のSTPやRSTPではVLANごとにBPDUが送信されるという事はありませんが、VLAN単位に経路を変える事ができません。このような時は、VLANをグループ化してSTPを構成するMSTPを利用します。

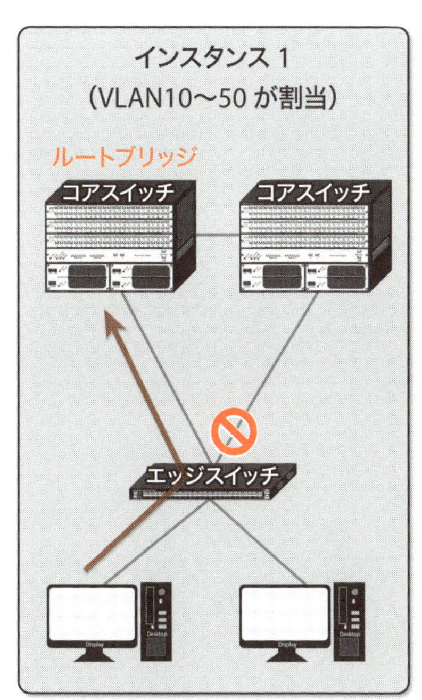

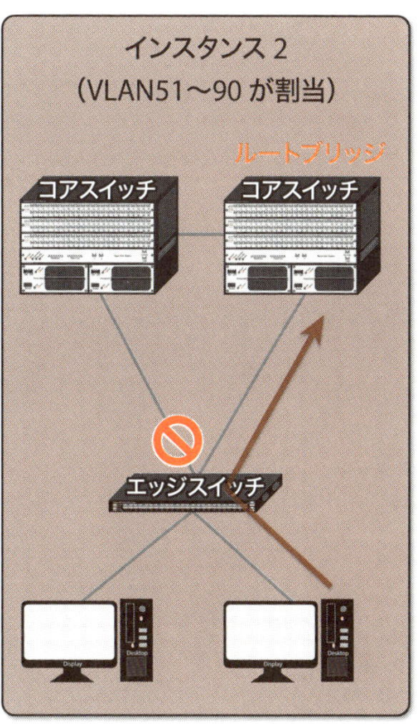

MSTPでは上図のように、インスタンスに所属するVLANを割り当てます。また、リージョン名とリビジョン番号を設定します。リージョン名はMSTPを構成する範囲に付ける名前、リビジョン番号は設定における版数です。これらが一致すると、同じリージョン内のスイッチとして認識されるため、基本的には全スイッチで同じ設定にする必要があります。MSTPでは

1つのBPDUで各インスタンスの情報を伝える事ができます。このため、VLAN数が増えてもBPDUの数を抑える事ができ、PVST+などと比較してスイッチの負荷を大幅に軽減できます。

同一リージョンの設定をした後、左のコアスイッチでインスタンス1のブリッジプライオリティを最小にし、右のコアスイッチでインスタンス2のブリッジプライオリティを最小にする事で、ルートブリッジを分ける事ができます。パスコストをエッジスイッチ側で設定する時も、インスタンスごとに分けて設定が必要です。

異なるリージョン名やインスタンスに対するVLAN割当を設定してリージョンが分かれると、図中の赤色の文字部分のように別々のルートブリッジやブロッキングが構成されます。

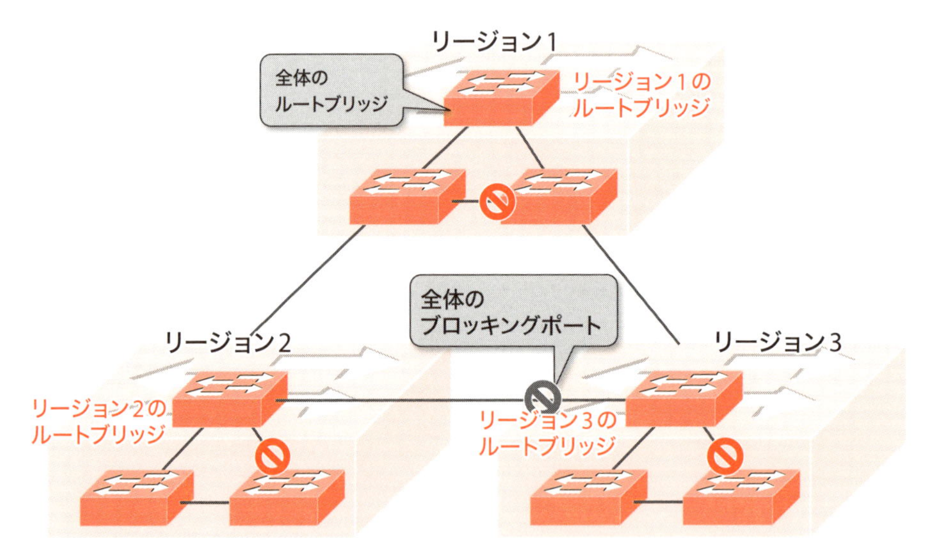

リージョン内では赤字で示した通り、MSTP であればインスタンスごとにルートブリッジやブロッキングポートが決定されます。
リージョン間を接続した場合、各リージョンは薄く表した1つのスイッチのように扱われ、吹き出しで示したように全体のルートブリッジとブロッキングポートが決定されます。

インスタンスに含めるVLANを変更すると、変更したスイッチと変更前のスイッチでリージョンが分かれてしまいます。このため、運用中の変更は通信に影響が出る事もあり、インスタンスに割り当てるVLANは将来の増加を含めて設定しておく必要があります。

通信経路を分散させず、インスタンスを分ける必要がない時は、スイッチで作成可能なすべてのVLANをインスタンス1に割り当てておくと、将来変更する必要がありません。

また、他のSTPからMSTPに設定変更する時は、全面的にネットワークが停止します。すべてのネットワークが復旧するのは、全スイッチで設定変更した後です。このため、休日など、ネットワークが全面停止できる時に行う必要があります。

c）STP代替え機能を採用する

L2での冗長化を簡単にする方法として、『3.6 C）STP代替え機能』でFlex Linkなどについて説明しました。

STPを廃止してこれらの機能を使うと、通常経路に障害が発生した時に切り替わりが発生しますが、これを切り替わったままにするか、元に戻すかは検討が必要です。

障害から復旧した時も切り替わったままにする場合、切り戻しが発生しないため、通信が継続されるメリットがあります。

ただし、長く運用していると、エッジスイッチごとにActiveな経路がバラバラになる可能性があり、作業する度に確認が必要になります。

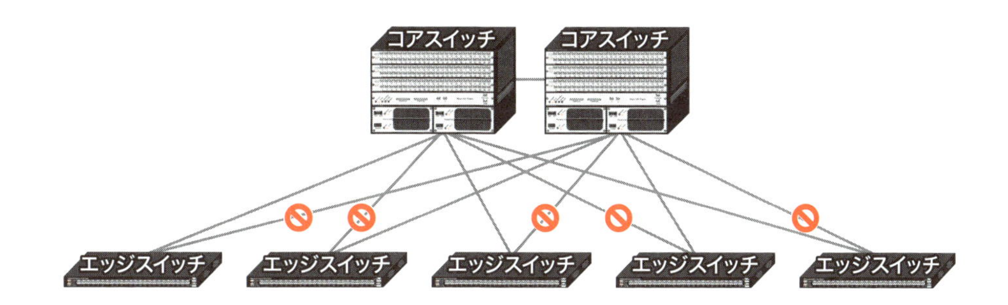

また、VRRPを利用している環境では、VRRPとActive/Standbyが合わなくなる可能性があります。

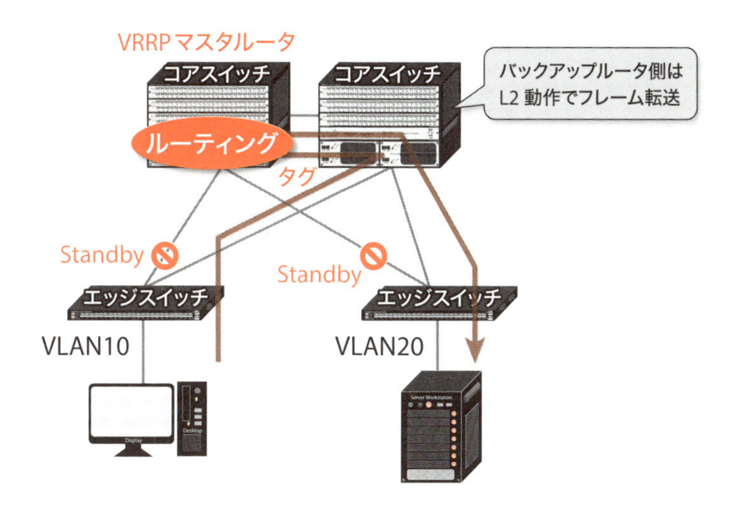

Active/Standbyが合わなくなっても、スイッチ間でタグVLANを使っていれば通信できな

いという事はありませんが、前ページの図では余計な通信経路が発生しており、このままではどちらのコアスイッチがダウンしても一時的な通信断が発生してしまいます。これを防ぐためには、切り戻しを行う設定にする必要があります。

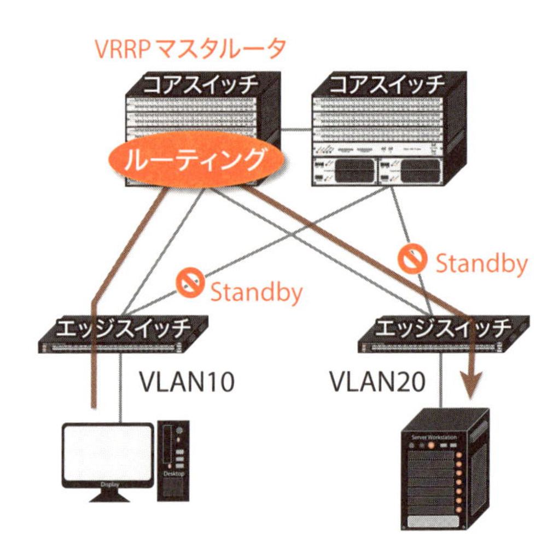

上記のように、正常時は常に片方のコアスイッチを通信経路にするためには、VRRPでも同様に切り戻す設定にする必要があります。

なお、STPから代替え機能に設定変更すると、利用する機能や設定によっては一時的に通信が停止します。1台ずつエッジスイッチで代替え機能を有効にし、コアスイッチ側ではそのエッジスイッチと接続したインターフェースでSTPを停止すれば段階的に移行が可能ですが、変更するエッジスイッチではその間通信できない可能性があります。

このため、事前に試験を行って、通信が停止する場合はエンドユーザに案内を出し、通信が停止してもよい時間に行う必要があります。

また、STPを停止すると、エッジスイッチ配下のループが発生しやすくなります。このため、ループ対策も合わせて検討する必要があります。

4.2 ループ対策の検討

エンドユーザがケーブルを間違って接続してループが発生し、ネットワークダウンする事が多いため、新たにループ対策をしたいという要望もあると思います。そのような場面での技術ポイントを説明します。なお、ループ対策の基本機能については『3.7 ループ対策』をご参照ください。

 a）ループ検知を採用する

ループ検知にはパターンがあります。

1つ目のパターンは、スイッチ自身の異なるインターフェース間を直結してループが発生した場合です。

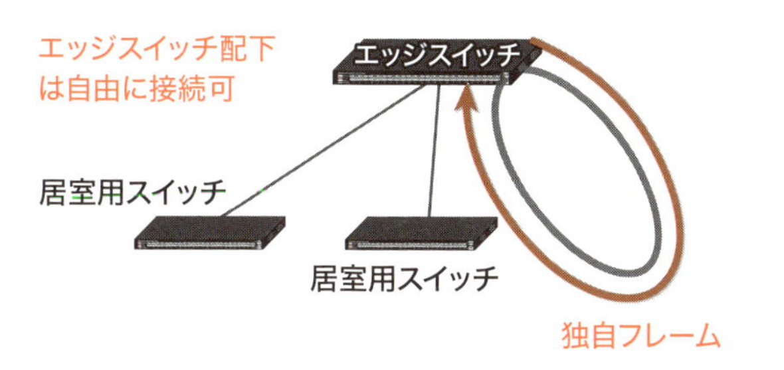

2つ目のパターンは、配下の居室スイッチでループが発生した場合です。

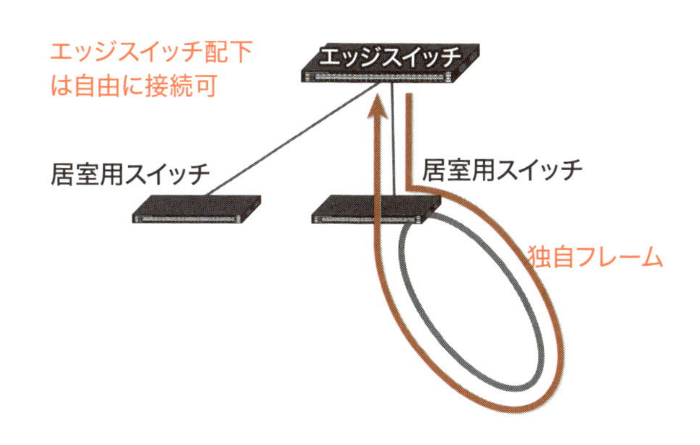

3つ目のパターンは、配下の2台の居室スイッチをまたがってループが発生した場合です。

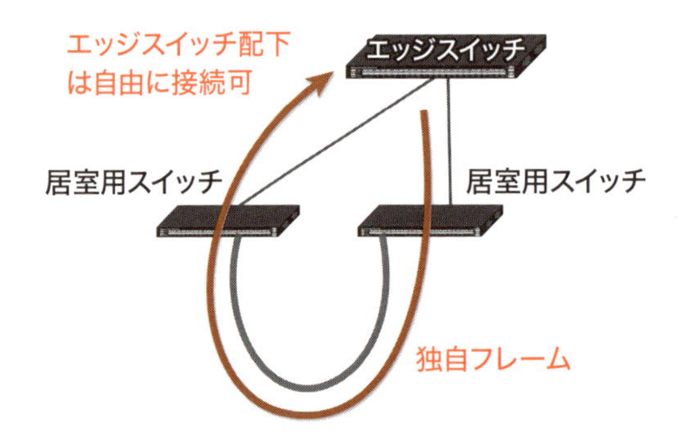

上記のパターンすべてを検知できる機器もありますし、一部のパターンしか検知できない機器もあります。検知できないパターンがある時は、対処しなくてよいのか、それとも他のループ対策にするのか検討が必要です。

 b）ストーム制御を採用する

ストーム制御では閾値を越えた通信量があると通信を遮断できますが、閾値をどの値にするのか検討が必要です。

例えば、通常でも最大300Mbpsを越える通信量があるのに、200Mbpsを越えると遮断する設定にすると、通常の通信が成り立ちません。

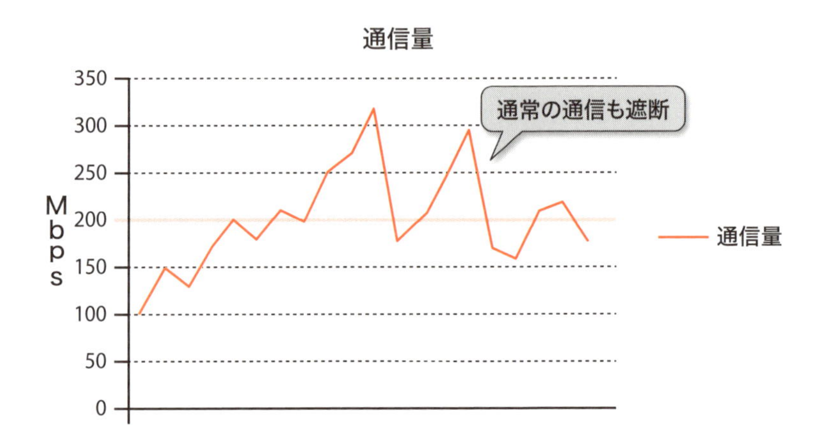

逆に、200Mbpsしかないのに800Mbpsを越えると遮断する設定にすると、ブロードキャストストームが発生してしばらくしないと遮断されませんし、遮断の機能自体が働かない事も多いです。

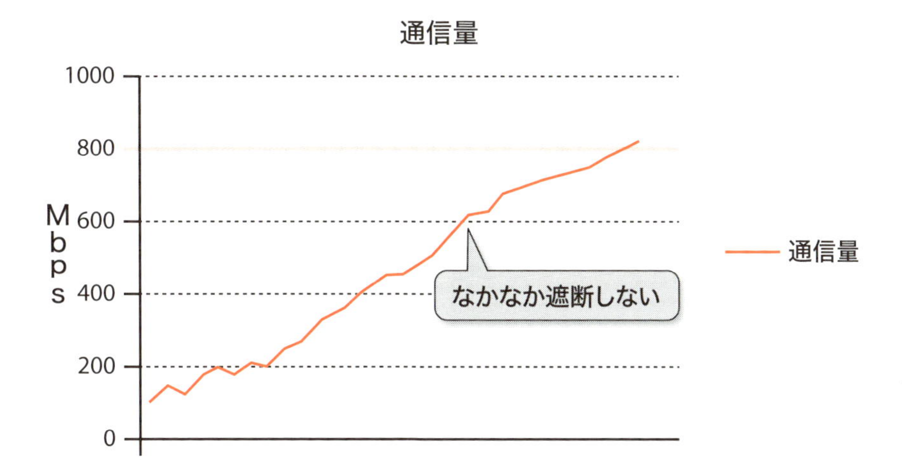

ブロードキャストストームで厄介なのは、ブロードキャスト宛てのフレームはすべての装置宛てのためスイッチ自体も受信してしまって、CPUで処理される点です。スイッチはフレームの転送能力は高いのですが、自身宛てのフレームはそれほど多い事を前提としていないため、ブロードキャスト宛てのフレームが大量にループすると、すぐにCPU負荷が高くなりほとんど反応しない状況になります。

遮断する機能はCPUを使うため、例えば1000Base-Tでは1Gbpsあるため余裕を見て閾値を800Mbpsとした場合でも、先にCPU負荷が高くなって無応答になると遮断する機能自体が働かず、ブロードキャストストームが発生したままになり意味がありません。

このため、最初は余裕をみた数字としておいて、測定で通信量を把握した後、設定する値を決める必要があります。

c）インターフェースの復旧方法

ループ検知やストーム制御でループ時にインターフェースを遮断できますが、自動的にインターフェースを復旧させるかは検討が必要です。自動復旧にすると、手動でインターフェースを有効にする手間が省けますが、ストーム制御でインターフェースを自動復旧させる場合は、転送・転送不可を繰り返す可能性があります。ループが解消されない状態で自動復旧しても、再度閾値を越えて遮断されてしまうためです。

ループ発生時に、より確実に他のネットワークまで影響させないためには、遮断したままにします。

4.3 DHCPスヌーピングの検討

DHCPサーバ機能がデフォルトで有効な機器があります。このような機器をネットワークに接続すると、正規のDHCPサーバではなくこの機器から間違ったIPアドレスなどが配布され、通信できないといったトラブルが発生します。

これを避けるために『3.9 DHCPスヌーピング』で説明したDHCPスヌーピングを採用する場合、サーバの位置に気を付ける必要があります。

サーバファームなど、サーバがたくさん接続されるスイッチではDHCPスヌーピングは無効にしておくか、ほとんどのインターフェースでTrustedにします。また、エッジスイッチではコアスイッチと接続するインターフェースは、基本的にTrustedにします。

エッジスイッチ配下で居室にサーバが設置される場合は、そのインターフェースはTrustedにする必要があります。

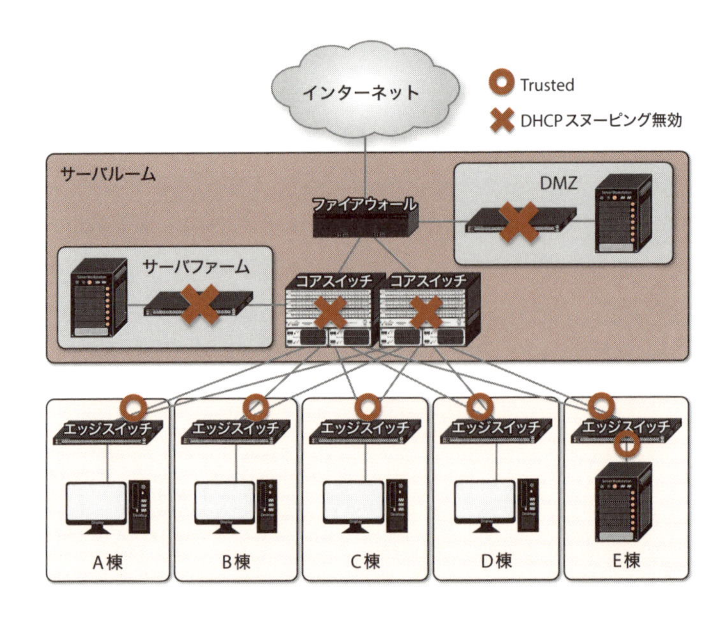

Trustedにする事で、DHCPによりアドレスが配布されていない場合でも、通信が遮断されません。

DHCPスヌーピングを有効にすると、パソコンなどではDHCPによりIPアドレスを再取得するまで通信できません。このため、エンドユーザにパソコンの再起動の案内を出して、停止してよいエッジスイッチから順番に行う必要があります。

4.4 ルーティングの検討

RIPでは切り替えが遅いためOSPFを検討する、OSPFでエリアを分ける、ルーティングテーブルを小さくしたいなどの要望もあると思います。
そのような場面での技術ポイントを説明します。

なお、OSPFの基本機能については『3.11 OSPF』をご参照ください。

a）RIPからOSPFのシングルエリアに変更する

RIPでは障害時の経路切り替えが数分ほど長くかかりますが、OSPFでは数秒～数十秒程度で行われます。
OSPFでは一般的に、利用するエリアIDとインターフェースを指定すると動作するようになります。このインターフェースとは、VLANを利用している場合は、VLANが該当します。エリアIDは0(0.0.0.0)が必須のため、1つだけエリアを作るシングルエリアでは0を設定します。

DRやBDRをコアスイッチになるべくしたい場合は、優先度となるプライオリティも設定が必要です。DRにしたいコアスイッチのプライオリティを大きく、BDRにしたいコアスイッチのプライオリティを次に大きくします。

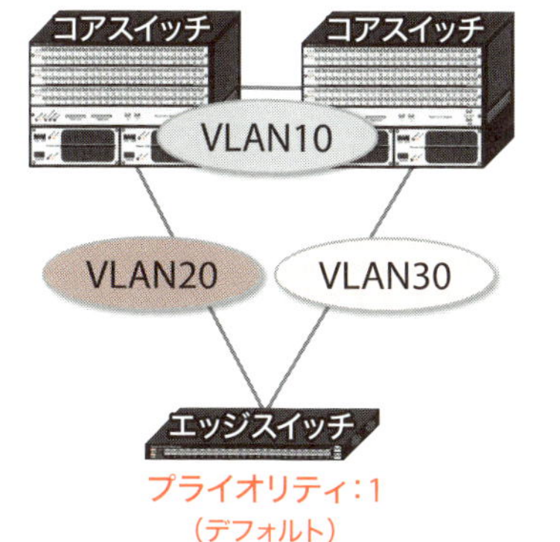

4 非定常業務での技術ポイント

また、通常時の通信経路を固定する場合はコストも設定します。

100Mbps以上のインターフェースではデフォルトのコストが1のため、通常は通信に使わないインターフェースのコストを10にするなど変更します。

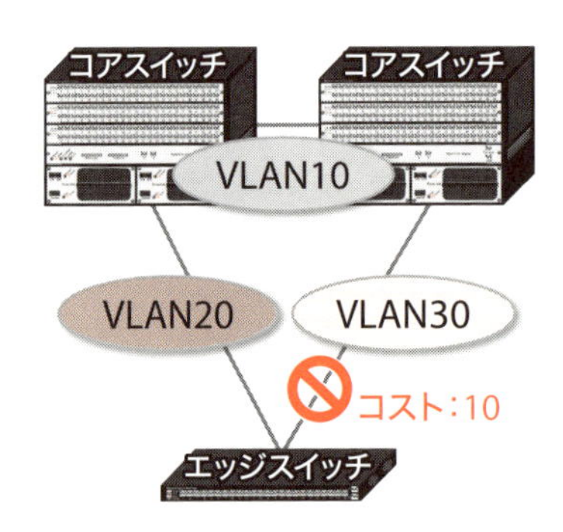

RIPやスタティックルートが残っている場合は、OSPFとの間で経路の再配布が必要です。特にデフォルトルートはインターネットへの通信で使われる事が多いため、再配布の検討対象になります。

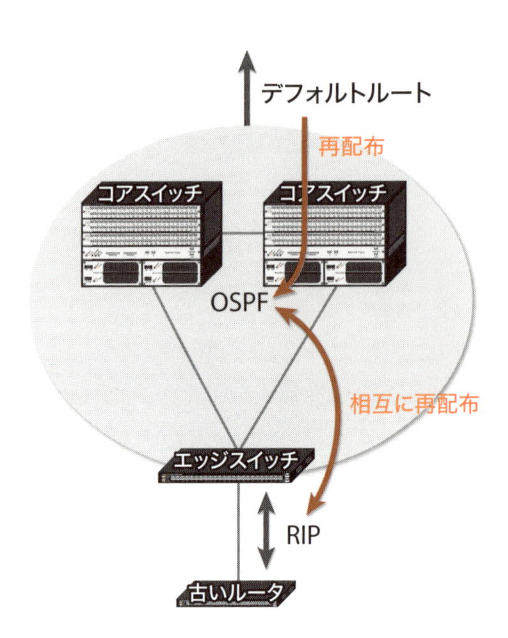

ルータやスイッチを識別するルータIDは、インターフェースに設定したIPアドレスから自動で割り当てられますが、そのインターフェースがダウンすると、ルータIDが他のアップしているインターフェースのIPアドレスに変わってしまう機種もあります。

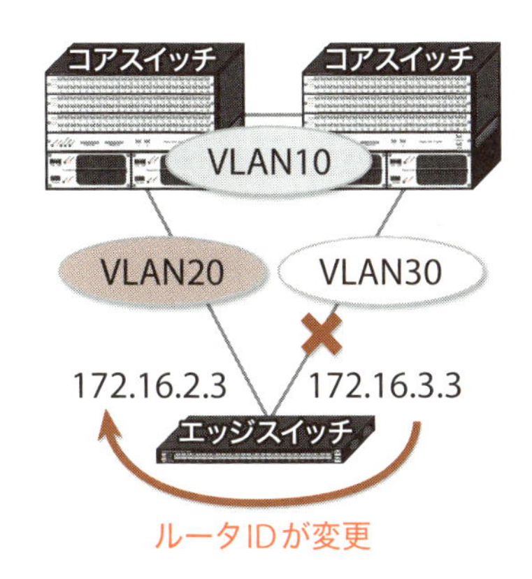

そのような場合はルータIDを明示的に設定するか、他の装置に接続しない仮想的なインターフェースであるループバックインターフェースにIPアドレスを設定し、ルータIDとして利用する検討も必要です。

エッジスイッチ配下にHelloパケットを送信したくない場合は、パッシブインターフェースの設定も行います。パッシブインターフェースにすると、そのインターフェースのサブネットはルーティングテーブルに反映されますが、Helloパケットを流さなくなるため、不要なパケットを削減できます。

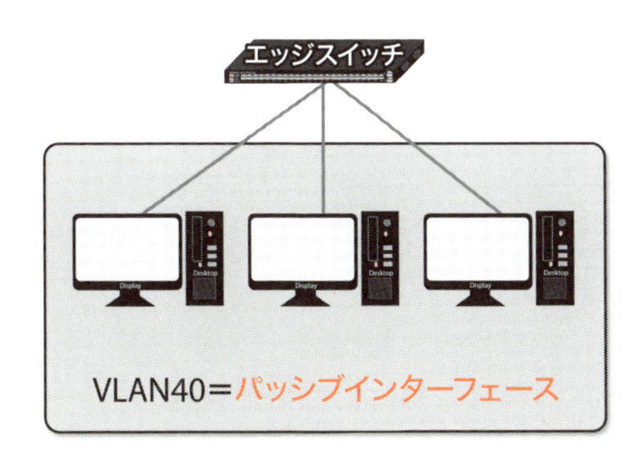

RIPからOSPFに設定変更する時はネットワークが全面的に停止します。このため、エンドユーザに案内を出して、休日などネットワークが全面停止できる時に行う必要があります。

b）複数エリアを作る

ネットワーク範囲によって管理者が異なる、ネットワークが大きいため分割したいといった場合などに、OSPFではエリアを分ける事ができます。

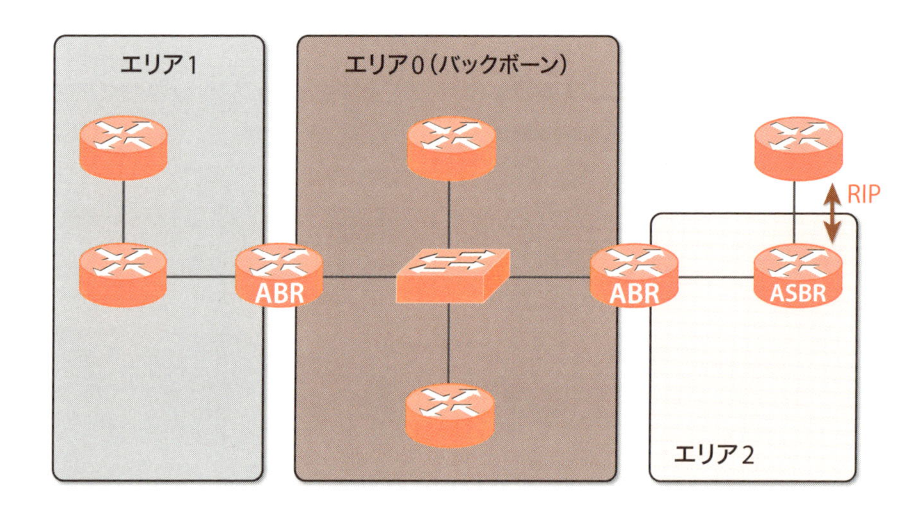

エリアは必ずエリア0を作り、他のエリアはエリア0と接続されている必要があります。エリア0をバックボーンと呼び、エリア1やエリア2は標準エリアと呼びます。エリア間を接続するルータはABR（Area Border Router）と呼ばれ、RIPなど、他のルーティングプロトコルと接続するルータはASBR（Autonomous System Boundary Router）と呼ばれます。

上の図でABRは2つのエリアにまたがりますが、2つのエリアIDとそのエリアに接続するインターフェースを設定するとABRとして動作し、エリア間のルーティング情報を交換できるようになります。他の設定は『a）RIPからOSPFのシングリエリアに変更する』と同じです。

なお、ABRで経路を集約する設定を行うと、ルーティングテーブルを小さくできます。

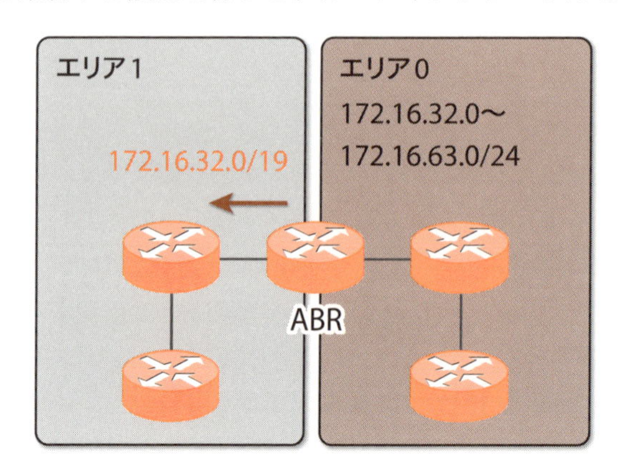

赤字の172.16.32.0/19はエリア0の172.16.32.0～172.16.63.0までを集約したルートです。

エリアを変更するとネットワークが全面的に停止します。このため、エンドユーザに案内を出して、休日などネットワークが全面停止できる時に行う必要があります。

 c）スタブエリアを作る

OSPFの各エリアは、他のルーティング情報を受け取らないようにして、ルーティングテーブルを少なくする事もできます。次の図で、エリア1ではデフォルトルートがABRに向いているため、エリア2でRIPから再配布される経路は知らなくても通信できます。

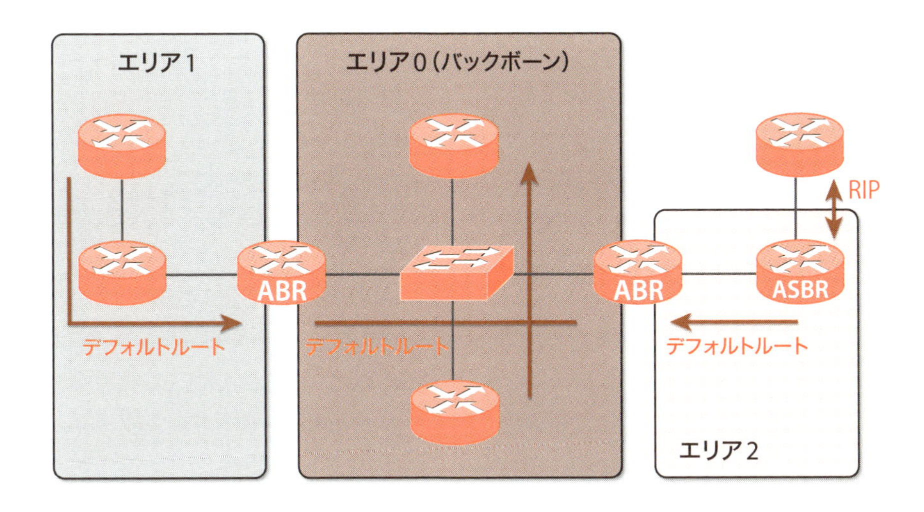

この場合、スタブエリアにすると簡単にルーティングテーブルを少なくできます。スタブエリアでは、再配布された経路をABRでデフォルトルートとしてエリア内に広報するためです。エリア2でも同様ですが、RIPと接続するASBRがあります。この場合はNSSA（Not-So-Stubby Area）にしてルーティングテーブルを小さくできます。

エリアのタイプをまとめると以下になります。

エリアタイプ	説明
バックボーンエリア	必須です。
標準エリア	普通にルーティング情報をやりとりします。
スタブエリア	OSPF以外の経路はデフォルトルートになります。
NSSA	ASBRがあるスタブエリアです。

エリアIDに対してスタブエリアやNSSAに設定すると、そのエリアは設定したエリアタイプとして動作し、デフォルトルートが広報されます。ただし、機種やエリアタイプによっては手動でデフォルトルートの設定が必要です。

他の設定は『b)複数エリアを作る』と同じです。

エリアタイプを変更すると、そのエリアのネットワークは全面的に停止します。このため、エンドユーザに案内を出して、休日などネットワークが全面停止できる時に行う必要があります。

4.5 業務システム変更に伴うネットワーク検討

業務システムが新たに導入される、またはリプレースされる場合、ネットワーク変更が必要な時があります。

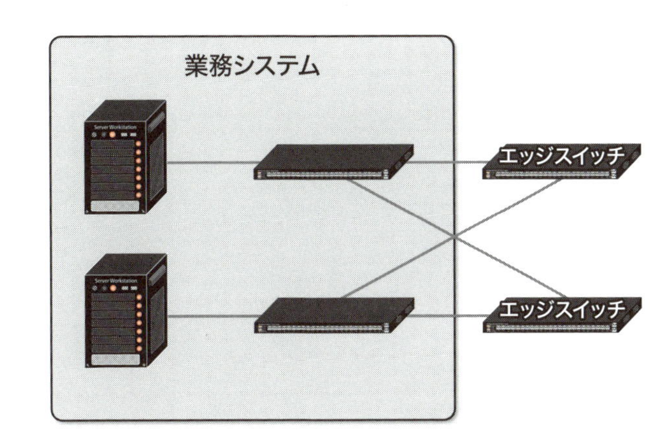

単純に業務システムが接続されるインターフェースに設定を行えばいい時もありますし、業務システム側で別にネットワークを構築するため、連携する必要がある時もあります。

通常は業務システム側の要件に従ってスイッチなどの設定を行いますが、次の4点はヒアリングが必要です。

① 業務システムの概要と影響度
② いつの時点で何をするか？
③ 作業時に立ち会いが必要か？
④ いつまで切り戻しが可能か？

①はトラブル発生時にどのくらい緊急なのかを知っておく必要があるためです。リーダーは重要度によって事前に上司に報告するなど対応が必要な時があります。また、緊急時の連絡体制を決めておくかの判断も必要です。

②は業務システムが段階的な移行を行う場合、その時々によって必要とされる要件が変わってくる事があるためです。

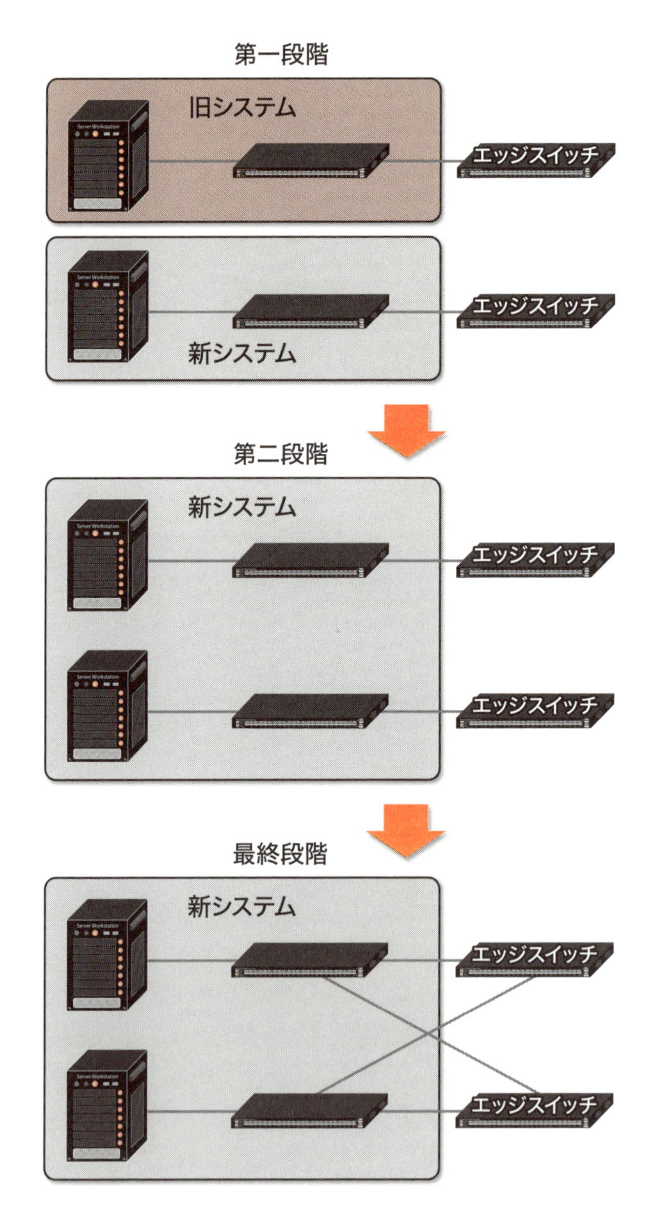

インターフェースは何個必要、VLANの何を割り当てるなど、各段階での要件を明確化してもらう必要があります。

133ページの③は作業時にトラブルが発生した時、元に戻せばよいのか、その場で対応が必要なのかによって変わります。その場で対応が必要な場合は、立ち合いが必要です。

業務システムをリプレースする場合、データ移行が必要です。膨大なデータがあると数日、数週間かけて段階的に移行します。業務システムは、ある段階になると切り戻せなくなる可能性があります。新システム側で一部業務を開始して、移行したデータを使い始める場合などです。

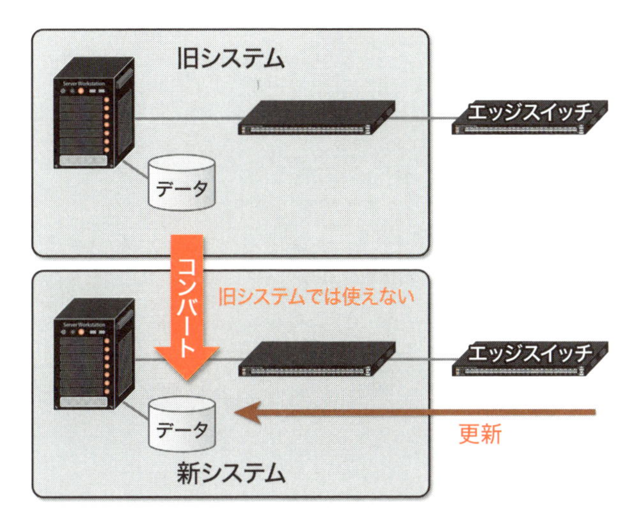

また、事前にデータ移行しない場合でも業務システムを入れ替えた後、移行したデータを新システムで使い始めると、旧システムに戻すのは非常に困難です。その後、ネットワークが正常動作していない事が判明したり不安定になったりすると、業務が停止してしまいますし、元にも戻せません。133ページの④のように、いつがリミットかを確認しておく必要があります。

なお、基本は業務システム側で要件を明確にしてもらう必要がありますが、STPに組み込む、OSPFのルーティングに組み込むなどの時は、ネットワーク側から指定が必要です。

例えば、MSTPやOSPFの設定などは、ネットワーク側の設定に合わせてもらう必要があるためです。

MSTPであればリージョン名とリビジョン、各インスタンスに割り当てるVLANを指定します。また、必要に応じてパスコストの指定も行います。

OSPFであればエリアIDやエリアタイプ、必要に応じてコストの指定を行います。

ルートブリッジやDRにならないよう、その他パラメタはデフォルトにしてもらう必要もあります。

このように、連携させるとパラメタの調整が必要で、トラブル発生時に切り分けも困難になります。このため、できればデフォルトルートで済ます、Flex Linkなどで個別に動作させてもらうなどの依頼をした方が、責任分界点が明確化され、運用が楽になります。

4.6 IPv6の検討

これまではIPv4（バージョン4）について説明してきました。

IPv4は約43億のアドレスが使えますが、インターネットの普及により不足してきました。IPv4は、これほどの爆発的利用増加を見込んで作られたプロトコルではありませんでした。このために考えられたのがIPv6（バージョン6）です。

IPv6はWindowsでもデフォルトで動作するようになってきた事もあり、インターネットではかなり使われてきています。このため、インターネットに公開するDMZのサーバだけIPv6に対応したいという要件もあると思います。

そのような場面での技術ポイントを、IPv6の基本を踏まえながら説明します。

a）IPv6アドレス

IPv4のアドレスが32ビットなのに対し、IPv6は128ビット使えます。

IPv6のアドレスは2001:0db8:1111:ffff:1111:ffff:1111:ffffのように「:」で区切って16進数で記述されます。1桁1桁が16進数のため、とんでもない数のアドレスが使えますが、なじみのない16進数に加えて長い数字の羅列で分かりづらいと思います。このため、短く表せるように赤字部分のような「:」で区切られた先頭から連続する0は省略して記述できます。

省略していないアドレス表記	省略したアドレス表記
2001:0db8:0001:0002:0003:0004:0005:0006	2001:db8:1:2:3:4:5:6

また、次の赤字のように「:」で区切られた部分が0しかない場合は「::」と省略できます。

省略していないアドレス表記	省略したアドレス表記
2001:0db8:0000:0000:0000:0000:0000:0001	2001:db8::1

上記は2か所以上あった場合でも1か所しか使う事ができません。

省略していないアドレス表記	省略したアドレス表記
2001:0db8:0000:0000:0001:0000:0000:0001	2001:db8::1:0:0:1

「:」で区切られた部分は8個のため、2001:0db8::1:0:0:1であれば「::」部分には0だけの部分が2個あると分かります。

2回「::」を使って2001:0bd8::1::1と表記してしまうと、「::」部分に何個0があるのか分からなくなります。最初の「::」で1個、後の「::」で3個かもしれません。このため、1回だけ「::」で省略できます。

IPv6では、アドレスは次の構造で区分けされます。

プレフィックス		インターフェースID
グローバルルーティングプレフィックス	サブネットID	
48bit	16bit	64bit

プレフィックス部分はIPv4でいうサブネット番号と同じです。インターフェースIDがホスト部分です。グローバルルーティングプレフィックスはインターネットで割り当てられる一意の番号で、IPv4でのネットワーク部にあたります。サブネットIDが組織内でサブネット分割する時に使える部分です。上記ではグローバルルーティングプレフィックスを48bit、サブネットIDを16bitにしていますが、グローバルルーティングプレフィックスの割り当てられ方によって可変です。インターフェースIDも可変ですが、一般的には64bitが使われます。このため、プレフィックス部分は64bitの場合が一般的です。

インターフェースIDは一意の値を手動で設定する事もできますが、MACアドレスから自動生成もできます。

MACアドレスを24ビットずつに分割し、間にFFFEを挿入するとEUI-64という64ビットで表されるアドレスに変換されます。

次にEUI-64のアドレスで前から7ビット目を反転します。反転とは1であれば0、0であれば1に変換する事です。

最後に数字全体を16bitごとに「:」で区切り直す事でインターフェースIDが生成されます。

MACアドレス	fc:ff:11:	挿入	11:ff:ff
EUI-64	fc:ff:11:	fffe:	11:ff:ff
7ビット目を反転	fe:ff:11:	fffe:	11:ff:ff

fe:ff:11:、fffe、11:ff:ffを16bitごとに区切り直す

インターフェースID	feff:11ff:fe11:ffff

fは2進数で1111であり、4ビット使います。このため、7ビット目はEUI-64の赤字で示したcに当たり、cは2進数で示すと1100です。この3ビット目を1にすると1110になります。これを16進数に直すとeになります。

IPv6のアドレスは、プレフィックス表記すると2001:bd8::1/64などと表されます。

また、IPv6にもマルチキャスト用のアドレスが用意されており、ffで始まります。例えばff01::1です。上位8ビットまで固定されているため、ff00::/8がマルチキャスト用のアドレスです。

IPv6ではブロードキャストは廃止され、主としてマルチキャストで代用します。

マルチキャストはすべての機器を宛先とするブロードキャストとは違い、グループを宛先とします。

b）グローバルユニキャストアドレスとリンクローカルアドレス

IPv6では重要なアドレスが2つあります。グローバルユニキャストアドレスとリンクローカルアドレスです。グローバルユニキャストアドレスは既に説明した構造で、IPv4のグローバルアドレスと同様の使い方をしますが、リンクローカルアドレスはMACアドレスのような役目で、ルータを越えられないアドレスです。

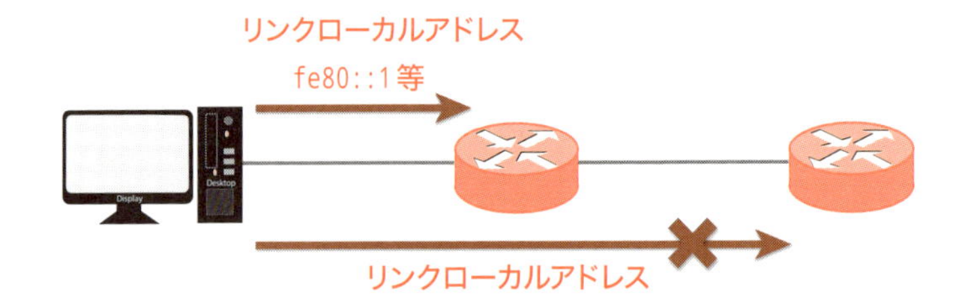

リンクローカルアドレスはfe80から始まり、次の構造になっています。

1111111010	0固定	インターフェースID
10bit	54bit	64bit

最初の10ビット1111111010と54ビットの0のうち、上位6ビットを加えると1111111010000000になり、これを16進数に変換するとfe80になります。上位10ビットまでが固定されているため、fe80::/10がリンクローカルアドレスで使われるアドレスです。

リンクローカルアドレスは、パソコンやサーバ、ルータなどを起動した時に自動で設定する事もでき、装置には必須のアドレスです。

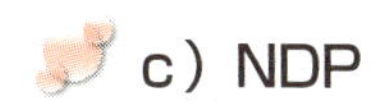

c）NDP

IPv4でDHCP、ARP、ICMPなど個別に実装していた機能を、IPv6ではICMPにより実現しています。

IPv4では、DHCPサーバによってアドレスを自動割り当て可能でしたが、IPv6ではICMPを利用してルータで自動的に割り当てる事ができます。パソコンを起動すると、ICMPのタイプ133であるRS（Router Solicitation）を送信し、ルータはタイプ134であるRA（Router Advertisement）を返します。RAにはプレフィックスが含まれており、MACアドレスからインターフェースIDを生成する事で自身のアドレスを作成します。

また、RAにはルータ自身のリンクローカルアドレスが含まれており、これをデフォルトゲートウェイとします。

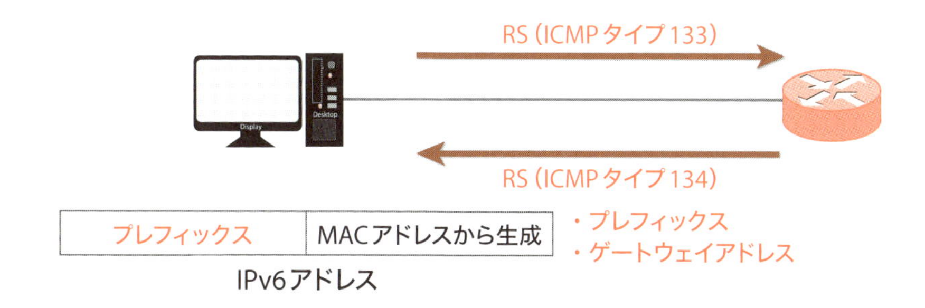

IPv4では、ARPにより相手MACアドレスを教えてもらっていましたが、IPv6ではICMPのタイプ135であるNS（Neighbor Solicitation）を送信し、タイプ136であるNA（Neighbor Advertisement）の応答で相手MACアドレスを解決します。

この時のIPアドレスは、ルータを越える必要がないため、リンクローカルアドレスが使われます。

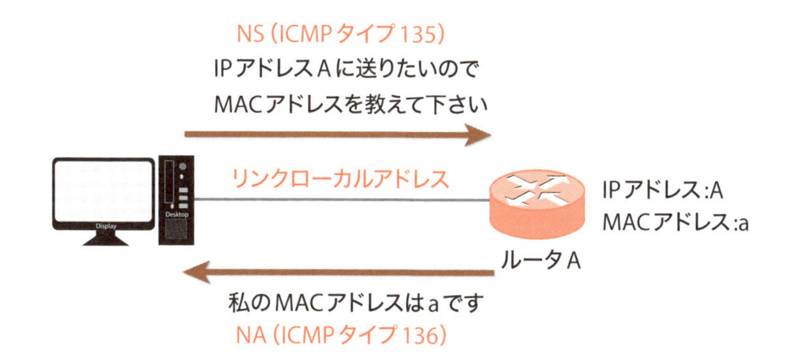

解決したMACアドレスはARPテーブル同様、一定期間保持します。これをネイバーキャッシュといいます。

また、パケットの宛先が自身ではなく、他のルータの方が近い場合、リダイレクトをICMPのタイプ137で通知します。パソコンやサーバではリダイレクトを受信し、最短距離のルータに送りはじめます。

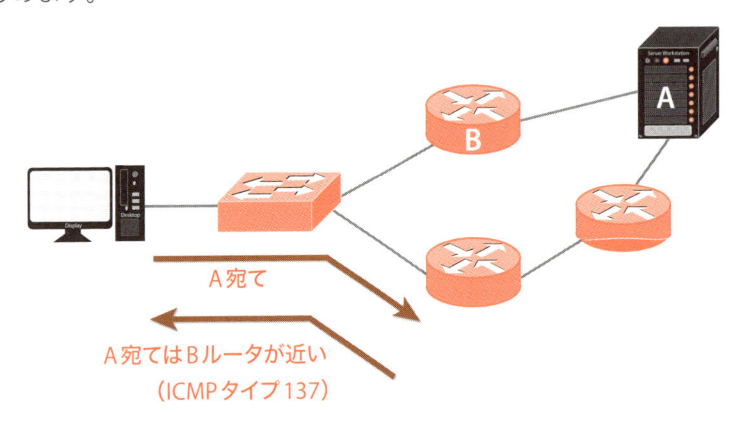

このように、IPv4ではDHCP、ARP、ICMPなどを組み合わせて実現していましたが、IPv6ではこれらをICMPで実現しており、NDP（Neighbor Discovery Protocol）と呼ばれています。

d）DMZでのIPv6適用

プロバイダなどの接続先から、グローバルルーティングプレフィックスとして2001:0db8:1111を割り当てられたとします。DMZ側でサブネットIDを0001として利用すると、プレフィックスは2001:db8:1111:1でプレフィックスの長さは64bitです。ルータやファイアウォールには、このプレフィックスを使ったグローバルユニキャストアドレスとプレフィックス長を設定します。

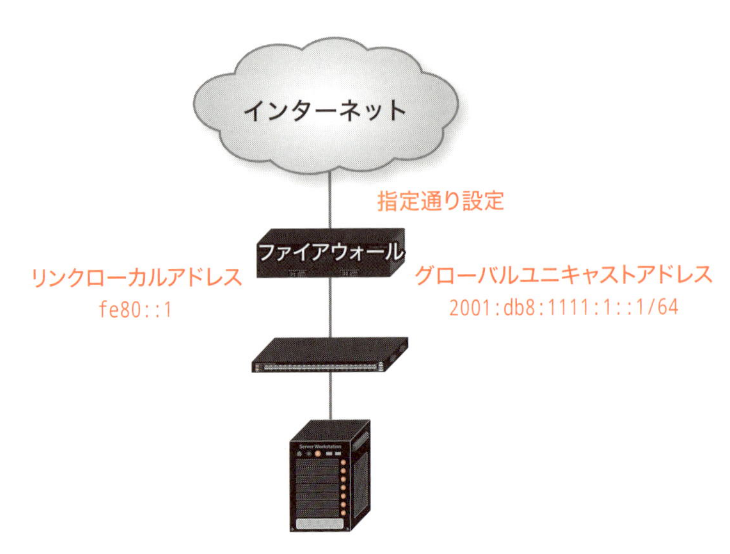

リンクローカルアドレスは自動設定できますが、手動で設定できる場合は分かりやすいようにfe80::1などと設定します。手動で設定すれば、ハードウェアの故障などで交換した時も、アドレスを引き継げます。

インターネット側は手動設定、自動設定などがありますが、プロバイダなどから指定された通りに設定します。

サーバでは2001:db8:1111::2などのグローバルユニキャストアドレスを設定し、リンクローカルアドレスは自動取得します。また、デフォルトゲートウェイは、ルータやファイアウォールのリンクローカルアドレスに向ける必要があります。

なお、ファイアウォールやルータなどをVRRPで冗長化していた場合、仮想IPアドレスはリンクローカルアドレスになります。

また、DNS（Domain Name System）の設定も必要です。IPv4のDNSでは、ホスト名に対応するIPアドレスの設定をAレコードといいますが、IPv6ではAAAAレコードといいます。サーバのアドレス2001:db8:1111::2をAAAAレコードに設定する必要があります。

e）デュアルスタック

IPv4とIPv6は共存できます。これをデュアルスタックといいます。

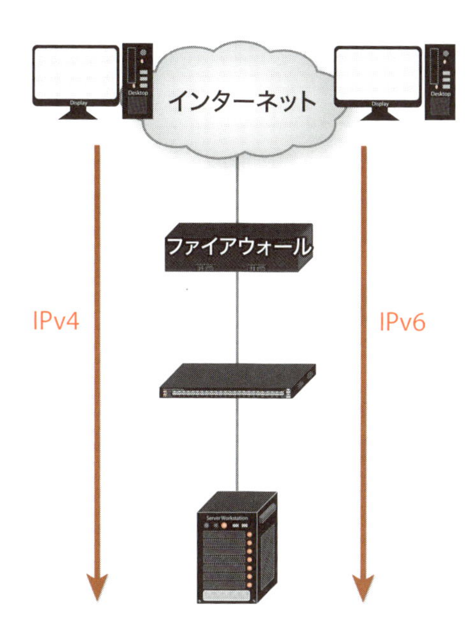

IPv4をサポートしている機器間はIPv4で、IPv6をサポートしている機器間はIPv6で通信ができます。

IPv4とIPv6で直接通信はできませんが、IPv6をサポートしている機器は通常、IPv4もサポートしているため、IPv4で通信が可能です。

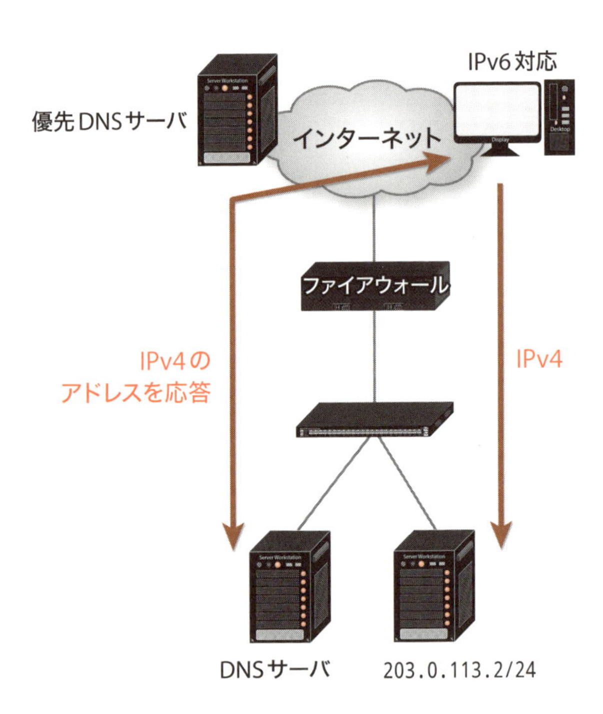

デュアルスタックでは、DNSサーバで同じホスト名に対しAレコードとAAAAレコードの2つを設定しますが、Aレコードしかない場合はIPv4で通信をします。

デュアルスタックにした場合、IPv6で通信する経路上の装置を、すべてIPv6対応にする必要があります。

4.7 事前検証

新機能を適用してトラブルが発生すると、ネットワークでは影響範囲が大きくなる事があり、最悪の場合は全ネットワーク停止、数千人の業務に影響といった事になりかねません。

初めて行う事は誰でも間違う可能性があるので、事前に検証を行って確認すると、間違う可能性が少なくなります。

検証環境は充分な機器が揃っていればいいのですが、そうでない場合が多いと思います。その場合でも、エッジスイッチの予備も兼ねて4台程度確保してもらえれば、多くの試験ができます。つまり、確保する4台はエッジスイッチが故障した時の交換用と検証用を兼ねる事になります。検証機がエッジスイッチと同じため、本番環境と似た構成で試験ができるといったメリットもあります。

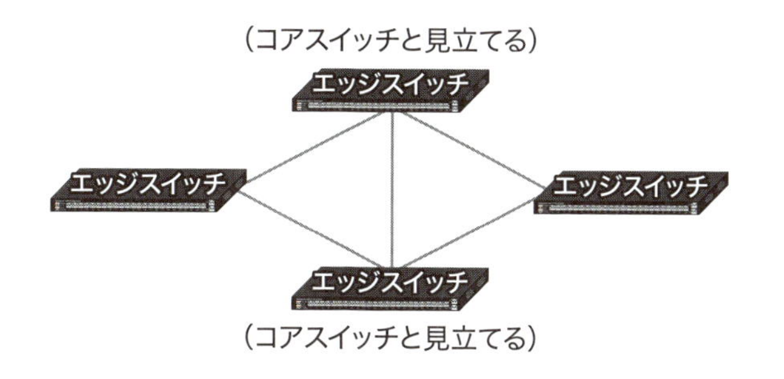

なお、エッジスイッチがL2スイッチの場合、コアスイッチと見立てるL3スイッチは別途用意が必要です。また、エッジスイッチが同一シリーズでも、インターフェースが異なる機種を使っている事もあると思いますが、同じ動作をするのであればあまり問題ありません。

試験を行う場合ですが、新規利用する機能の確認は当然ですが、デグレードにも気を付ける必要があります。例えば、STPの変更を行ってSTPが正常に動作する事は確認していて、ルーティングは確認していなかったとします。本番で設定変更したところ、STPの変更がOSPFに影響を与えて正常にルーティングできなくなると、かなり大きなトラブルになります。このような事にならないよう、設定は本番環境にできるだけ近づけ、試験では関係すると思われる通信や状態は、可能なかぎり確認しておく必要があります。

次に試験内容の例を示します。

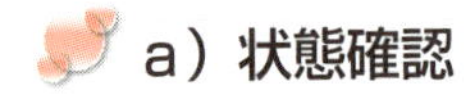

a）状態確認

設定変更後は、ルータやスイッチでコマンドを使った状態確認が必要な場合があります。STPであればブロッキングがどこになっているか、OSPFであればルーティングテーブルなどです。次にこれまで説明した内容を基に例を示します。

項目	状態確認例
STP	・予定したスイッチがルートブリッジになっているか？ ・ブロッキングは予定通りか？ ※すべてのVLAN、またはインスタンスで確認
シングリエリアOSPF	・エリア内の経路は確認できるか？ ・コストが小さい方がルーティングテーブルに反映されているか？ ・デフォルトルートはあるか？ ・再配布した経路は確認できるか？
マルチエリアOSPF	・他エリアの経路が確認できるか？
スタブエリア	・OSPF以外の経路はデフォルトルートに集約されているか？ ・デフォルトルートは正確か？

b）通信確認

設定変更後は多くの場合、通信確認を行います。通信確認はスイッチ間で行ってもよいのですが、できればその先に接続したパソコン間で行います。パソコン接続側サブネットがルーティングに組み込まれていないなど、エッジスイッチ間は通信できても、その配下では通信できない事があるためです。

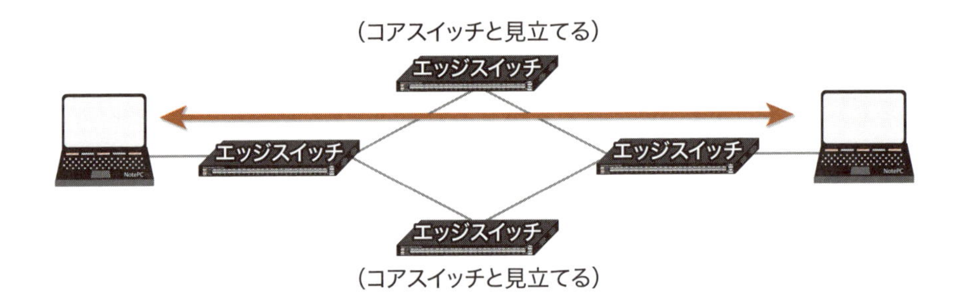

パソコン間で通信確認する場合、最近のWindows端末はデフォルトでファイアウォール機能が有効になっているため、一時的に解除しないと通信確認ができません。

c）ループ確認

ループ検知を採用した場合、ループを発生させて正常に動作するか確認が必要です。
ループは1本のツイストペアケーブルを使って発生させる事ができます。

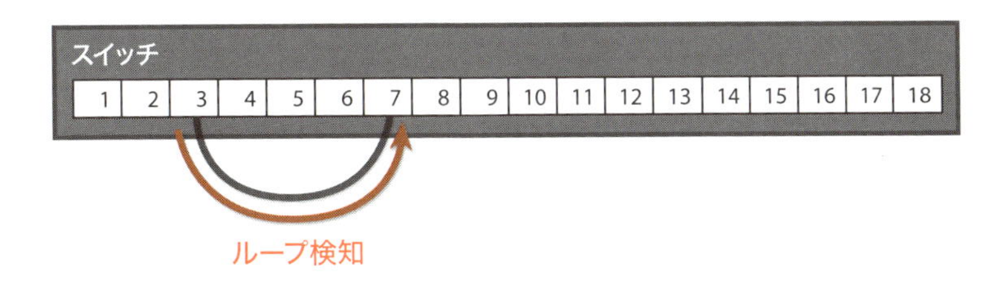

配下に居室スイッチがある事を想定する場合は、実際に居室スイッチに見立てたスイッチを接続し、ループ検知できるか確認が必要です。

なお、この方法ではループ検知はできますが、ストーム制御の試験は困難です。

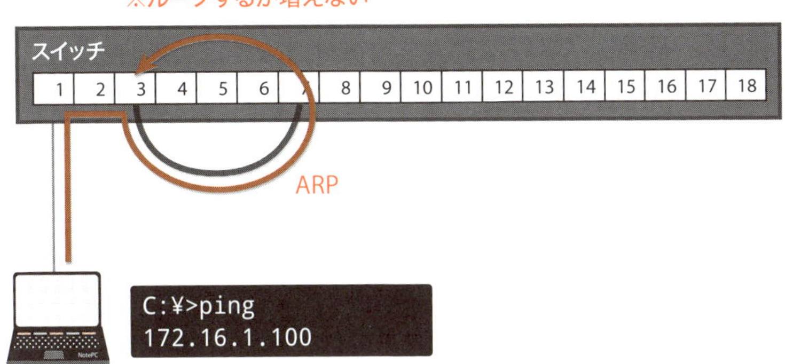

ループ自体は発生するものの、フレームを膨大に発生させる事が困難なためです。

ストーム制御の試験をするためには、2本のツイストペアケーブルでループさせます。

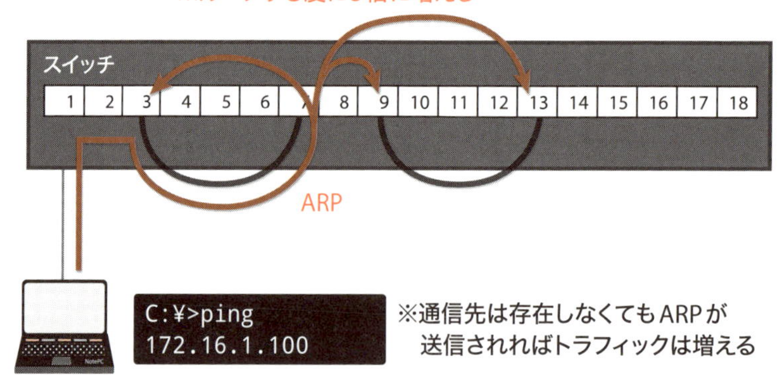

このようにすると、1つのフレームが3つに増え、更に3倍になるためすぐにフレームを増やす事ができます。

このため、閾値を越えた時に通信が遮断されるか確認する事ができます。

なお、STPは無効にしておかないとブロッキングになり、ループしません。

d）切り替え試験

STPやOSPFなどを採用した場合は、正常に切り替えできるか確認が必要です。

切り替え試験はすべてのパターンを想定して行います。

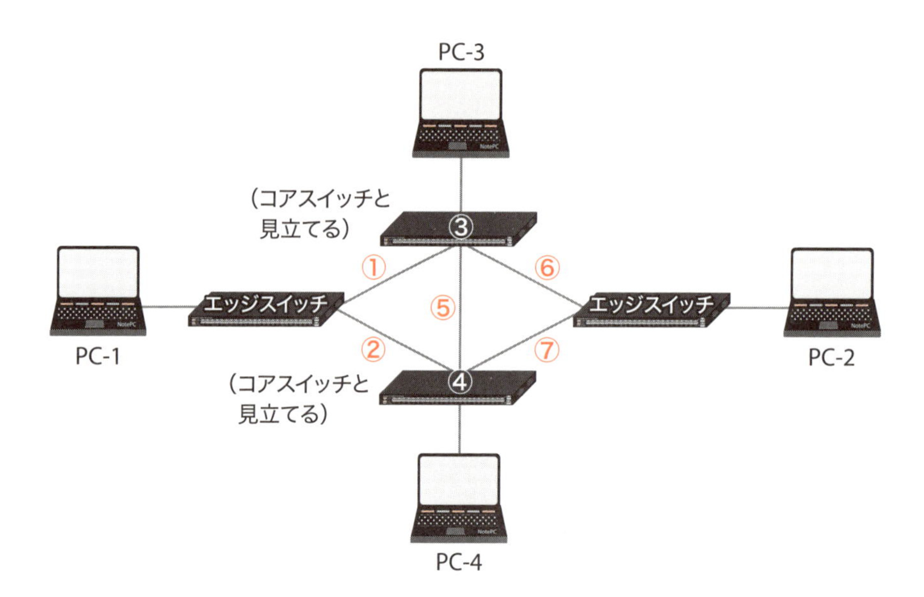

図の赤字の番号がケーブルを抜く部分で、白字の番号はスイッチの電源を切る部分です。ケーブルを抜いた時、挿し直した時、電源を切った時、入れた時で試験が必要です。

このため、図中の①〜⑦各パターンでマトリクス表によって試験結果をまとめる必要があります。

パターン①障害

	PC-1	PC-2	PC-3	PC-4
PC-1				
PC-2				
PC-3				
PC-4				

パターン①復旧

	PC-1	PC-2	PC-3	PC-4
PC-1				
PC-2				
PC-3				
PC-4				

パターン②障害

	PC-1	PC-2	PC-3	PC-4
PC-1				
PC-2				
PC-3				
PC-4				

パターン②復旧

	PC-1	PC-2	PC-3	PC-4
PC-1				
PC-2				
PC-3				
PC-4				

以下パターン⑦まで同じ

例えば、PC-1からPC-2に継続してpingを行っている最中、パターン①のケーブルを抜くとpingの応答がなくなりますが、切り替えが発生すると応答が復旧します。

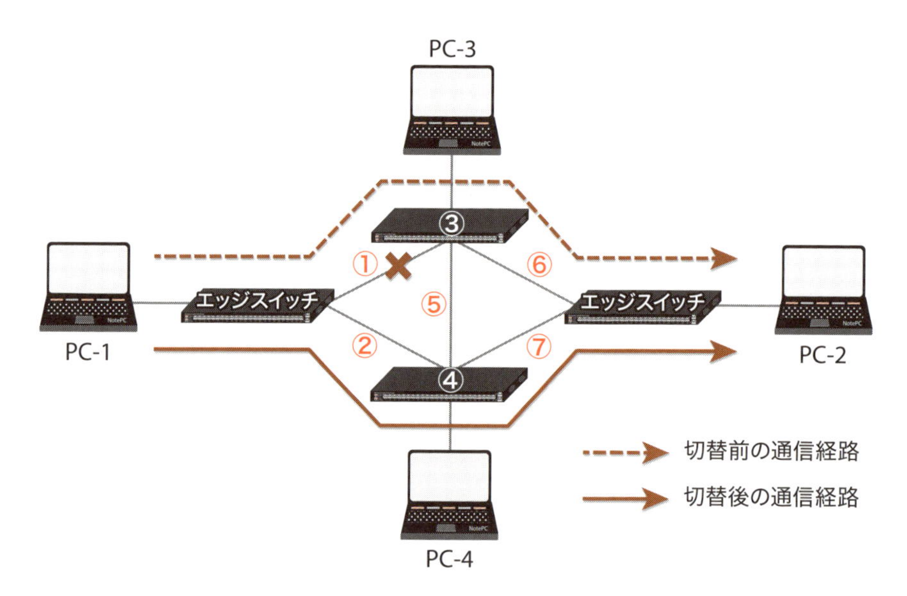

応答がなくなってから復旧するまでの時間を時計で計測し、表の色を塗った部分に記述します。PC-1からPC-3へのpingは、その右の部分に記載します。

ケーブルを接続し直した時は「パターン①復旧」の方に記載します。

このように、すべてのパターン、全PC間で切り替え、切り戻しなどの試験をすると安心です。

なお、pingコマンドの使い方については『5.3 pingコマンド』をご参照ください。

また、ExPingを使うと計測がしやすくなります。ExPingの使い方については『5.5 ExPing』をご参照ください。

4.8 本番での動作確認

本番環境に設定を反映させた後の動作確認は、事前検証での試験内容と同じです。ただし、ループ検知や切り替え試験まですると、一時的に通信断が発生しますし、時間もかかります。このため、必ずしもすべて行うわけではなく、どの程度必要性があるかによって検討します。

例えば、大量のスイッチ変更が必要だが時間の制約がある場合は、一部の動作確認は行わないといった判断もありますし、後々のトラブル発生を少なくしたいため時間はかかっても1台1台確認が必要、といった判断もあります。

また、事前試験と同様に、デグレードがないか確認しておく必要があります。多くの場合、設定変更後の通信確認は必須と思われますが、どこと通信できれば正常とするかまで決めておく必要があります。例えば、通信に影響する設定変更をした場合は、全エッジスイッチに対する通信確認と、重要なサーバへの通信確認は常に行うなどです。

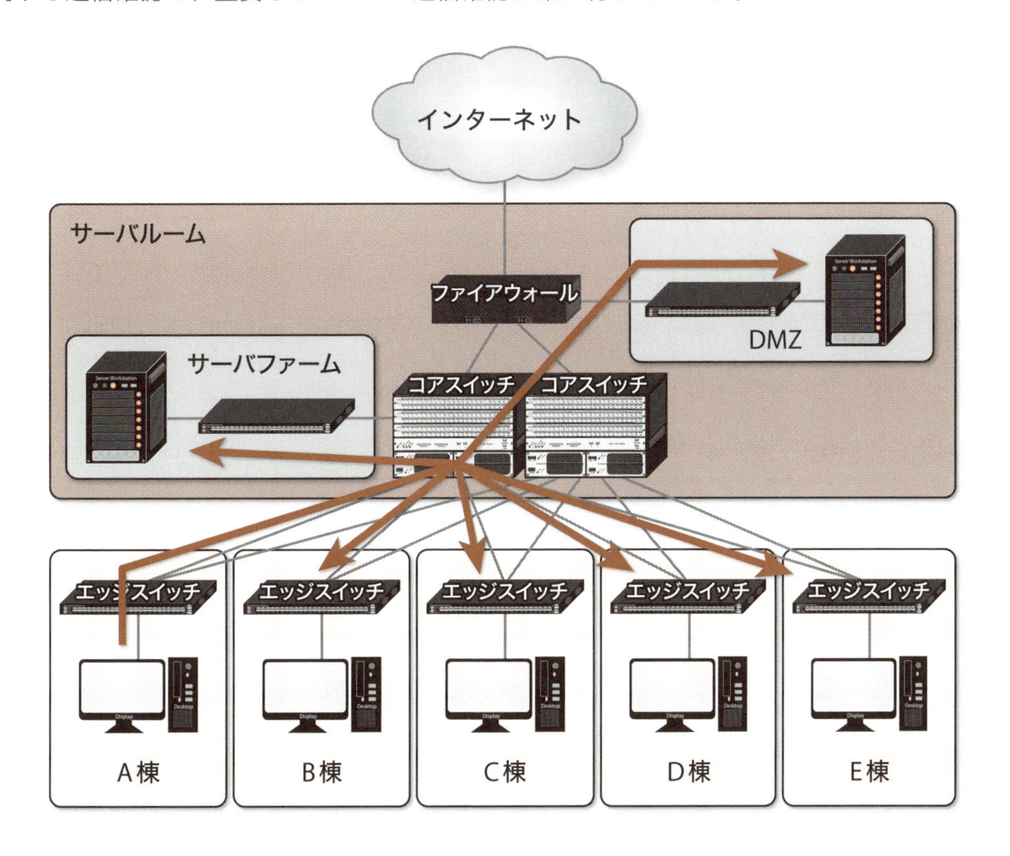

他にはルーティングテーブル、ルータやスイッチでの状態確認など、今回変更してない部分も確認する事もあります。

どんな設定変更をした場合でも、最低限何ができれば正常とするかを取り決めておくと、その動作確認と今回変更した内容に関する動作確認をすればよい事になり、作業手順書作成時に悩まなくて済みます。

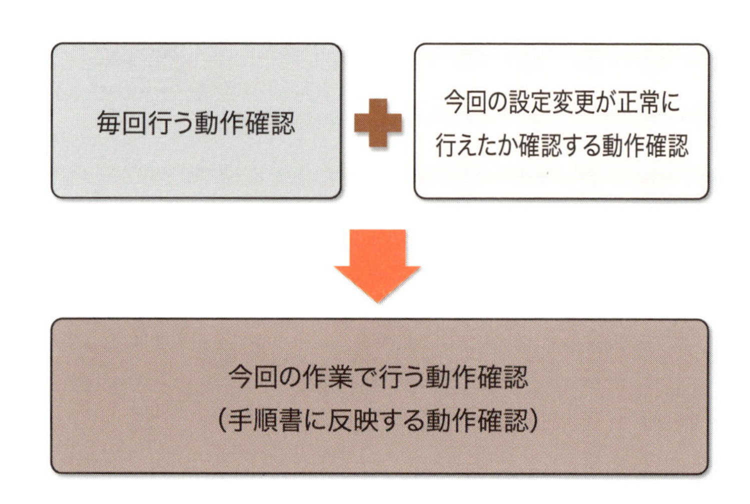

毎回行う動作確認は、可能であればサーバなどでスクリプトを作って自動化しておくと便利です。

第5章

ネットワーク運用管理ツール

第5章では、ネットワークの運用管理をする上で必要となるツールについて説明します。

1 TeraTerm
2 arpコマンド
3 pingコマンド
4 tracertコマンド
5 ExPing
6 nslookupコマンド
7 Wireshark
8 Nmap

5.1 TeraTerm

 a）TeraTermの概要

パソコンからルータやスイッチにログインしてコマンドを使う場合、ターミナルソフトが必要です。ターミナルソフトの1つとしてTeraTermがあります。TeraTermにより、シリアルケーブルやUSBケーブルでルータやスイッチに直結してログインできますし、TelnetやSSHなどで通信してログインもできます。

TeraTermはBSD（Berkeley Software Distribution）というライセンスを採用していて、自由にダウンロードして無料で利用できます。

 b）TeraTermのダウンロード

TeraTermは次のURLからダウンロードします。

```
http://www.vector.co.jp/soft/win95/net/se320973.html
```

 c）TeraTermのインストール

ダウンロードしたファイルをダブルクリックすると次の画面になります。セキュリティの警告が出た場合は「実行」をクリックし、ユーザアカウント制御の画面が出た場合は「はい」をクリックすると次の画面になります。

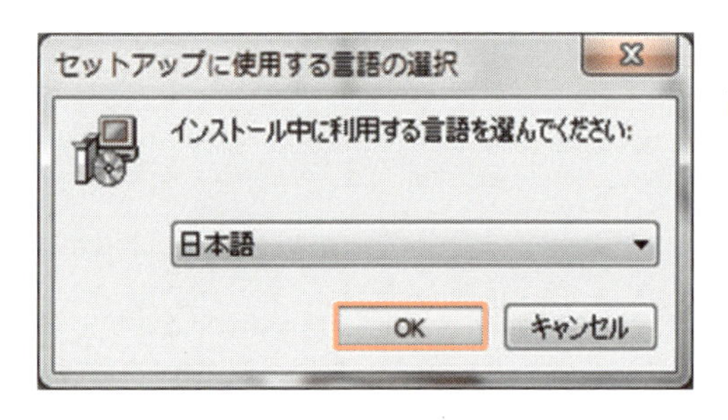

言語を選択して「OK」をクリックすると次の画面になります。

「次へ」をクリックすると次の画面になります。

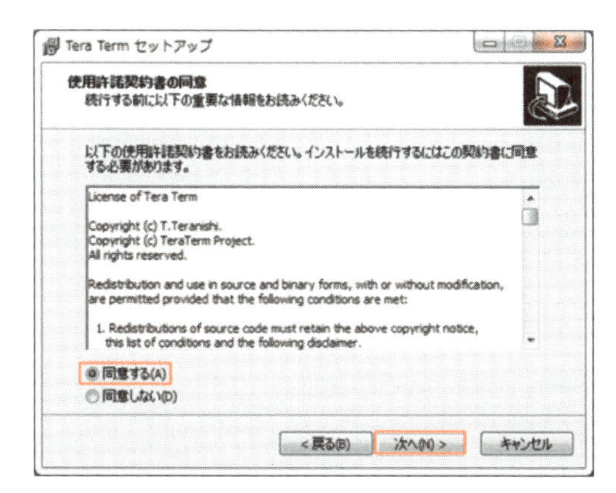

「同意する」を選択して「次へ」をクリックすると次の画面になります。

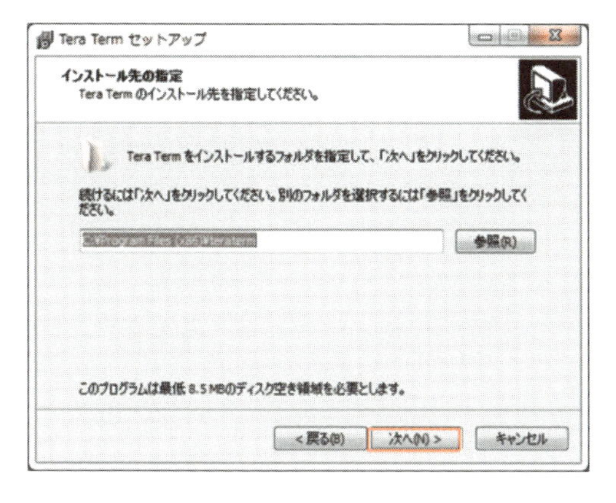

必要に応じてインストールフォルダを変更し、「次へ」をクリックすると次の画面になります。

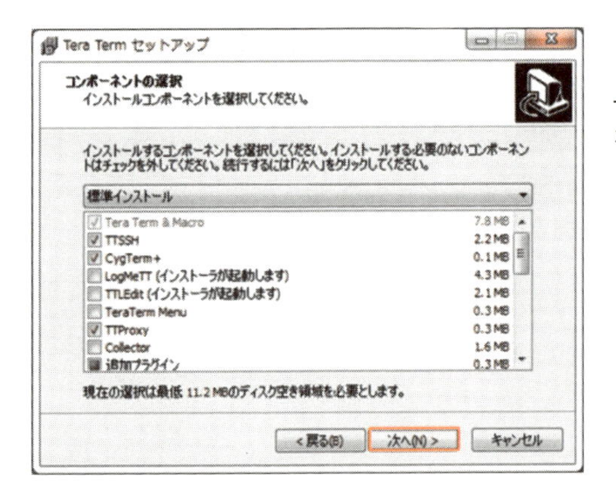

コンソールやTelnet、SSHなどを普通に使う上では変更の必要がないため、そのまま「次へ」をクリックすると次の画面になります。

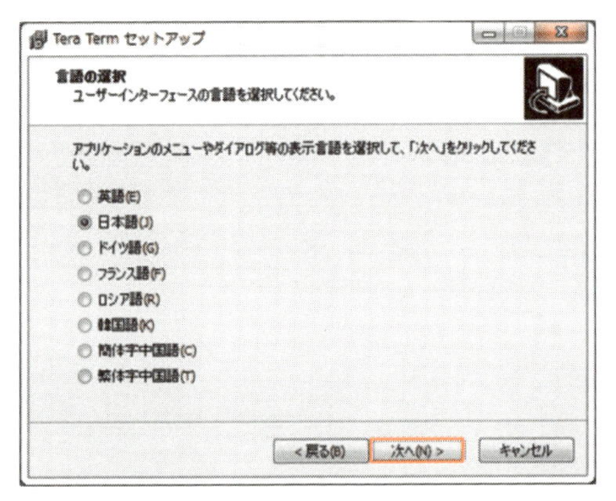

言語を選択して「次へ」をクリックすると次の画面になります。

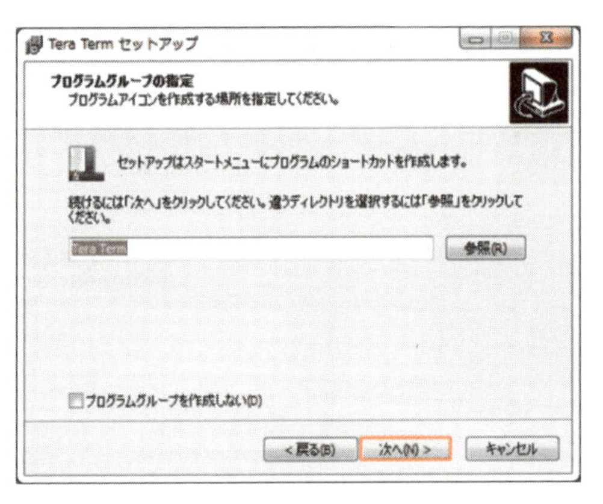

タスクバー一番左のWindowsマークから選択するスタートメニューへの登録のため、分かりやすい名前を付けて「次へ」をクリックすると次の画面になります。

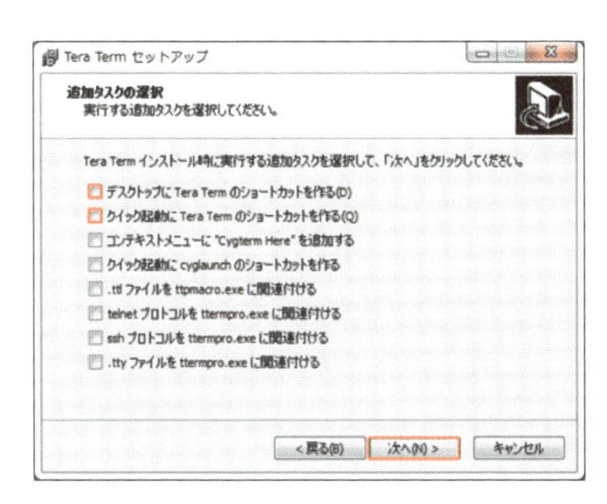

デフォルトでは、デスクトップやクイック起動にショートカットを作るにチェックが入っているため、必要に応じてチェックを外して「次へ」をクリックすると次の画面になります。

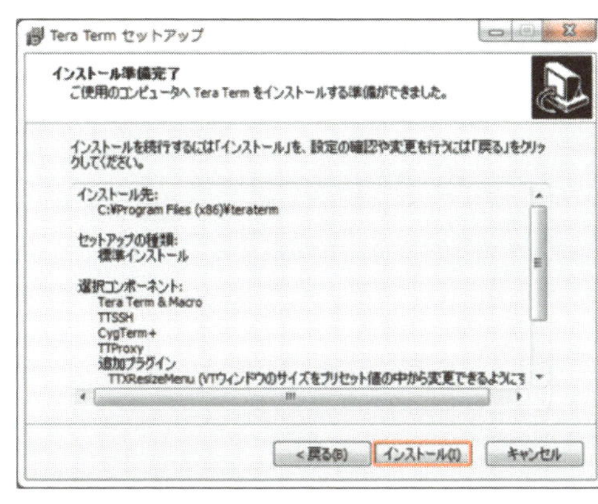

確認画面のため、そのまま「インストール」をクリックするとインストールが始まります。

インストールが終わると左記の画面になるため、「完了」をクリックしてインストールは終わりです。

d）TeraTermの使い方

スタートメニュー、もしくはデスクトップやクイック起動からTeraTermを起動すると、次の画面になります。

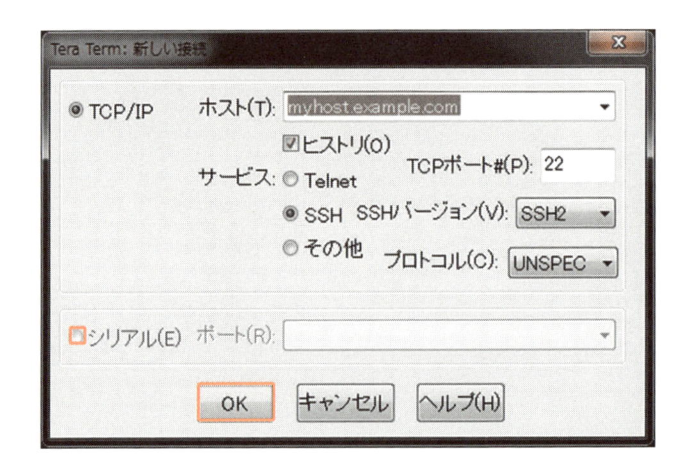

スイッチやルータにシリアルケーブルやUSBケーブルで接続した後、「シリアル」を選択します。ネットワーク経由で接続する場合はTCP/IP側を選択し、IPアドレスを入力、TelnetやSSHなどのサービスを選びます。選択後に「OK」をクリックすると接続できます。

接続後は次の画面となり、必要に応じてIDやパスワードを入力してログインし、コマンドなどが入力できるようになります。

次のように「ログ」を選択してファイル名を指定すると、ログを保存できます。

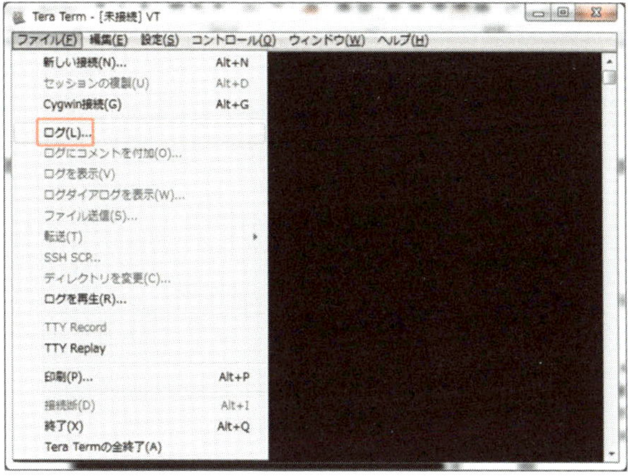

入力したコマンドや表示された情報がすべてファイルに保存されるため、後で確認ができます。また、「その他の設定...」を選択して、TeraTermが起動するとログ採取が自動的に有効になるようにもできます。

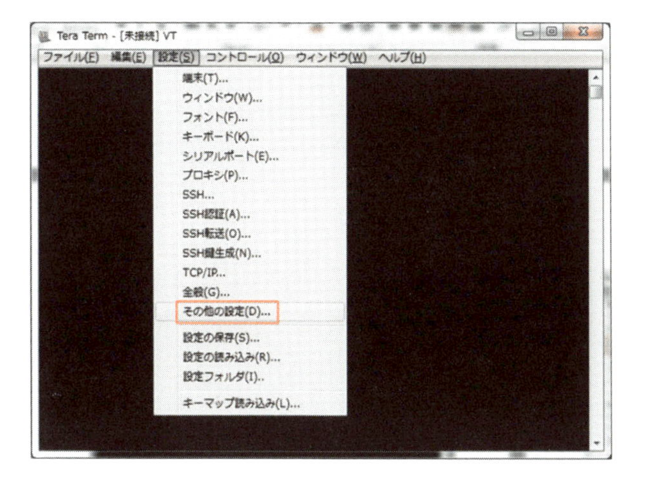

次の画面で「ログ」タブを選択し、赤枠部分をチェック、フォルダ名を入力して「OK」をクリックします。

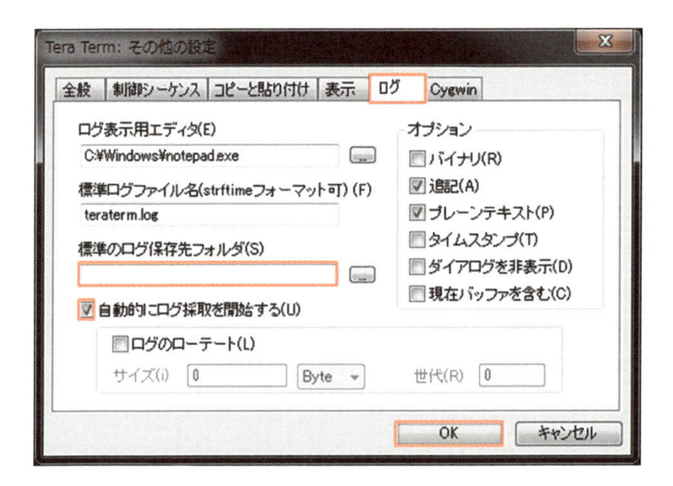

設定後は「設定の保存」をすると、次回からTeraTermを起動した際、自動的にログ採取が開始できます。

5.2 arpコマンド

a）arpコマンドの概要

arpコマンドはARPテーブルを表示したり、テーブルのエントリを変更したりするコマンドです。Windowsではコマンドプロンプトで実行できます。

b）arpコマンドの動作

ARPは、通信相手のMACアドレスを知るために使います。ARPには通信したい装置のIPアドレス情報があり、自分宛てでないと判断した装置は何もしませんが、自分宛てと判断した装置は自分のMACアドレスを応答します。これにより通信相手のMACアドレスが分かります。

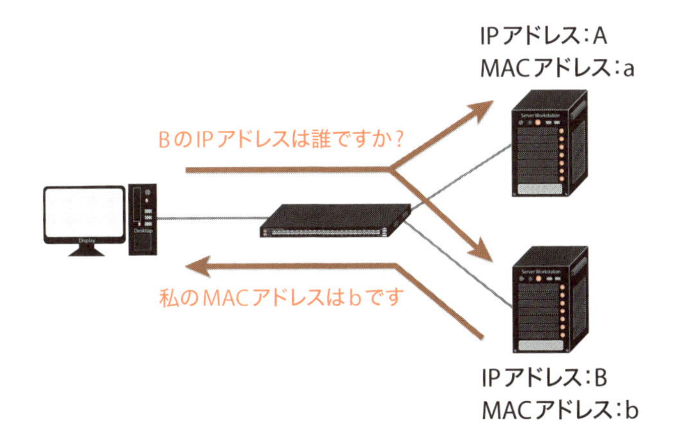

ARPは通信するために毎回問い合わせるのではなく、1回問い合わせるとIPアドレスとMACアドレスを対にしてしばらく覚えておきます。これは何個も覚えておけるのでARPテーブルといいます。

IPアドレス	MACアドレス
AのIPアドレス	AのMACアドレス
BのIPアドレス	BのMACアドレス
CのIPアドレス	CのMACアドレス

ARPテーブルに載っているIPアドレスについてはARPが必要ないため、早く通信できます。ARPテーブルのエントリは時間を経過すると自動的に削除され、通信時には再度ARPが必要になります。

arpコマンドにより、ARPテーブルを表示したり、エントリを変更したりできます。

 c）arpコマンドのオプション

ARPテーブルを表示する際は「arp –a」と入力します。

```
C:¥>arp -a

インターフェイス: 192.168.1.2 --- 0x10
 インターネット アドレス     物理アドレス          種類
 192.168.1.1           11-ff-11-ff-11-ff     動的
 192.168.1.3           ff-11-ff-11-ff-11     動的
```

インターネットアドレスがIPアドレスで、物理アドレスがそのIPアドレスに対するMACアドレスです。

「arp –d」コマンドを実行するとARPテーブルを削除できます。

5.3 pingコマンド

 a）pingコマンドの概要

pingは、相手と通信ができているか確認するコマンドです。Windowsではコマンドプロンプトで実行できます。

「ping 通信相手」と入力する事で、通信相手にパケットを送信し、相手からの応答結果を表示します。

```
C:¥>ping 192.168.8.1

192.168.8.1に ping を送信しています 32 バイトのデータ:
192.168.8.1 からの応答: バイト数 =32 時間 =11ms TTL=54
192.168.8.1 からの応答: バイト数 =32 時間 =11ms TTL=54
192.168.8.1 からの応答: バイト数 =32 時間 =12ms TTL=54
192.168.8.1 からの応答: バイト数 =32 時間 =12ms TTL=54

192.168.8.1 の ping 統計:
    パケット数: 送信 = 4、受信 = 4、損失 = 0 (0% の損失)、
ラウンド トリップの概算時間 (ミリ秒):
    最小 = 11ms、最大 = 12ms、平均 = 11ms
```

相手から応答がない場合はタイムアウトなどが表示されます。

 b）pingコマンドの動作

pingコマンドは、ICMP（Internet Control Message Protocol）のタイプ8であるEcho Requestを送信しています。相手まで正常に届いた場合は、タイプ0であるEcho Replyが返ってきます。

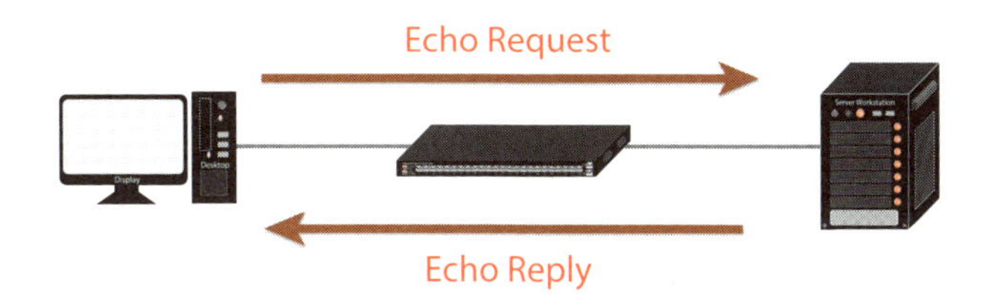

c）pingコマンドのオプション

pingコマンドのオプション例は次の通りです。

オプション	説明
-t	Ctrl+Cで停止されるまで実行し続けます。
-l サイズ	送信するパケットの長さを指定します。
-f	フラグメント不可ビットを有効にして実行します。

例えば、「ping -t 通信相手」と入力する事でpingが実行され続けます。「Ctrl+C」を入力する事で停止できます。

```
C:¥>ping -t 192.168.8.1

192.168.8.1 に ping を送信しています 32 バイトのデータ:
192.168.8.1 からの応答: バイト数 =32 時間 =17ms TTL=53
192.168.8.1 からの応答: バイト数 =32 時間 =16ms TTL=53
192.168.8.1 からの応答: バイト数 =32 時間 =17ms TTL=53
192.168.8.1 からの応答: バイト数 =32 時間 =17ms TTL=53
192.168.8.1 からの応答: バイト数 =32 時間 =17ms TTL=53
192.168.8.1 からの応答: バイト数 =32 時間 =17ms TTL=53
192.168.8.1 からの応答: バイト数 =32 時間 =17ms TTL=53
192.168.8.1 からの応答: バイト数 =32 時間 =20ms TTL=53
192.168.8.1 からの応答: バイト数 =32 時間 =17ms TTL=53
192.168.8.1 からの応答: バイト数 =32 時間 =16ms TTL=53
192.168.8.1 からの応答: バイト数 =32 時間 =16ms TTL=53
192.168.8.1 からの応答: バイト数 =32 時間 =16ms TTL=53

192.168.8.1 の ping 統計:
    パケット数: 送信 = 12、受信 = 12、損失 = 0 (0% の損失)、
ラウンド トリップの概算時間 (ミリ秒):
    最小 = 16ms、最大 = 20ms、平均 = 16ms
Ctrl+C
^C
```

-lと -fを合わせて使うとフラグメントの確認も可能です。

```
C:¥>ping -l 2000 -f 192.168.8.1

192.168.8.1 に ping を送信しています 2000 バイトのデータ:
パケットの断片化が必要ですが、DF が設定されています。
パケットの断片化が必要ですが、DF が設定されています。
パケットの断片化が必要ですが、DF が設定されています。
パケットの断片化が必要ですが、DF が設定されています。

192.168.8.1 の ping 統計:
    パケット数: 送信 = 4、受信 = 0、損失 = 4 (100% の損失)、
```

フラグメントとは、フレームの長さを決めるMTU（Maximum Transmission Unit）が大きなネットワークから小さなネットワークに中継する時に、パケットの分割が行われる事です。

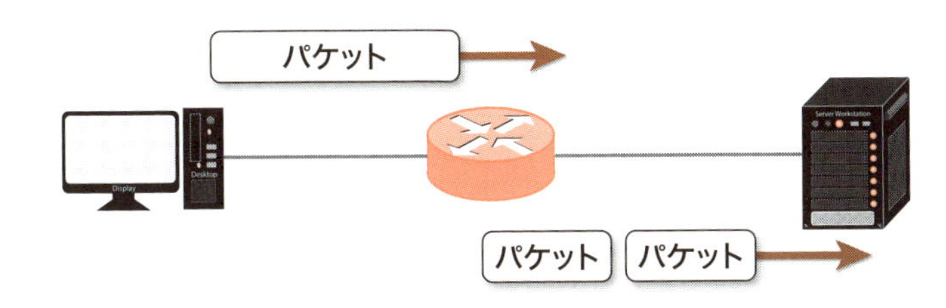

フラグメント化されたパケットは、元のパケットに組み立てできるように情報が付加され、MACアドレスなどを追加して複数のフレームとして送信されます。フラグメント化されたパケットの組み立てはネットワークの途中ではなく、通信相手に届いた時に行われます。

この時、パケットのヘッダでフラグメントを禁止するようになっているとICMPのタイプ3（Destination unreachable）のうち、コード4（Fragmentation Needed and DF set）が応答され、先ほどのpingコマンドの結果が表示されます。

5.4 tracertコマンド

a）tracertコマンドの概要

tracertコマンドは、通信経路上のルータのIPアドレスを確認できるコマンドです。Windowsではコマンドプロンプトで実行できます。

「tracert 通信相手」と入力する事で、通信相手までに経由するルータで応答があったIPアドレスを順番に表示します。

```
C:¥>tracert 192.168.8.1
192.168.8.1へのルートをトレースしています
経由するホップ数は最大 30 です:

  1     1 ms     1 ms     5 ms  router_A.example.com [192.168.1.1]
  2    26 ms     8 ms     8 ms  router_B.example.com [192.168.2.1]
  3     9 ms     9 ms     9 ms  router_C.example.com [192.168.3.1]
  4     9 ms     9 ms    21 ms  router_D.example.com [192.168.4.1]
  5    17 ms    18 ms    17 ms  router_E.example.com [192.168.5.1]
  6    19 ms    18 ms    18 ms  router_F.example.com [192.168.6.1]
  7    19 ms    19 ms    19 ms  router_G.example.com [192.168.7.1]
  8    20 ms    19 ms    19 ms  server.example.com [192.168.8.1]

トレースを完了しました。
```

この例には表示がありませんが、相手から応答がない場合は*が表示されます。

なお、Windowsではtracertコマンドですが、Linuxなどで同等のコマンドはtracerouteコマンドです。

b）tracertコマンドの動作

tracertコマンドはパケットヘッダのTTLを利用しています。TTLは、パケットが永遠に回り続けないようにルータを通る度に1引かれ、TTLが0になった時点でパケットは破棄され、ICMPのタイプ11であるTime Exceededが返ってきます。

tracertコマンドを実行すると、パケットのTTLを最初1にして送信し、次に2にして送信と、宛先IPアドレスからEcho Replayを受信するまで順番に繰り返し、その間に受信したTime

Exceededの送信元IPアドレスを表示します。

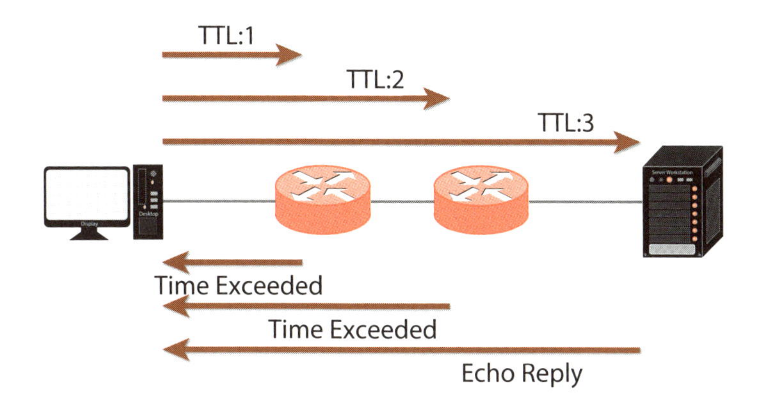

c）tracertコマンドのオプション

tracertコマンドのオプション例は次の通りです。

オプション	説明
-d	アドレスからDNSでホスト名を解決しません。

オプションを付けない場合、各ルータのIPアドレスからDNSを使ってホスト名に変換するのですが、ルータのIPアドレスをホスト名で登録していない場合が多く、DNSのタイムアウト待ちで遅くなります。「tracert -d 通信相手」と入力する事でホスト名に変換されないため、動作が速くなります。

```
C:¥>tracert -d 192.168.8.1
192.168.8.1へのルートをトレースしています
経由するホップ数は最大 30 です:

 1     1 ms     1 ms     5 ms  192.168.1.1
 2    26 ms     8 ms     8 ms  192.168.2.1
 3     9 ms     9 ms     9 ms  192.168.3.1
 4     9 ms     9 ms    21 ms  192.168.4.1
 5    17 ms    18 ms    17 ms  192.168.5.1
 6    19 ms    18 ms    18 ms  192.168.6.1
 7    19 ms    19 ms    19 ms  192.168.7.1
 8    20 ms    19 ms    19 ms  192.168.8.1

 トレースを完了しました。
```

5.5 ExPing

a）ExPingの概要

コマンドプロンプトから実行できるpingは調査に重要なツールですが、pingをGUI（Graphical User Interface）で利用できるツールがあります。ExPingです。ExPingは複数のIPアドレスに対してpingを実行できるだけでなく、統計情報を表示したりtracerouteを実行したりもできます。

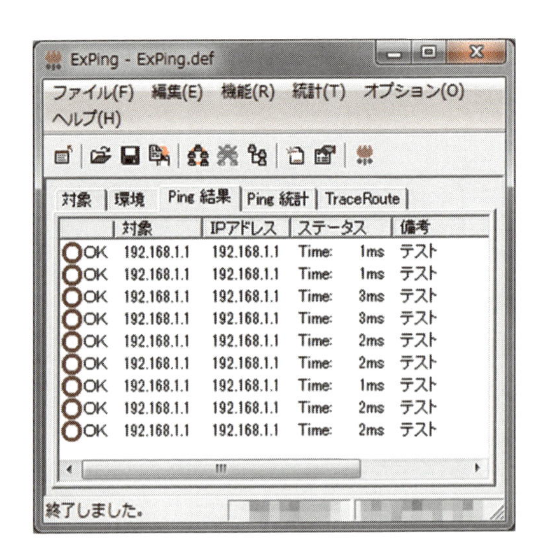

ExPingはフリーソフトのため、自由にダウンロードして無料で利用できます。

b）ExPingのダウンロード

ExPingは次のURLからダウンロードします。

`http://www.woodybells.com/`

ExPingはインストール不要ですが、ダウンロードしたファイルは圧縮されているため解凍が必要です。

c）ExPingの使い方

解凍したフォルダの中のExPingというアプリケーションファイルをダブルクリックすると起動できます。

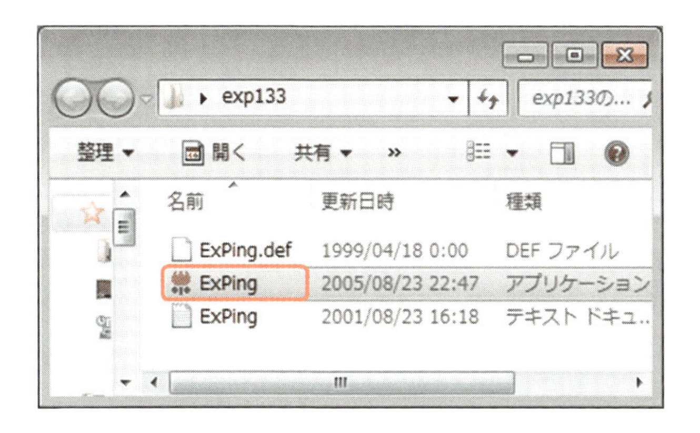

起動すると次の画面になります。

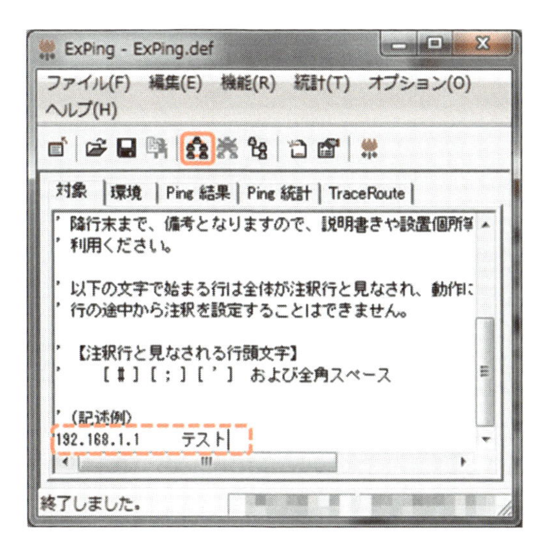

点線で囲った部分にping先のIPアドレスを記述します。IPアドレスの後にスペースを入れると、それ以降は備考として扱われます。複数行記述する事で複数の機器に順番にpingを実行可能です。実線で囲ったアイコンをクリックするとpingが始まり、「ping結果」画面に移行して1回1回のpingの結果が表示されます。「環境」のタブをクリックすると次の画面になります。

主な項目の説明は次の通りです。

項目	説明
繰り返し回数	指定した回数pingを行い、次のIPアドレスへ移ります。
実行間隔	pingを実行する間隔です。
ブロックサイズ	pingコマンドの-lと同じ意味です。
タイムアウト	pingの応答がない時に通信不可と判断する時間です。
TTL	tracertで説明したTTLと同じです。
定期的に実行	すべての対象にpingを行った後、指定した時間待って、再度行います。 0を指定するとすぐに再開します。

「Ping統計」のタブをクリックすると次の画面になります。

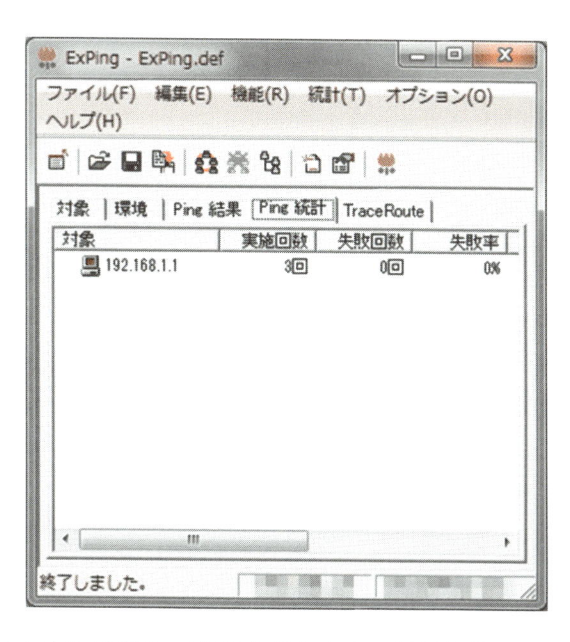

対象IPアドレスごとに何回実施して何回失敗したかの統計情報が見れます。

pingを停止する時は、次の画面の赤で囲ったアイコンをクリックします。

結果を保存する時は「ファイル(F)」を選択し、保存したい内容を選択するとping結果と統計情報をcsvファイルで保存できるため、エクセルやメモ帳で後から確認できます。

d）切り替え試験時の利用方法

ExPing自体を複数同時に起動する事ができます。

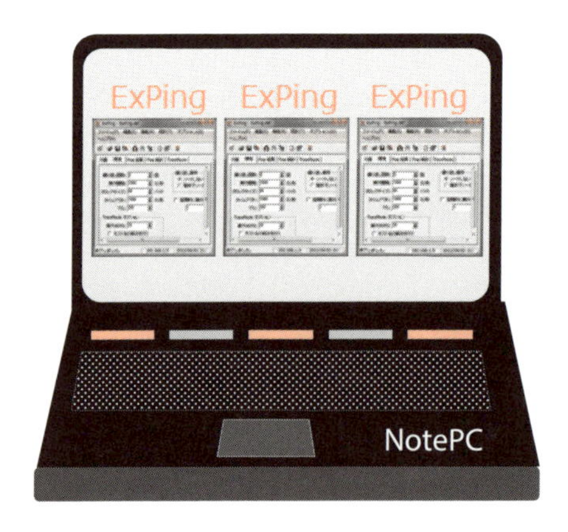

このため、切り替え試験時は通信先の台数分ExPingを起動し、各ExPingで1台ずつpingを行うようにします。例えば、通信先が3台あれば3つのExPingを起動し、それぞれのExPingには1台ずつ通信先として登録します。

また、「環境」タブでは「繰り返し回数」を1に設定し、「定期的に実行」をチェックします。

デフォルトでは1秒間に1回ずつpingを行うため、上記の設定で3つ起動したExPingは各パソコンに対し、約1秒間隔でpingを実行します。

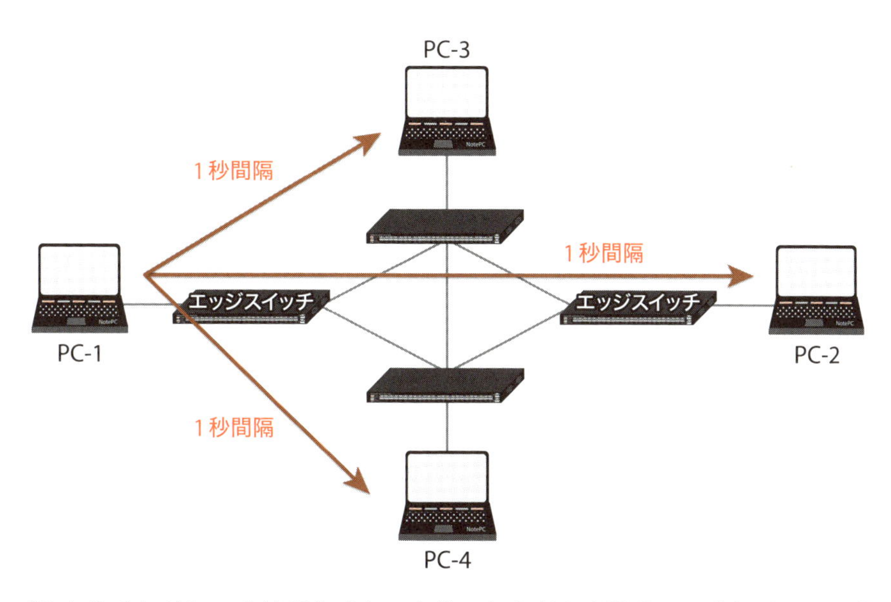

ケーブルを抜くなどして応答がなくなった後、切り替えが発生して復旧すると、「pingの統計」で失敗回数が分かります。

上記では8回失敗しているため、復旧まで16秒前後かかった事になります。失敗時は実行間隔とタイムアウトの合計で約2秒間隔に送信するためです。

PC-2～4でもExPingを3つ起動して他のパソコンにpingを行っておけば、各パソコン間の通信が復旧するまでの時間が、一度ケーブルを抜くだけですべて計測できます。

時間の精度は高くありませんが、手軽に計測でき、結果を保存しておけば後で確認もできます。

5.6 nslookupコマンド

 a）nslookupコマンドの概要

nslookupはDNSを利用して、FQDN（Fully Qualified Domain Name）からIPアドレスに変換できるかなどを確認できるコマンドです。Windowsではコマンドプロンプトで実行できます。FQDNとは、example.comがドメイン名として、www.example.comのようにホスト名などすべてが記述される形式です。

「nslookup FQDN」と入力する事で、IPアドレスを確認する事ができます。

```
C:¥>nslookup www.example.com
サーバー：  ns1.exapmle.jp
Address:  192.168.1.1

権限のない回答:
名前:     www.example.com
Addresses:  203.0.113.3
```

「権限のない回答」と出力される場合はDNSキャッシュサーバがキャッシュしている内容を回答している事を示します。DNSキャッシュサーバは、代理で問い合わせを行い、結果を保持しています。

b）nslookupコマンドの動作

nslookupはパソコンに設定している優先DNSサーバに問い合わせを行っています。

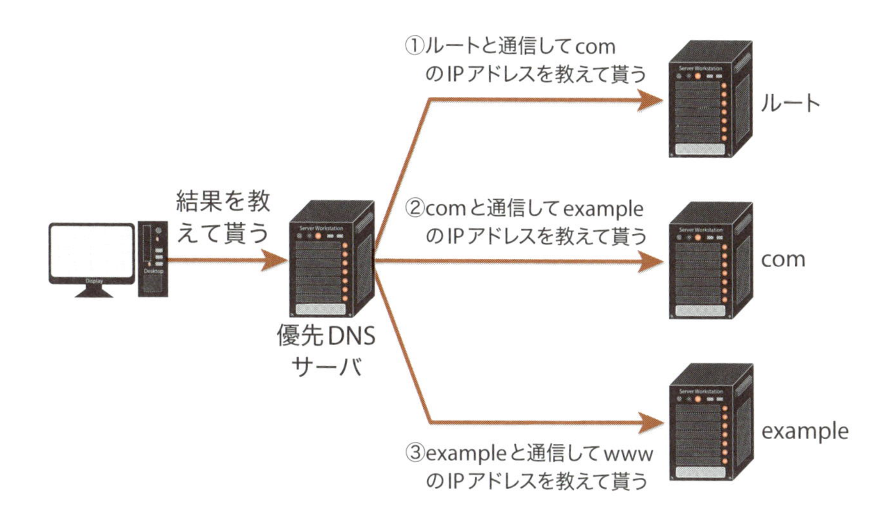

上記で優先DNSサーバにキャッシュ機能があれば、キャッシュしている情報は問い合わせずにパソコンに結果を応答します。

c）対話型nslookupコマンド

nslookupコマンドは対話型も可能です。対話型とは、nslookupを実行後にコマンドを入力して結果を得る方法です。nslookupを対話型で実行する時の便利なコマンドを紹介します。

コマンド	説明
set type=A	Aレコードを問い合わせる時に使う
set type=PTR	PTRレコードを問い合わせる時に使う
set type=MX	MXレコードを問い合わせる時に使う
server	問い合わせるサーバを指定のサーバに切り替える
set debug	DNSで問い合わせて得られる様々な情報を表示する

set type=Aの実行例

「set type=A」を実行する事でFQDNからIPアドレスを解決します。

```
C:¥>nslookup
既定のサーバー：  ns1.example.jp
Address:  192.168.1.1

> set type=A
> www.example.com
サーバー：  ns1.example.jp
Address:  192.168.1.1

権限のない回答:
名前:    www.example.com
Address:  203.0.113.3
```

DNSサーバではホスト名に対応するIPアドレスの設定があり、この1つ1つの対応をAレコードと呼びます。

ホスト名	IPアドレス
www	203.0.113.3
mail1	203.0.113.4
mail2	203.0.113.5

「set type=A」を実行する事で、このAレコードが回答されます。これは正引きと呼ばれます。

「set type=A」は特に実行しなくてもIPアドレスを回答してくれます。

```
C:¥>nslookup
既定のサーバー：  ns1.example.jp
Address:  192.168.1.1

> www.example.com
サーバー：  ns1.example.jp
Address:  192.168.1.1

権限のない回答:
名前:    www.example.com
Addresses:  203.0.113.3
```

set type=PTRの実行例

「set type=PTR」を実行する事でIPアドレスからFQDNを解決します。

```
C:¥>nslookup
既定のサーバー:  ns1.example.jp
Address:  192.168.1.1

> set type=PTR
> 203.0.113.3
サーバー:  ns1.example.jp
Address:  192.168.1.1

権限のない回答:
3.113.0.203-addr.arpa      name = www.example.com
```

DNSサーバではIPアドレスに対応したホスト名の設定があり、この1つ1つの対応をPTRレコードと呼びます。

ホストアドレス	FQDN
3	www.example.com
4	mail1.example.com
5	mail2.example.com

「set type=PTR」を実行する事で、このPTRレコードが回答されます。例えば203.0.113.0を管理しているDNSサーバであれば、ホストアドレスが3の時はwww.example.comと回答します。これは逆引きと呼ばれます。

「set type=PTR」は実行しなくてもFQDNに解決してくれます。

```
C:¥>nslookup
既定のサーバー:  ns1.example.jp
Address:  192.168.1.1

> 203.0.113.3
サーバー:  ns1.example.jp
Address:  192.168.1.1

名前:    www.example.com
Address:  203.0.113.3
```

set type=MXの実行例

「set type=MX」を実行する事で、ドメインのメールサーバのFQDNを解決します。

```
C:¥>nslookup
既定のサーバー:  ns1.example.jp
Address:  192.168.1.1

> set type=MX
> example.com
サーバー:  ns1.example.jp
Address:  192.168.1.1

権限のない回答:
example.com     MX preference = 10, mail exchanger = mail1.example.com
example.com     MX preference = 20, mail exchanger = mail2.example.com
```

メールを送信する際、username@example.comといったアドレスで送ると思いますが、送信元のメールサーバは通信先であるexample.comのメールサーバのIPアドレスを、DNSで確認した後に送信しています。

この時に回答されるのがMXレコードです。MXレコードは、メールサーバのFQDNを定義するため、次のような定義がされています。

ドメインネーム	プリファレンス値	FQDN
(空白)	10	mail1.example.com
(空白)	20	mail2.example.com

プリファレンス値は優先度です。値が小さいほど優先されるため、上記では常にmail1側にメールを送ろうとし、応答がない場合にmail2側に送ります。優先度が同じ場合はmail1とmail2がその都度順番を入れ替えて回答されるため、最初はmail1、次はmail2側と順番に送られます。このように順番に送られる事をラウンドロビンといいます。メールサーバのIPアドレス自体はAレコードで定義されます。

set type=CNAMEの実行例

「set type=CNAME」を実行する事で、指定のFQDN本来のFQDNが分かります。

```
C:¥>nslookup
既定のサーバー：  ns1.example.jp
Address:  192.168.1.1

> set type=CNAME
> www.example.com
サーバー：  ns1.example.jp
Address:  192.168.1.1

権限のない回答:
www.example.com canonical name = server1.example.com
```

DNSサーバでは別名も定義できます。これをCNAMEレコードと呼びます。

例えば、server1.example.comというサーバがあり、WebサーバとDNSサーバを兼用しているため、www.example.comとns1.example.comでアクセスさせたい場合などに利用します。

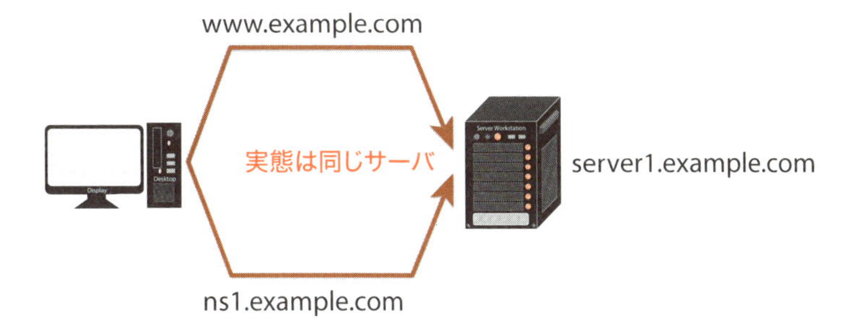

定義は次のようになっています。

別名	ホスト名
www	server1
ns1	server1

このため、正引きでwww.example.comのIPアドレスを確認し、そのIPアドレスで逆引きすると、本来のFQDNであるserver1.example.comが回答され、違うFQDNとなる事があります。

ホスト名に対するIPアドレス自体は、Aレコードで定義されています。

serverの実行例

「server DNSサーバ名、またはIPアドレス」を実行する事で、指定したサーバに直接問い合わせを行うようになります。

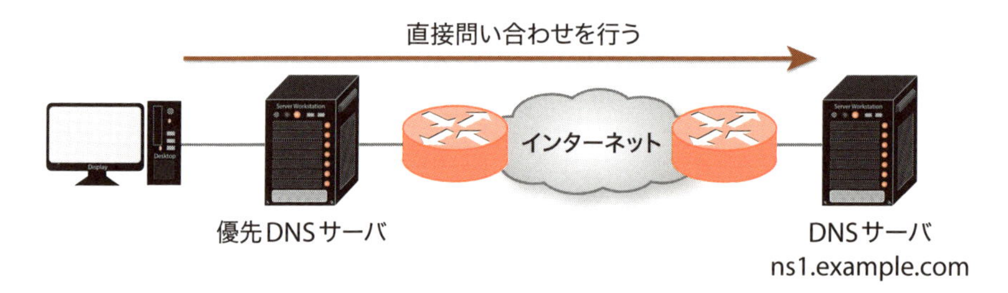

実行例は次の通りです。

```
C:¥>nslookup
既定のサーバー：  ns1.example.jp
Address:  192.168.1.1

> server 203.0.113.1
既定のサーバー：  ns1.example.com
Address:  203.0.113.1

> www.example.com
サーバー：  ns1.example.com
Address:  203.0.113.1

名前:     www.example.com
Addresses:  203.0.113.3
```

上記では赤字のように、直接ns1.example.comサーバにwww.example.comのIPアドレスを問い合わせしています。

set debugの実行例

「set debug」を実行すると様々な情報が得られます。よく確認する部分は赤字で示しています。

```
C:¥>nslookup
既定のサーバー：  ns1.example.jp
Address:  192.168.1.1

> set debug
> www.example.com
```

```
サーバー:  ns1.example.jp
Address:  192.168.1.1

------------
Got answer:
    HEADER:
        opcode = QUERY, id = 6, rcode = NOERROR
        header flags:  response, want recursion, recursion avail.
        questions = 1,  answers = 1,  authority records = 2,  additional = 2

    QUESTIONS:
        www.example.com, type = A, class = IN
    ANSWERS:
    ->  www.example.com
        internet address = 203.0.113.3  ★Aレコード
        ttl = 60 (1 mins)
    AUTHORITY RECORDS:
    ->  example.com
        nameserver = ns1.example.com    ★相手DNSプライマリサーバ
        ttl = 60 (1 mins)
    ->  example.com
        nameserver = ns2.example.com    ★相手DNSセカンダリサーバ
        ttl = 60 (1 mins)
    ADDITIONAL RECORDS:
    ->  ns1.example.com
        internet address = 203.0.113.1  ★プライマリサーバのIP
        ttl = 60 (1 mins)
    ->  ns2.example.com
        internet address = 203.0.113.2  ★セカンダリサーバのIP
        ttl = 60 (1 mins)

------------
権限のない回答:
------------
Got answer:
    HEADER:
        opcode = QUERY, id = 7, rcode = NOERROR
        header flags:  response, want recursion, recursion avail.
        questions = 1,  answers = 0,  authority records = 1,  additional = 0

    QUESTIONS:
        www.example.com, type = AAAA, class = IN
    AUTHORITY RECORDS:
    ->  example.com
        ttl = 60 (1 mins)
        primary name server = ns1.example.com
```

```
        responsible mail addr = mail.example.com
        serial  = 2012082901
        refresh = 1800 (30 mins)
        retry   = 900 (15 mins)
        expire  = 86400 (1 day)
        default TTL = 900 (15 mins)

------------
名前:    www.example.com
Address:  203.0.113.3
```

最後の行では、問い合わせたwww.example.comに対するIPアドレスが表示されていますが、赤字部分のように、相手ドメインのDNSサーバのFQDNやIPアドレスなども表示されています。

また、ttl=60のように示されていますが、これはキャッシュがどの位で削除されるかを示しています。ttlを過ぎると再度問い合わせを行います。

5.7 Wireshark

a) Wiresharkの概要

Wiresharkはパケットキャプチャを行うソフトウェアです。

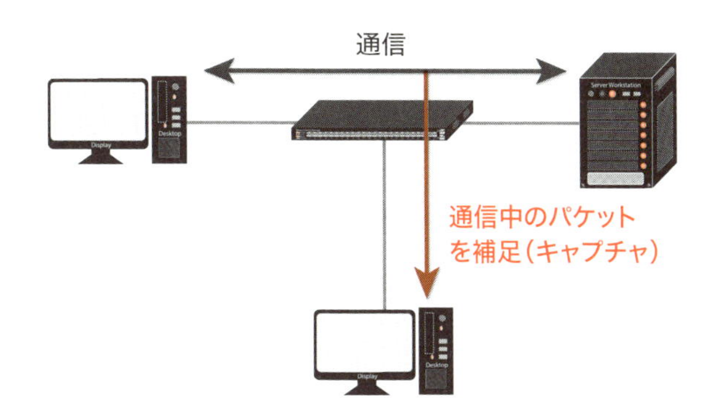

GPL（General Public License）というライセンスを採用していて、自由にダウンロードして無料で利用できます。

b) Wiresharkのダウンロード

Wiresharkは次のURLからダウンロードします。

```
http://www.wireshark.org/
```

Windowsにインストールする場合、通常はWindows Installerの64bit版か32bit版を選択する事になりますが、パソコンにあったファイルがデフォルトで選択されているため、そのファイルをクリックして好きな場所に保存します。

c）Wiresharkのインストール

ダウンロードしたファイルをダブルクリックして実行します。ユーザアカウント制御の画面が出たら「はい」をクリックすると次の画面になります。

「Next>」をクリックすると次の画面になります。

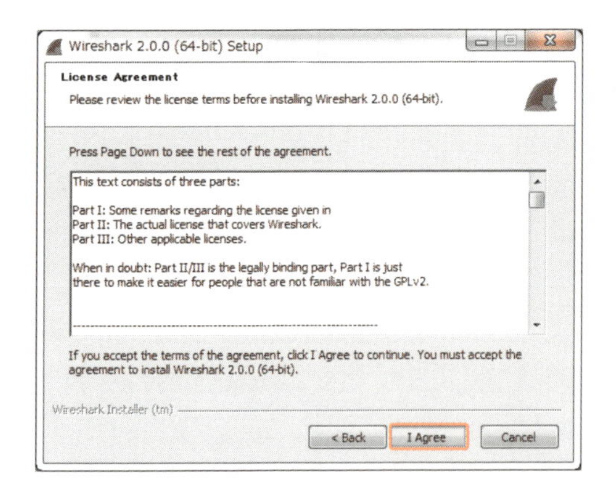

ライセンス同意画面のため「I Agree」をクリックすると次の画面になります。

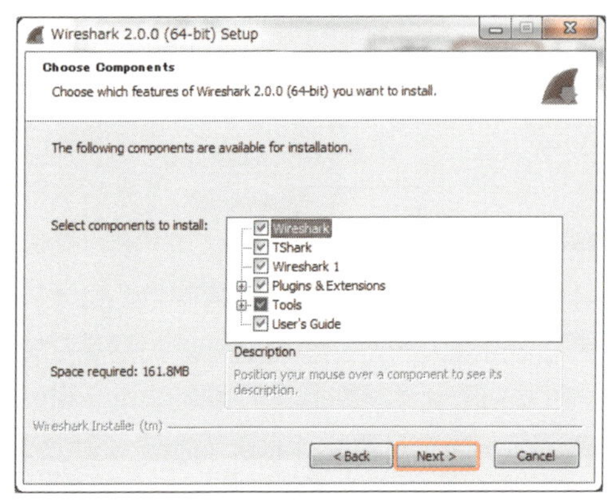

「Next>」をクリックすると次の画面になります。

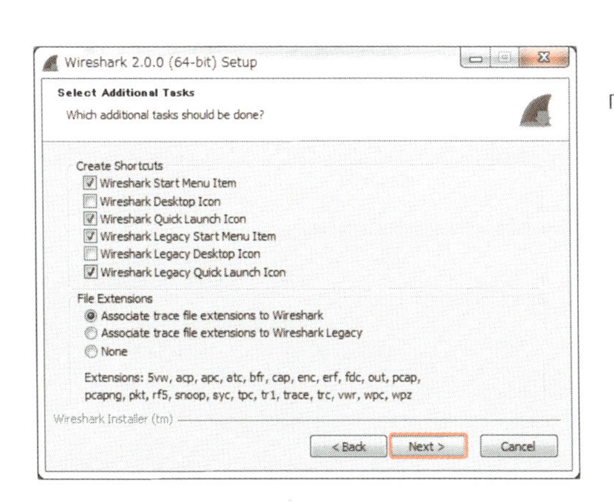

以下の表のようなオプションを指定できます。「Next>」をクリックすると次の画面になります。

Wireshark Start Menu Item	スタートメニューから選択できるようになるため、通常はチェックしたまま
Wireshark Desktop Icon	デスクトップに表示するかどうかなので、表示したい人はチェック
Wireshark Quick Launch Icon	タスクバーに常に表示するかどうかなので、よく使う人はチェック
Legacyが付いている項目	旧バージョン画面で起動するためのアイコン。旧バージョン画面で使いたい場合はチェック
Associate trace file extensions to Wireshark	表示されている拡張子のファイルではWiresharkが起動するようになるため、通常はチェックしたまま

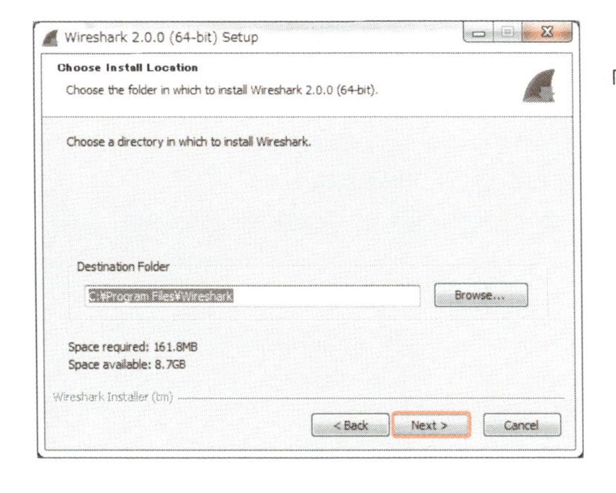

必要に応じてインストールフォルダを変更し、「Next>」をクリックすると次の画面になります。

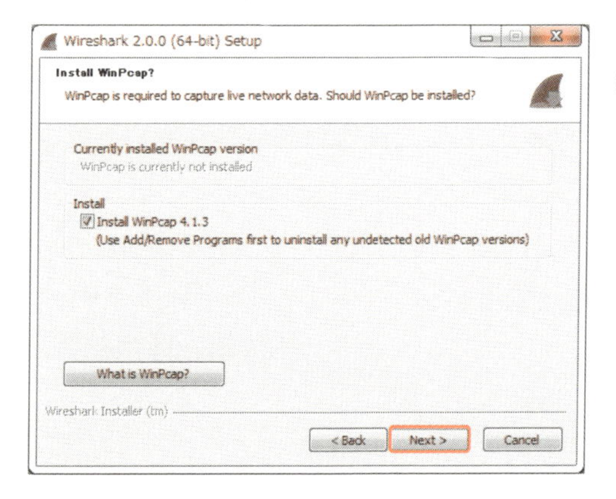

WinPcapというソフトをインストールするか確認されますが、必須のためチェックしたまま「Next>」をクリックすると、次の画面になります。

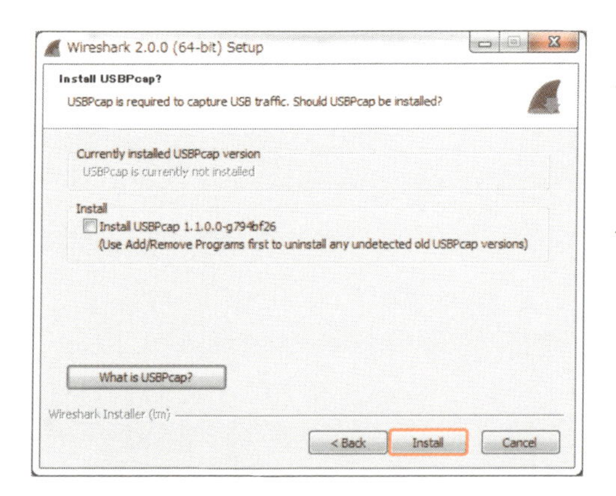

「Install USBPcap」はUSBデータをキャプチャする場合にチェックを入れます。今回は、チェックしない方法で説明します。

「Install」をクリックするとファイルをコピーする画面が出た後、次の画面になります。

確認画面のためそのまま「Next>」をクリックすると次の画面になります。

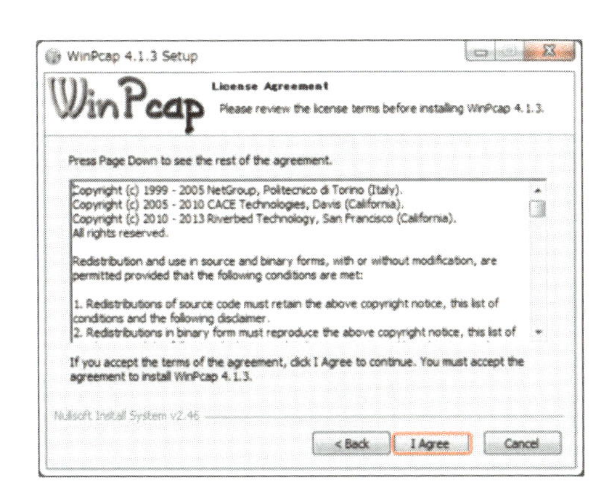

ライセンス同意画面のため「I Agree」をクリックすると次の画面になります。

「Install」をクリックするとファイルをコピーする画面が出た後、次の画面になります。

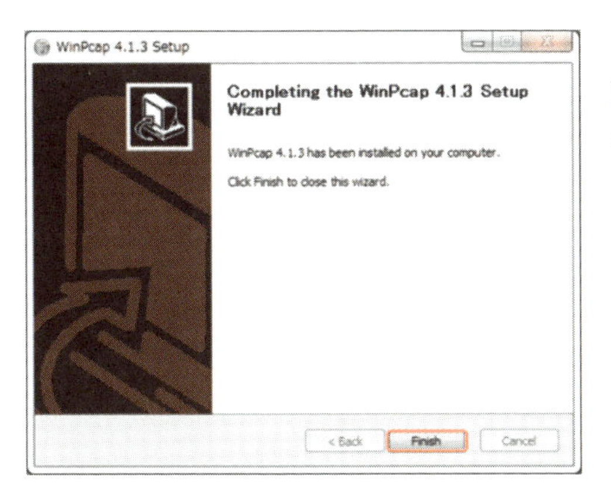

WinPcapのインストールが完了した事を示す画面のため、そのまま「Finish」をクリックすると次の画面になります。

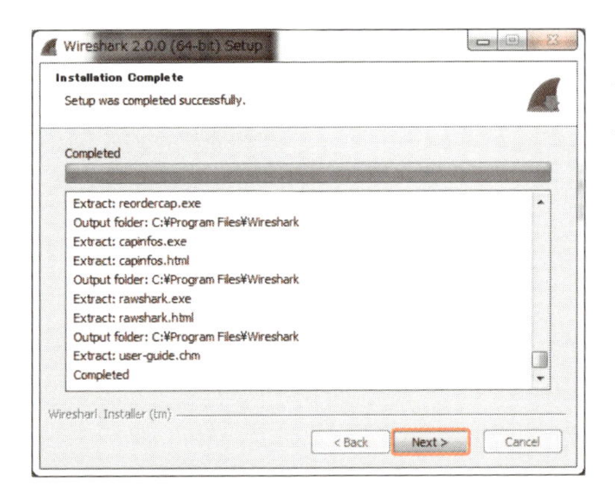

Wiresharkのインストールが完了した事を示す画面のため、そのまま「Next>」をクリックすると次の画面になります。

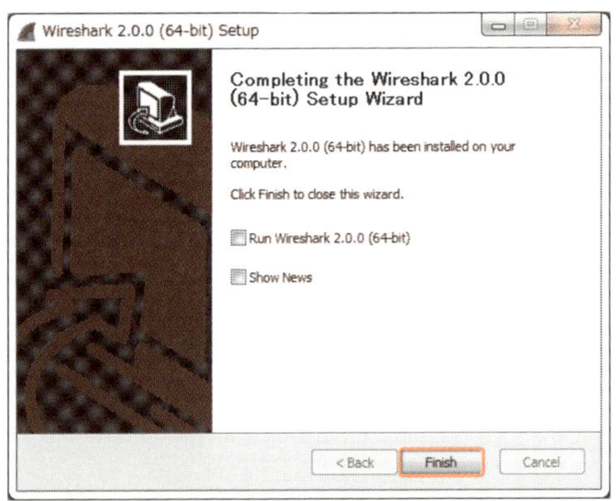

「Finish」をクリックするとインストールは完了です。

d）Wiresharkの実行

インストール時に「Wireshark Desktop Icon」を選択していればデスクトップのアイコンをダブルクリック、「Wireshark Quick Launch Icon」を選択していればタスクバーのアイコンをクリックして起動します。「Wireshark Start Menu Item」だけ選択した場合は、スタートメニューから起動します。

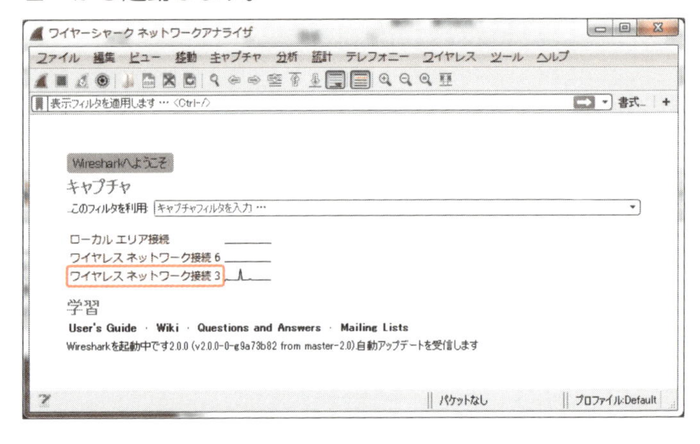

上記画面でフレームを採取したいインターフェースをダブルクリックする事でキャプチャができます。なお、「Wireshark Legacy」のアイコンから起動すると、旧バージョンの画面で起動します。

e）画面の見方

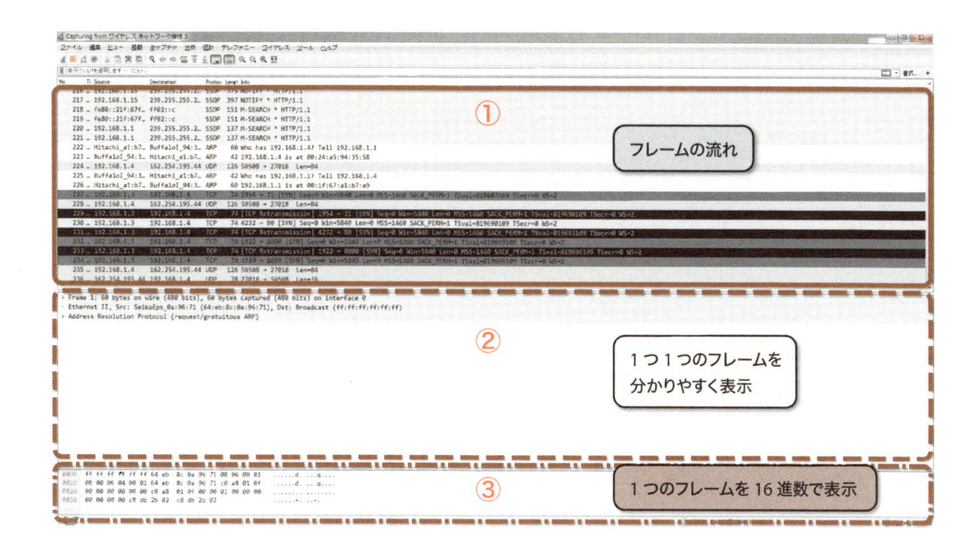

実線で囲った①部分はフレームの流れを示し、「パケット一覧部」と呼ばれる部分です。

点線で囲った②部分は、「パケット一覧部」で選択した1フレームの中身を分かりやすく表示しており、「パケット詳細部」と呼ばれる部分です。初期状態はヘッダごとにまとまっていますが、一番左の田をクリックする事でヘッダの中身を確認できます。

鎖線で囲った③部分は1フレームを16進数で表示しており、「パケットデータ部」と呼ばれる部分です。「パケット詳細部」は、この16進数を読み取って分かりやすく表示しています。「パケット詳細部」で例えばSource port部分をクリックすると、該当する16進数部分が選択されるため、ヘッダに対して16進数ではどの部分が該当するか確認する事ができます。

f）表示フィルタ

Wiresharkでフレームを採取すると大量のフレームが表示されますが、表示フィルタにより表示したいフレームだけ表示する事ができます。表示フィルタは画面上の「表示フィルタを適用します…」と薄く書かれた部分に記入して、Enterキーを押す事で有効になります。

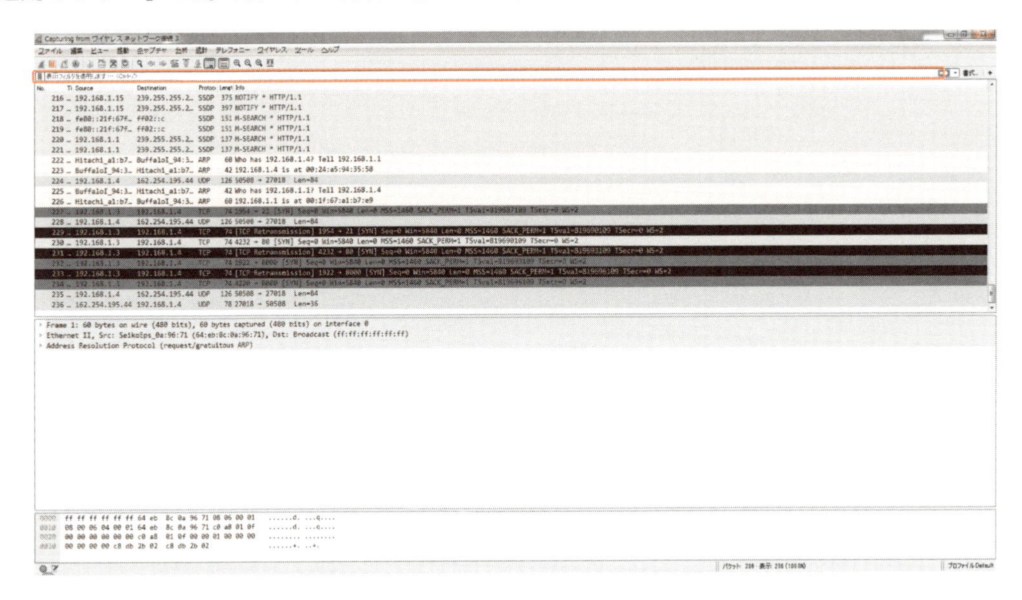

フィルタの例を次に示します。

フィルタ	例	例でのフィルタ内容説明
ip.addr==	ip.addr==192.168.1.1	192.168.1.1を送信元、または宛先IPアドレスとするフレーム
ip.src==	ip.src==192.168.1.2	送信元192.168.1.2のフレーム
ip.dst==	ip.dst==192.168.1.3	宛先192.168.1.3のフレーム
プロトコル	icmp	icmpのフレーム（他にはtcp,udp,http,arpなど）
tcp.port==	tcp.port==80	TCPポート番号80を送信元、または宛先とするフレーム
udp.port==	udp.port==53	UDPポート番号53を送信元、または宛先とするフレーム

条件式を利用してもう少し複雑なフィルタも書けます。次に例を示します。

条件式	フィルタ例	説明
&&	ip.src==192.168.1.2 && ip.dst==192.168.1.3	送信元192.168.1.2、かつ宛先192.168.1.3のフレーム
||	ip.src==192.168.1.2 || ip.dst==192.168.1.3	送信元192.168.1.2、または宛先192.168.1.3のフレーム
()	(ip.src==192.168.1.2 && ip.dst==192.168.1.3) || (ip.src==192.168.1.4 && ip.dst==192.168.1.5)	送信元192.168.1.2で宛先192.168.1.3のフレームと、送信元192.168.1.4で宛先192.168.1.5のフレーム

最後の例は、()でくくる事で数学のように()内が先に判断されます。

よく使う例の1つは、「ip.addr==192.168.1.2 && ip.addr==192.168.1.3 || icmp」です。192.168.1.2と192.168.1.3間の通信を調査したい場合、行きと戻りのフレームを採取するためです。ICMPはエラーや通信上の情報を与えてくれてトラブル解決のヒントになる事があるため、表示するようにします。

g）キャプチャの停止と保存

キャプチャは「キャプチャ」から「ストップ」を選択する事で停止できます。

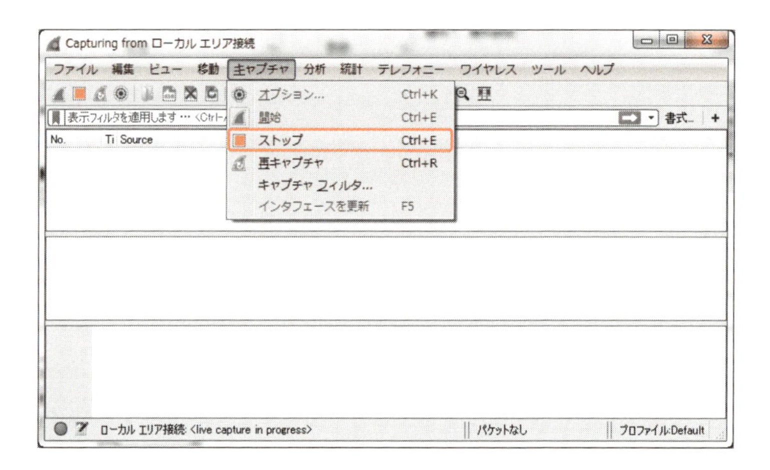

キャプチャしたデータは「ファイル」から「...として保存」を選択し、その後ファイル名を入力してセーブ可能です。

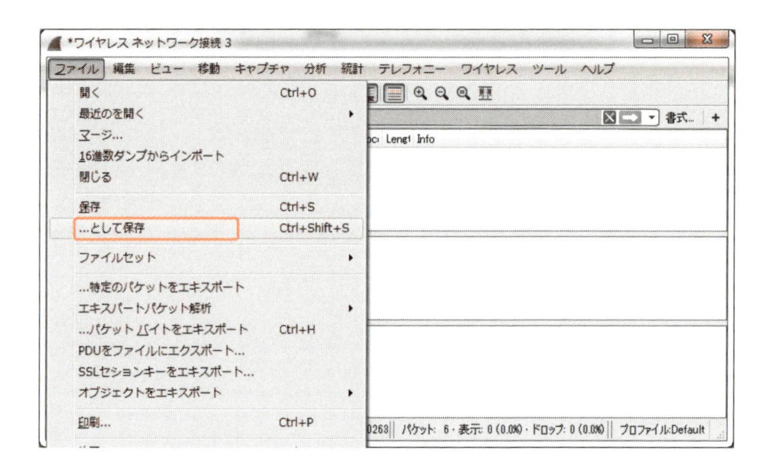

セーブしたキャプチャデータは、ファイルをダブルクリックする事でいつでも見れます。

h）キャプチャフィルタ

表示フィルタは表示をフィルタするため、実際にはすべてのフレームをキャプチャしています。このため、多量のフレームが流れている時はすぐにデータが大きくなってしまいます。データが大きくならないように必要なフレームのみ採取する方法があり、キャプチャフィルタといいます。キャプチャフィルタは長時間採取が可能になるため、例えば夜間採取し続ける時などに有効です。

キャプチャフィルタは、起動時の画面で薄く「キャプチャフィルタを入力…」と表示された部分に入力します。

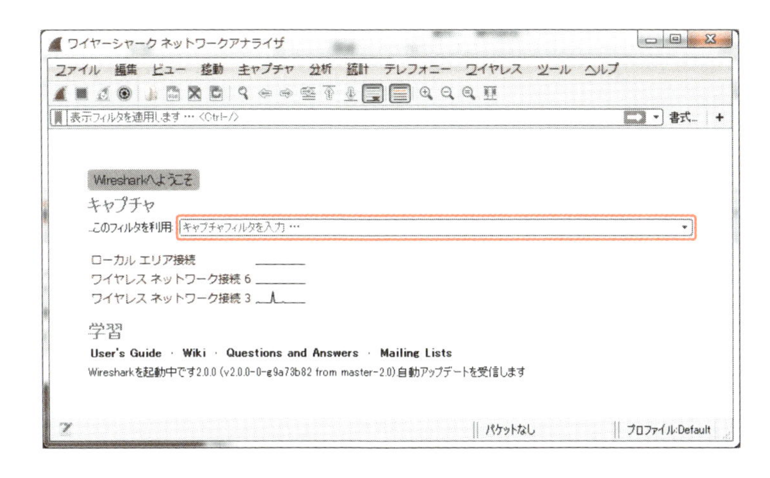

その後、フレームを採取するインターフェースをダブルクリックする事で、指定したフレームだけ採取を開始します。

キャプチャフィルタの指定方法は、表示フィルタと違います。次に例を示します。

フィルタ	例	例でのフィルタ内容説明
host	host 192.168.1.1	192.168.1.1を送信元、または宛先IPアドレスとするフレーム
ip src host	ip src host 192.168.1.2	送信元192.168.1.2のフレーム
ip dst host	ip dst host 192.168.1.3	宛先192.168.1.3のフレーム
プロトコル	icmp	icmpのフレーム(他にはtcp,udp,http,arpなど)
tcp port	tcp port 80	TCPポート番号80を送信元、または宛先とするフレーム
udp port	udp port 53	UDPポート番号53を送信元、または宛先とするフレーム

なお、「&&」、「||」、「()」はディスプレイフィルタと同じように使えます。

5.8 Nmap

a) Nmapの概要

Nmapはポートスキャンを行うだけでなく、様々なセキュリティチェックができるソフトウェアです。Nmapのポートスキャン機能を使うと、サーバまで通信可能かポート単位で調査ができます。このため、ルータやファイアウォール、サーバなどでフィルタリングしている時の調査に便利です。

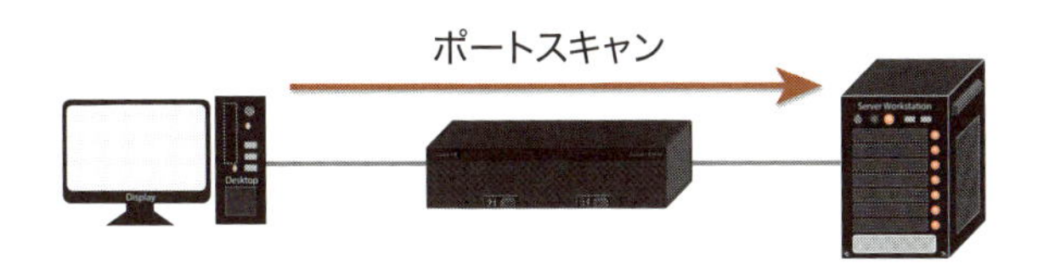

ライセンスにGPLを採用しているため、自由にダウンロードして無料で利用できます。

b) Nmapのダウンロード

Nmapは次のURLからダウンロードします。

```
http://nmap.org/
```

Webサイト左サイドバーの「Download」をクリックし、「Microsoft Windows binaries」の段落にある「nmap-x.xx-setup.exe」をクリックしてダウンロードします。

c）Nmapのインストール

ダウンロードしたファイルをダブルクリックして実行します。ユーザアカウント制御の画面が出たら「はい」をクリックすると次の画面になります。

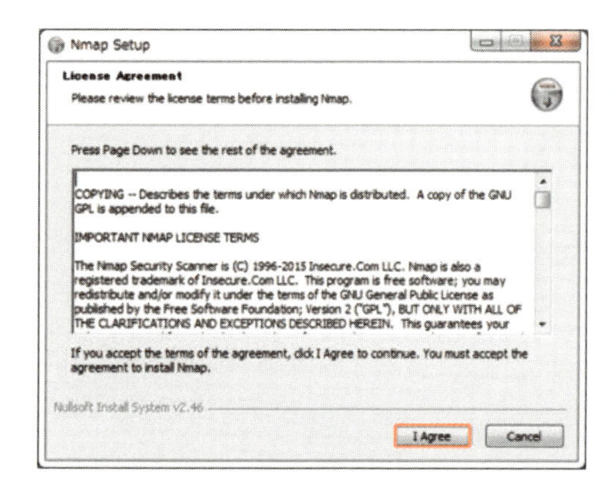

ライセンス同意画面のため「I Agree」をクリックすると次の画面になります。

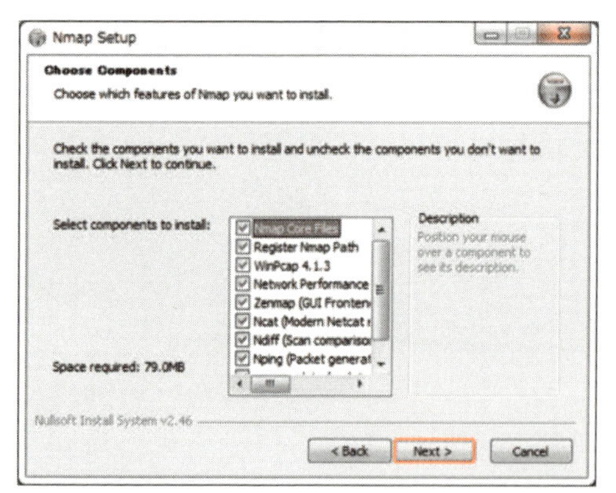

「Next>」をクリックすると次の画面になります。

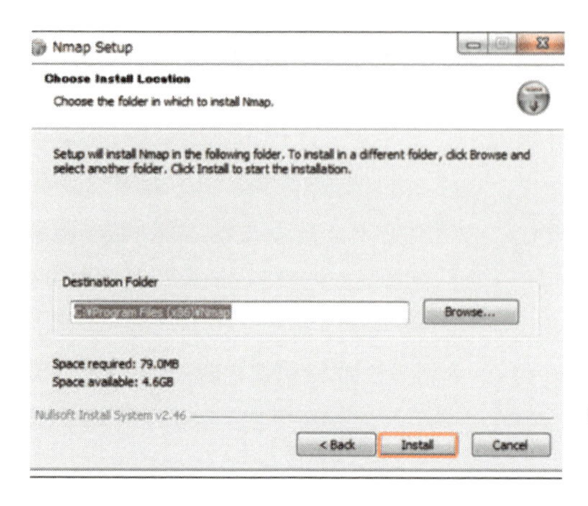

必要に応じてインストールフォルダを変更し、「Install」をクリックします。ファイルをコピーする画面が出た後、次の画面になります。なお、インストール時にWinPcapなども同時にインストールする場合で、既にインストールされている場合はその旨を知らせるメッセージが出力されますが、「OK」をクリックすると次に進みます。新規でインストールする場合は『5.7 c) Wiresharkのインストール』と同じです。

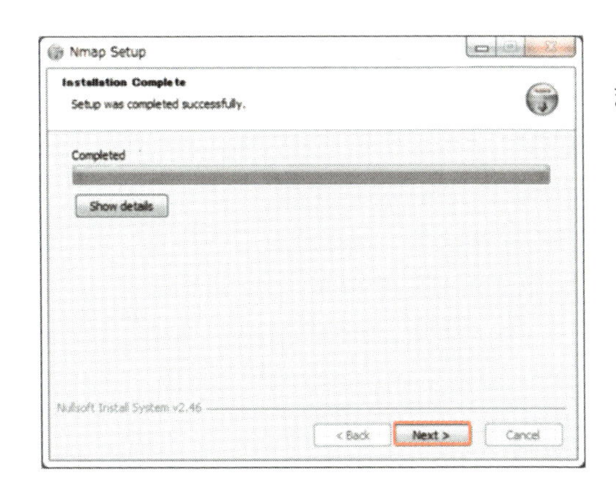

「Next>」をクリックすると次の画面になります。

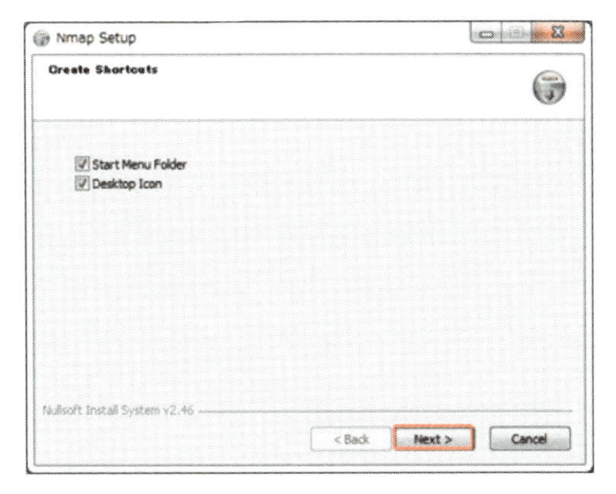

「Start Menu Folder」はスタートメニューから選択できるようになるため、通常はチェックしたままにします。

「Desktop Icon」はデスクトップに表示するかどうかなので、表示したい人はチェックしたままにします。

「Next>」をクリックすると次の画面になります。

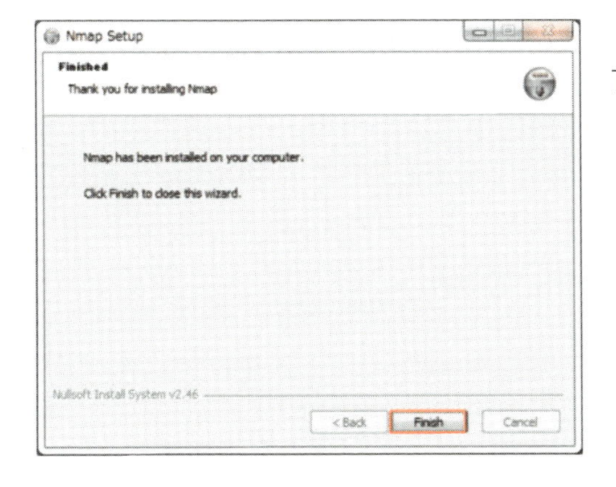

「Finish」をクリックするとインストールは完了です。

d）Nmapの使い方

Nmapは、コマンドプロンプトから「nmap [オプション] 相手IPアドレス、またはFQDNなど」で実行できます。

ポートスキャン時によく使うオプションは次の通りです。

オプション	意味	指定例
-sS	TCPでスキャンする（デフォルト）	-sS
-sU	UDPでスキャンする	-sU
-p ポート番号	ポート番号を指定する	80など、79-80と範囲、79,80と複数指定も可能
-p T:ポート番号	TCPポート番号を指定する	80など、79-80と範囲、79,80と複数指定も可能
-p U:ポート番号	UDPポート番号を指定する	80など、79-80と範囲、79,80と複数指定も可能

次は、192.168.1.1に対してTCPポート番号79-80をスキャンした場合の例です。

```
C:¥>nmap -p 79-80 192.168.1.1

Starting Nmap x.xx ( http://xxxx ) at 20xx-xx-xx xx:xx XX (標準時)
Nmap scan report for test (192.168.1.1)
Host is up (0.0023s latency).
PORT   STATE  SERVICE
79/tcp closed finger
80/tcp open   http
MAC Address: 11:11:11:11:11:11 (test company)

Nmap done: 1 IP address (1 host up) scanned in 0.17 seconds
```

79番ポートはクローズしていて、80番ポートはオープンしている事が分かります。

次に192.168.1.1に対して、UDPポート番号52,53をスキャンした場合の例です。

```
C:¥>nmap -sU -p 52,53 192.168.1.1

Starting Nmap x.xx ( http://xxxx ) at 20xx-xx-xx xx:xx XX (標準時)
Nmap scan report for test (192.168.1.1)
Host is up (0.010s latency).
PORT   STATE  SERVICE
52/udp closed xns-time
```

```
53/udp open   domain
MAC Address: 11:11:11:11:11:11 (test company)

Nmap done: 1 IP address (1 host up) scanned in 0.17 seconds
```

52番ポートはクローズしていて、53番ポートはオープンしている事が分かります。

TCP、UDP両方を一度にスキャンする場合は、次のように指定します。

```
C:¥>nmap -sU -sS -p 79-80 192.168.1.1

Starting Nmap x.xx ( http://xxxx ) at 20xx-xx-xx xx:xx XX (標準時)
Nmap scan report for test (192.168.1.1)
Host is up (0.00s latency).
PORT   STATE  SERVICE
79/tcp closed finger
80/tcp open   http
79/udp closed finger
80/udp closed http
MAC Address: 11:11:11:11:11:11 (test company)

Nmap done: 1 IP address (1 host up) scanned in 0.15 seconds
```

TCP、UDPそれぞれで異なるポート番号を一度にスキャンする場合は、次のように指定します。

```
C:¥>nmap -sU -sS -p T:79-80,U:52,53,54 192.168.1.1

Starting Nmap x.xx ( http://xxxx ) at 20xx-xx-xx xx:xx XX (標準時)
Nmap scan report for test (192.168.1.1)
Host is up (0.0028s latency).
PORT   STATE  SERVICE
79/tcp closed finger
80/tcp open   http
52/udp closed xns-time
53/udp open   domain
54/udp closed xns-ch
MAC Address: 11:11:11:11:11:11 (test company)

Nmap done: 1 IP address (1 host up) scanned in 0.17 seconds
```

第6章

トラブル対応

第6章では、基本的なトラブル対応方法についてツールの活用方法を交えながら説明していきます。

1 トラブル対応の前に
2 ネットワークのトラブルと考える前に
3 基本的な切り分けによるトラブル対応
4 経験に基づくトラブル対応
5 Wiresharkを使った解析
6 ログからの調査

6.1 トラブル対応の前に

ネットワークは様々な機器が接続されているため、すべてを把握する事は困難ですが、それでも正常な状態をできるだけ把握しておく事は重要です。

例えば、STPのトラブル調査で状態が異常に思える部分があって、そこを重点的に調査していたが、実はそれは正常な状態だったという事もありえます。

このため、VLAN情報、リンクアグリゲーションの状態、STPやVRRPの状態、ルーティングテーブル、スタックの状態など、使っている機能の状態を事前に採取しておくと役に立ちます。

トラブル発生時は、上記で採取している状態と比較する事で、何が正常で、何が異常か判断しやすくなります。

ネットワークに接続された機器全体を把握する事は不可能でも、自身が管理しているネットワーク機器については、何が正常な状態かを判断できるようにしておくと、万一の時に役立ちます。

6.2 ネットワークのトラブルと考える前に

トラブルが発生した場合でも、ルータやスイッチ、ファイアウォールなどのネットワーク機器の問題でない事も多くあります。

慣れないうちは、ネットワーク機器が原因だったらどうしようと相手側を疑わずに、自身が管理する機器ばかりを調査しがちですが、いったん安定したネットワークはそれほど多く問題は発生しません。多くは設定変更や勘違いなどで発生します。

ネットワーク機器の設定変更をした場合はネットワーク機器側を疑う必要がありますが、そうでない場合はエンドユーザの勘違い、サーバ担当者の設定ミスなどの可能性があります。

これらは日常茶飯事のため、まずはこれを切り分ける必要があります。

a）エンドユーザからのトラブル連絡

ネットワークで通信できないとエンドユーザから連絡があった場合、他の人も同様か必ず聞いてみてください。他の人が問題ないのであれば、その人のパソコンなど固有の問題です。

例えば、固定で割り当てたIPアドレスの設定が必要な環境で、「IPアドレスを設定していますか？」と聞くと、「設定しています。」と回答があったとします。

しかし、それは「IPアドレスを自動的に取得する」に設定しているという事かもしれません。

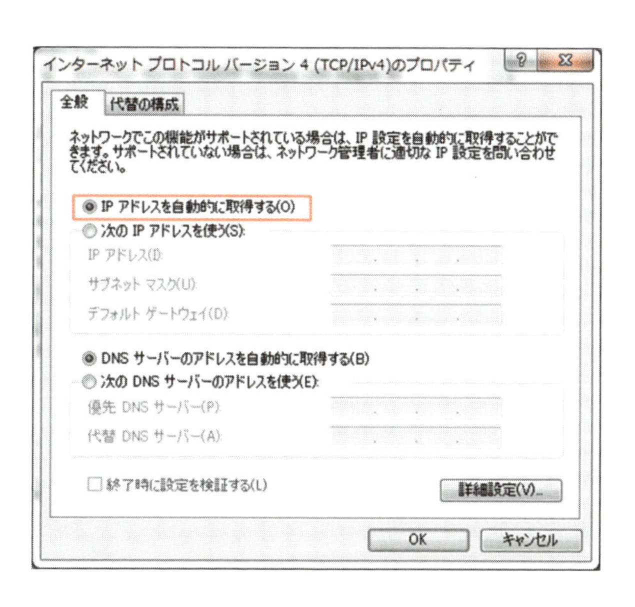

DHCPサーバがない場合、これでは通信できませんが、このように相手が「設定していま す」と回答したとしても、こちらの意図した回答がされているとは限らないのです。

また、「前は通信できてたけど、通信できなくなった」と連絡があったとします。

しかし、実はその機器は少し前から調子が悪く、それを知らない人が動かして連絡してきたという事かもしれません。

他には、「パソコンが少し前まで通信できてたのに、突然通信できなくなった」と連絡があったため、「何か変更しましたか？」と聞くと「変更していません」と回答があったとします。

しかし、調査した結果、設定変更していたり、ソフトウェアをインストールし、そのソフトウェアが原因だったという例は多数あります。また、通信に関係ないソフトウェアをインストールした場合でも、他のソフトウェアが自動的にインストールされる場合もあり、エンドユーザ自体が気づかない事もあります。

このように、エンドユーザは専門家ではないので、こちらの質問に対して意図した回答が返ってくるとは限りません。周りの人が問題ないのであれば、エンドユーザがどのように回答したとしても、まずはその人のパソコンなど固有の問題を疑った方が早く解決できます。

b）サーバ担当者からのトラブル連絡

サーバ担当者からサーバを追加したり、設定変更したけど通信できないと連絡があった場合も、ネットワーク機器側の問題という可能性はかなり低いと思います。

基本は変更があった側を疑うです。

よくあるのはDNSに登録されていない、またはサーバ側のフィルタリングで遮断されているケースです。

例えば、「追加したサーバから他のサーバには通信できるので、サーバのネットワーク設定は問題ないと思うのだけど……」と話があったとします。

しかし、追加したサーバをDNSに登録していなければ、パソコンなどからサーバへDNSを利用した通信はできません。この場合は、FQDNなどを使わずIPアドレスを指定して通信できるかで判断できます。この時、pingで通信可能な場合はpingで確認します。

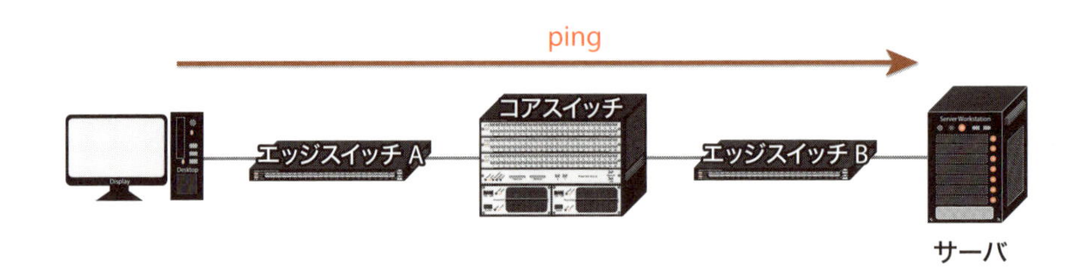

アプリケーションによっては、通信時にDNSを利用する事があります。例えば、IPアドレスからFQDNを調べ、送信元をログに記録するなどです。このような時は、通信先をIPアド

レスで指定しても、知らない間にDNSを使っているため、タイムアウトで通信できない事があります。

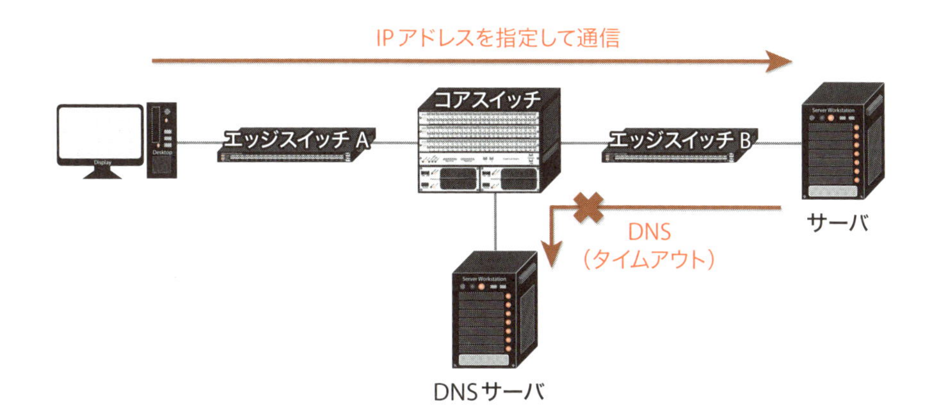

IPアドレスを指定してpingを行えば、DNSに関係なく通信確認ができます。

また、ファイアウォールを介した通信の場合は、ファイアウォールのフィルタリング設定も疑う必要がありますが、DMZに設置されるサーバでは、iptablesなどによってサーバ自体でパケットフィルタリングしている事が多くあります。

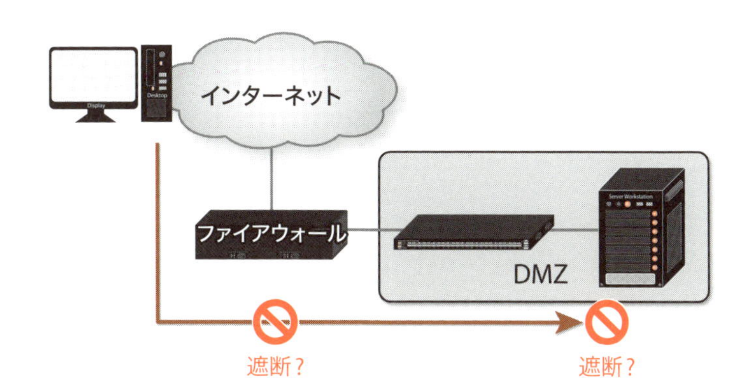

この場合は、ファイアウォール側だけでなく、サーバ側のiptablesの設定も合わせて確認してもらう必要があります。

サーバ担当者の方もネットワークについて理解している方、アプリケーションよりの知識は詳しくてもネットワークよりの事は全く知らないといった方まで様々です。

当然、ネットワーク機器の設定も間違っているかもしれないという認識は必要ですが、「通信できない＝ネットワーク機器の問題」と考えていると、ネットワーク・サーバ両方の専門家やいるにも関わらず、なかなか対応が進まない事があります。

6.3 基本的な切り分けによるトラブル対応

通信できなくなった時の基本的なトラブル対応方法について説明します。

例として、次の構成でパソコンからWebサーバに対してブラウザで通信できなくなった時の切り分けと対応です。エッジスイッチ2台は共にL2スイッチ、ルーティングはコアスイッチで行っているとします。

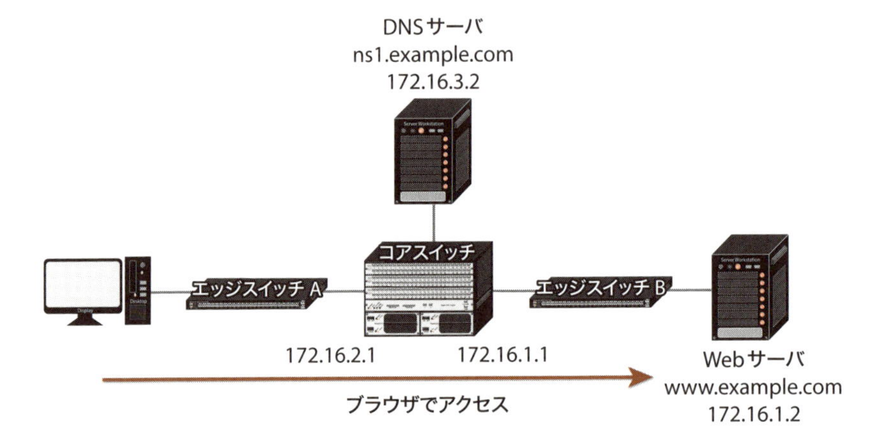

この時の通信を細かく見ていくと次の図になります。

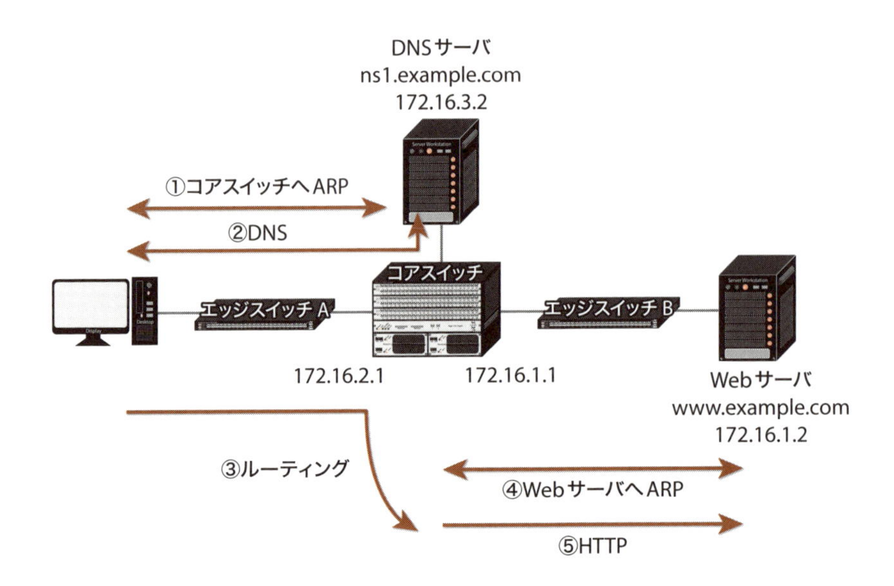

つまり、上記の①～⑤のどこかで問題が発生している事になります。

以降では①から順番に確認する手順を示します。

また、慣れてくるとこの順番ではなく、例えばDNSから確認した方が早い、などが分かってくると思います。その環境や自分に合った手順を確立してください。

a）コアスイッチへのARPの問題

まず、現状確認としてパソコンからブラウザでWebサーバが参照できない事を確認します。

その後、パソコンのARPテーブルに、デフォルトゲートウェイのIPアドレスが載っているか確認します。

```
C:¥>arp -a

インターフェイス: 172.16.2.2 --- 0x10
  インターネット アドレス    物理アドレス         種類
  172.16.2.1            11-ff-11-ff-11-ff     動的
  172.16.2.3            ff-11-ff-11-ff-11     動的
```

上記では、コアスイッチのIPアドレスである172.16.2.1が載っていますが、載っていない場合はパソコンからコアスイッチ間が被疑箇所です。

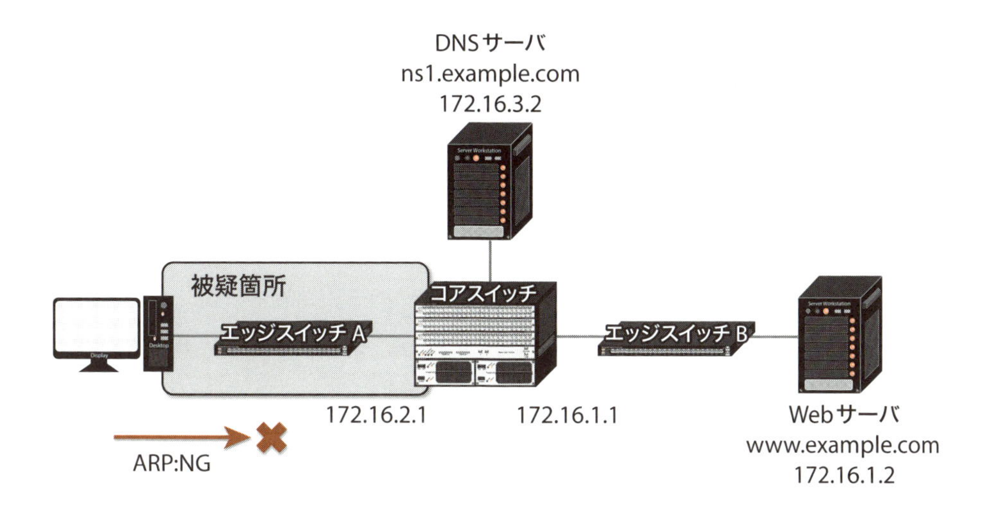

パソコンのインターフェースがアップしているか、IPアドレスやサブネットマスク、デフォルトゲートウェイが正常に設定されているか確認します。確認はipconfigコマンドで行えます。

```
C:¥>ipconfig

Windows IP 構成

イーサネット アダプター ローカル エリア接続:

   接続固有の DNS サフィックス . . . :
   IPv4 アドレス . . . . . . . . . . . : 172.16.2.2(優先)
   サブネット マスク . . . . . . . . . : 255.255.255.0
   デフォルト ゲートウェイ . . . . . . : 172.16.2.1
```

上記はインターフェースがアップしており設定も正常ですが、「メディアは接続されていません」などと表示される場合は、インターフェースがダウンしています。

この場合、次の原因が考えられます。

被疑箇所	原因
エッジスイッチ	エッジスイッチ全体、またはパソコン間のインターフェース
パソコン	パソコン自体、またはインターフェース
ケーブル	ケーブルが正確に接続されていない、劣化、断線

エッジスイッチ全体がダウンしていると周りでも通信できないため、すぐに分かります。その場合は、arpコマンドを実行する前にスイッチを確認すると思います。

また、1インターフェースだけ故障する、運用中にケーブルが劣化、断線する事は稀で、以外と多いのがパソコンの問題です。この場合は、正常なパソコンに繋ぎ変えて通信できるか確認すると分かります。

それでも通信できない場合や新規に接続した場合は、エッジスイッチのインターフェースがコマンドやストーム制御などでダウンしていないか確認が必要です。スイッチのインターフェースが故障してないか確認する時はログなどを見て判断しますが、他のインターフェースに接続してみるのでも判断できます。

エッジスイッチのインターフェースに問題ない場合はケーブルを交換してみます。

パソコンのインターフェースがアップしており、設定が間違っていない場合、次の原因が考えられます。

被疑箇所	原因
エッジスイッチ	VLAN設定、コアスイッチ間のインターフェース
コアスイッチ	コアスイッチ本体、またはエッジスイッチ間のインターフェース
ケーブル	ケーブルが正確に接続されていない、劣化、断線

エッジスイッチのインターフェースでステータスを確認し、ダウンしている場合はインターフェースやケーブルの問題です。新規にパソコンを接続した場合は、エッジスイッチでVLANの設定が間違っている可能性があるため、確認が必要です。

また、サブネットを新たに作ってエッジスイッチを接続したのであれば、コアスイッチ側のIPアドレス設定なども確認が必要です。

b）DNSの問題

DNSの問題か切り分けるためにWebサーバにpingを行います。

```
C:¥>ping 172.16.1.2

172.16.1.2 に ping を送信しています 32 バイトのデータ:
172.16.1.2 からの応答: バイト数 =32 時間 =11ms TTL=54
172.16.1.2 からの応答: バイト数 =32 時間 =11ms TTL=54
172.16.1.2 からの応答: バイト数 =32 時間 =12ms TTL=54
172.16.1.2 からの応答: バイト数 =32 時間 =12ms TTL=54

192.168.1.2 の ping 統計:
    パケット数: 送信 = 4、受信 = 4、損失 = 0 (0% の損失)、
ラウンド トリップの概算時間 (ミリ秒):
    最小 = 11ms、最大 = 12ms、平均 = 11ms
```

上記ではpingの応答があり、Webサーバと通信できている事を示しています。このため、nslookupコマンドでDNSが利用できるか確認します。

```
C:¥>nslookup www.example.com
サーバー :  ns1.exapmle.com
Address:  172.16.3.2

*** ns1.example.com が www.example.com を見つけられません: Non-existent domain
```

上記のようにnslookupでIPアドレスに解決できない場合、DNSサーバにWebサーバのAレコードが登録されていない可能性があります。

DNSサーバにAレコードを登録してもらう必要があります。

なお、上記ではDNSサーバ自体とは通信できています。DNSサーバと通信できない場合は次のように、「既定のサーバーは利用できません」と表示されます。

```
C:¥>nslookup www.example.com
*** 既定のサーバーは利用できません
サーバー :  ns1.example.com
Address:  172.16.3.2

*** ns1.example.com が www.example.com を見つけられません: No response from server
```

この場合、DNSサーバと通信できない原因を調査する必要があります。

c）ルーティングの問題

パソコンからWebサーバにpingして応答がない場合で、パソコンからコアスイッチの172.16.2.1にpingして応答があり、コアスイッチからWebサーバにpingして応答がある場合、ルーティングできていない可能性があります。

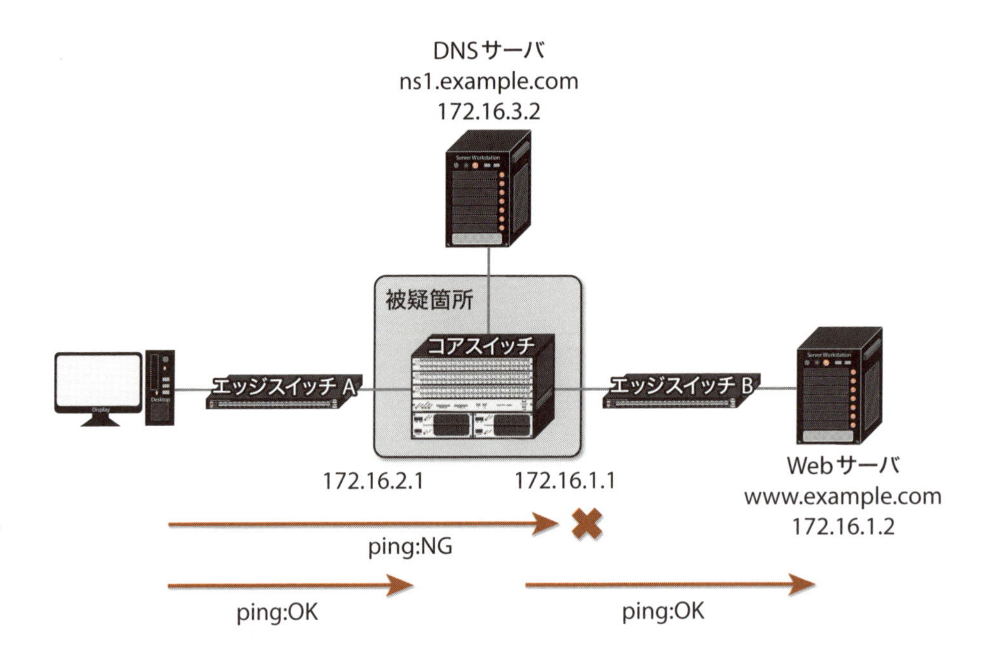

パソコンからコアスイッチの172.16.1.1にpingして応答がない場合は、コアスイッチのルーティングを確認する必要があります。

ここではコアスイッチだけルーティングしていますが、間に複数のルーティングする機器があった場合、各装置でルーティングテーブルを確認します。ルーティングテーブルに経路が反映されていない場合、インターフェースがRIPやOSPFのルーティングに組み込まれているか、ルーティングプロトコルが遮断されていないかなどの原因を調査する必要があります。

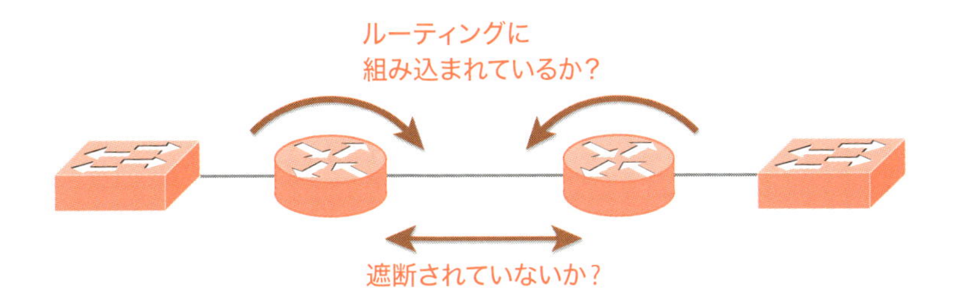

d）WebサーバへのARPの問題

コアスイッチのARPテーブルにWebサーバのIPアドレスが載っていない場合、コアスイッチからWebサーバ間が被疑箇所になります。

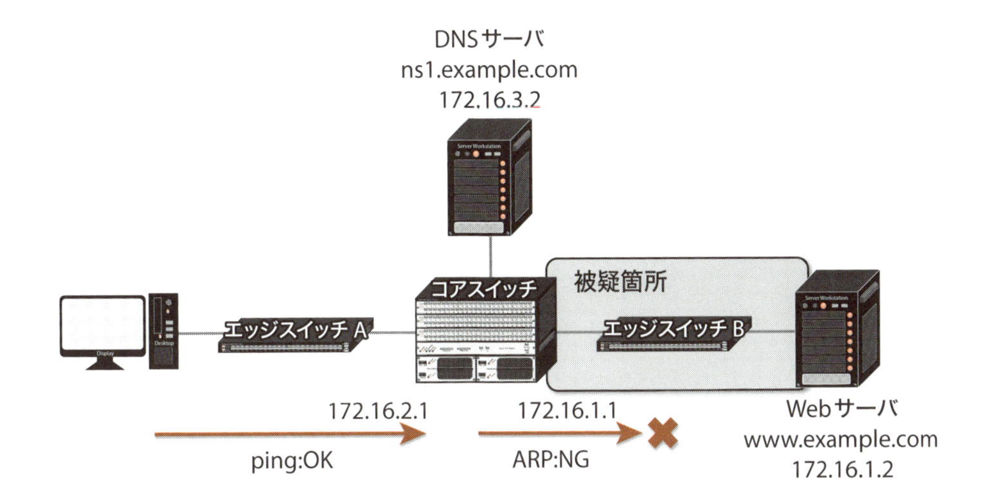

コアスイッチにログインし、エッジスイッチと接続されたインターフェースがアップしているか確認します。

ダウンしている場合、次ページの原因が考えられます。

被疑箇所	原因
エッジスイッチ	エッジスイッチ全体、またはコアスイッチ間のインターフェース
コアスイッチ	エッジスイッチ間のインターフェース
ケーブル	ケーブルが正確に接続されていない、劣化、断線

エッジスイッチ全体がダウンしていると他のサーバも通信できないため、ここまで通信確認する前に切り分けできていると思います。

その他の1インターフェースだけ故障する、運用中にケーブルが劣化、断線する事は稀なケースですが、新規に接続した場合はインターフェースの状態を確認する、ケーブルを交換する、違うインターフェースで試してみる、などが必要です。

コアスイッチとエッジスイッチ間のインターフェースがアップしている場合、次の原因が考えられます。

被疑箇所	原因
エッジスイッチ	VLAN設定、またはWebサーバ間のインターフェース
Webサーバ	エッジスイッチ間のインターフェース
ケーブル	ケーブルが正確に接続されていない、劣化、断線

どこに原因があるかの考え方はこれまでと同じですが、既存のサーバとの接続で上記が発生するのは稀です。

e）HTTPの問題

ここまでで問題なければ、DNSで名前解決でき、通信経路も確立できている事になります。

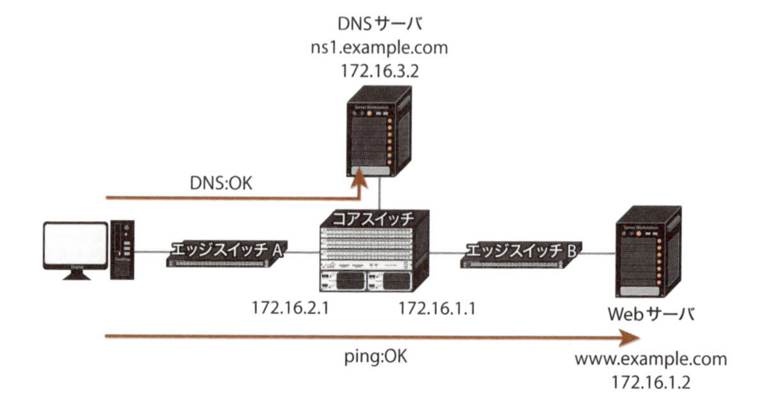

途中でHTTPだけ遮断しているなど特殊な事情がない限り、ブラウザからの通信はWebサーバまで届いていると考えられます。

このため、WebサーバでApacheなどのサービスがダウンしている、iptablesで遮断しているなど、サーバ側の問題です。

なお、pingの応答がない場合でも、途中のルーティングが問題ない事、コアスイッチのARPテーブルにWebサーバのIPアドレスが載っている事はここまでで確認しています。このため、Webサーバ側でサブネットマスクを間違えている、ping含めて遮断しているなど、何らかの設定が間違っている可能性があります。

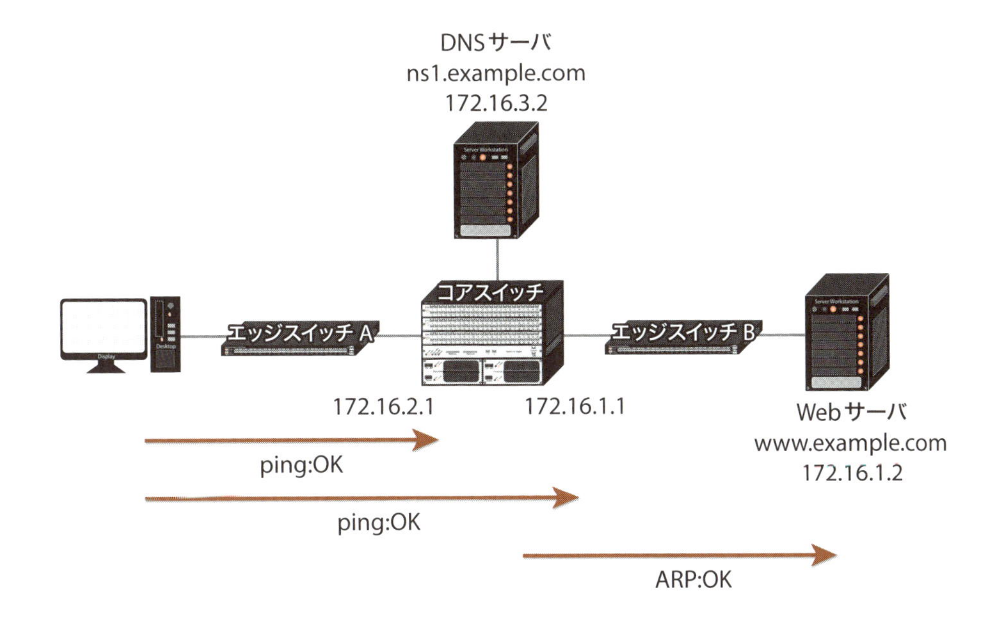

この場合、Webサーバの管理者に連絡して対処してもらいます。

Webサーバ側も問題ない場合、稀にIPアドレスが重複している事があります。この場合、ARPテーブルにWebサーバのIPアドレスが載っていても、違うMACアドレスが登録されているため、確認が必要です。

6.4 経験に基づくトラブル対応

構築中は様々な装置を最初から設定しており、どこが被疑箇所か分からないため、すべてを疑って調査が必要です。

運用中は、多くの装置を一度に変更する事は滅多にありません。このため、装置の異常などで通信できなくなった場合でも、障害監視をしておけばほとんどの場合、被疑箇所は特定できます。また、設定変更して通信できなくなった場合、元々周りの機器の設定が間違っていて、今回の設定変更によって影響が出たという事もあり得ますが、被疑箇所としてまず疑うのは変更した箇所です。

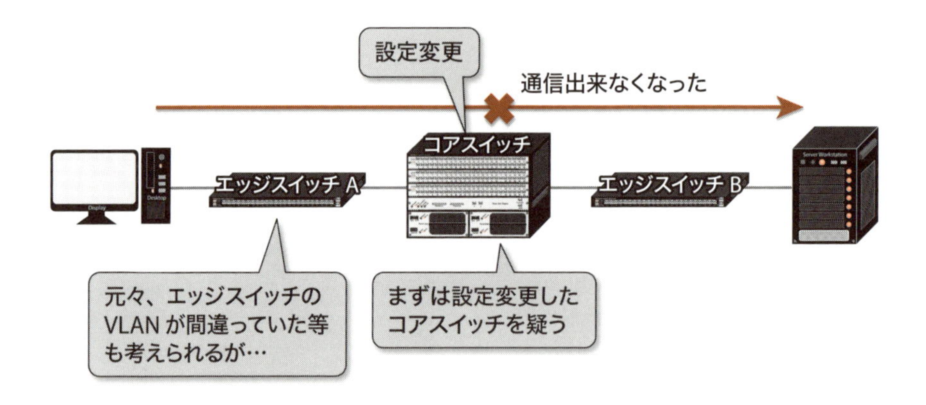

このように、どこを変えたかが分かれば特定も簡単ですが、すべてをネットワーク運用管理者が把握しているわけではないため、どこを変えたかが分からない事があります。

また、被疑箇所を特定しても何が原因か分からない事もあります。

他には、常に通信不可ではなく、断続的に、または不定期に通信ができないといった事もあります。

このような場合は、先に説明した基本的な対応では切り分けや対処が難しいため、経験に基づくトラブル対応も必要です。次からはその例を示します。

a）ループ対応

エッジスイッチ配下、すべての機器が通信できない場合、ループを疑ってください。
通信量やスイッチの負荷によっては、コアスイッチを介した通信まで影響が出ます。

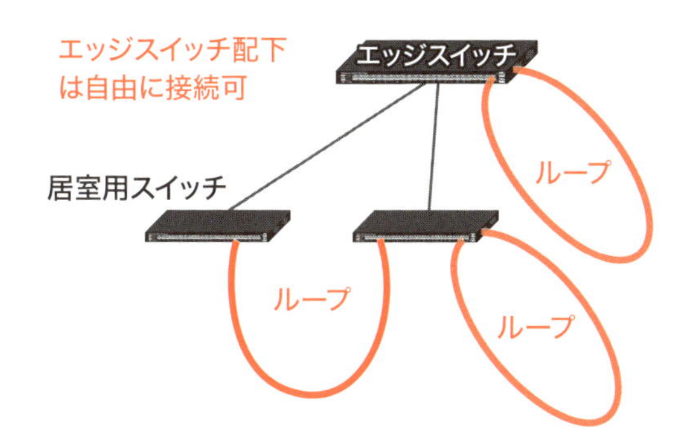

ループを見分ける簡単な方法はスイッチのLEDランプです。
各インターフェースのLEDランプが異常な速さで点滅します。

ただし、ブロードキャストが全インターフェースに流れ、すべてのLEDが異常な速さで点滅するため、どのインターフェース間でループしているかまでは判断できません。

スイッチにシリアルケーブルなどでパソコンを接続し、状態を見ようとしても、エッジスイッチの反応が遅くてコマンドも打てない事がほとんどです。

ケーブルが間違って接続されていないかすぐに確認できればよいのですが、部屋をまたがって敷設されていたり、ケーブルが長くてどこに行っているか分からないなどで判断できない事も多くあります。

エンドユーザに確認して、どのケーブルを接続したか聞ければいいのですが、近くにその人がいなくて分からない事もあります。

この場合、いずれにしても通信できていないため、スイッチに接続されているケーブルをすべて外します。そして1つ接続して時間を置き、LEDが異常に点滅しない事を確認して次を接続していきます。

1本ずつケーブルを接続し、LEDが異常な速さで点滅を示した場合は、そのインターフェースと既に接続しているどれかのインターフェースがループしています。

そのケーブルは外し、それ以外のケーブルをすべて接続して通信を復旧させます。
外したケーブルをそのままにしておくと、再度誰かが接続してループが発生する可能性があるため、「接続不可」などのタグを付けて、再発しないようにする必要があります。

b）インターフェース不整合

新たに機器を接続するため、インターフェースを有効にしたとします。

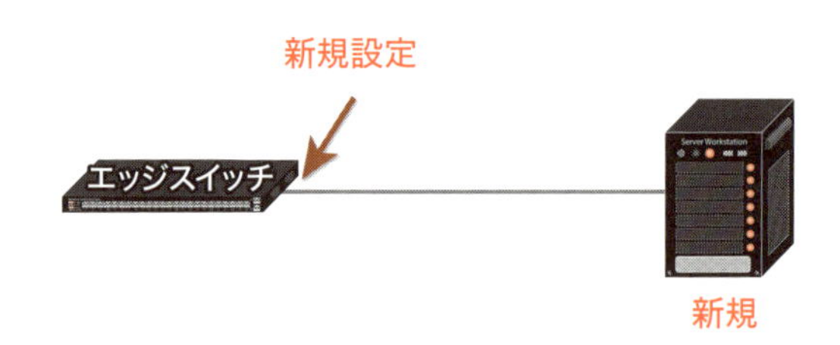

オートネゴシエーションの場合、ケーブルが正常に接続されているにも関わらず、インターフェースがアップしない事があります。
この場合、相手機器のインターフェースのLEDを確認します。LEDが点灯していれば相手機器はインターフェースがアップしているという事です。これは、相手機器が固定設定でオートネゴシエーションが正常に動作しない時に発生します。
相手機器に合わせて固定設定にするか、相手機器もオートネゴシエーションにしてもらいます。
固定設定にする場合はAUTO MDIXが無効になるため、ツイストペアケーブルがストレートかクロスかに気を付ける必要があります。

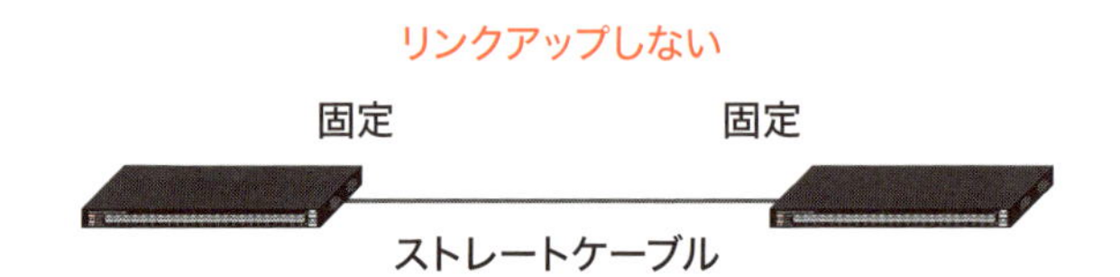

また、インターフェースが両機器共にアップしていても、通信が非常に遅い場合もあります。
サーバへpingを行うとほとんどの応答がない、または継続して応答が返ってきたり、継続して応答がなくなるなど不安定です。
この場合、こちらが全二重で相手が半二重になっているなどで、一致していない可能性があります。

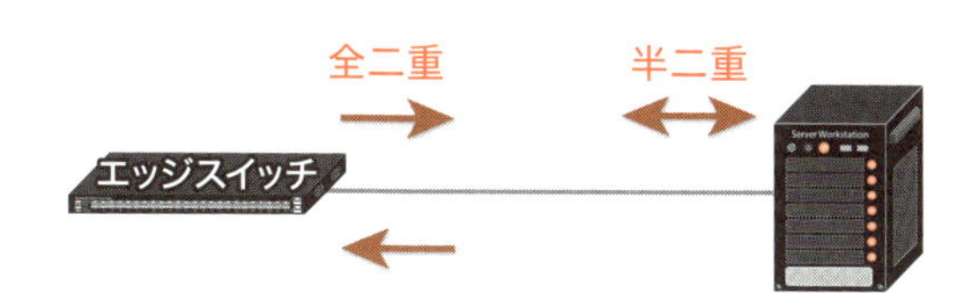

相手機器の設定を確認し、一致していない場合はやはり相手機器に合わせて固定設定にするか、相手機器もオートネゴシエーションにしてもらいます。

 c）同一スイッチ内で通信不可

エンドユーザが、他で使っていたスイッチを流用してネットワークに接続し、そのスイッチにパソコンを接続したが、インターフェースによっては通信できないとします。

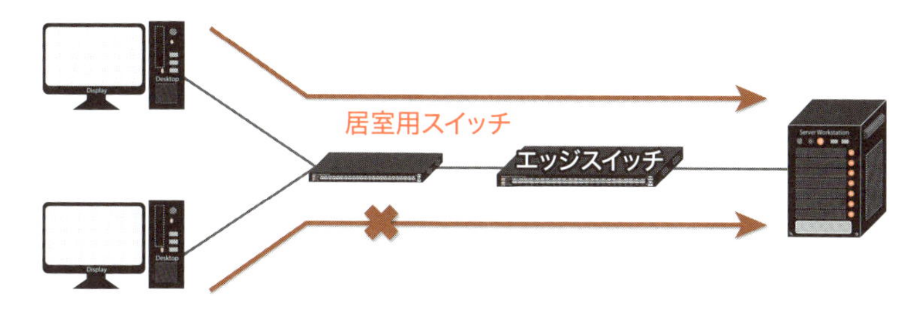

エンドユーザが設置するこのようなスイッチは、複雑な設定はされていない事が多く、上記の場合はインターフェースの故障なども考えられますが、多くの場合はVLANが原因です。

すべて同じVLANにする事で通信可能になります。

 d）通信量が多いと不安定

Webサーバや FTP サーバなどとの通信で、データ量が多いと通信できないが、他の通信は問題なかったり、ping -t で1日確認しても安定して応答が返ってきているとします。

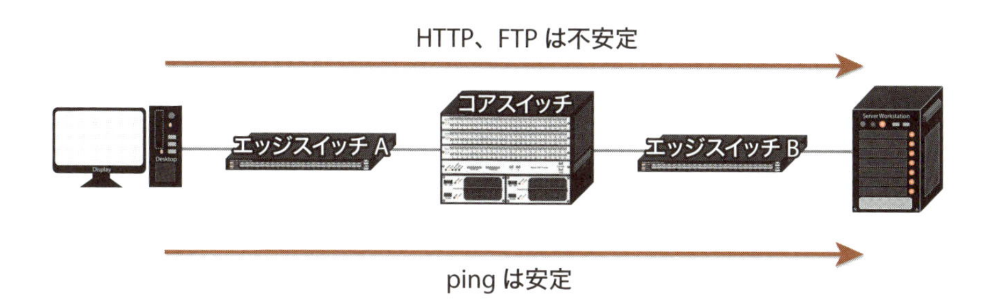

それぞれの機器が正常に動作している場合、フラグメントの問題が発生している可能性があります。

例えば、コアスイッチとエッジスイッチB間のMTUが1000byteだった場合、コアスイッチはICMPのコード4である「Fragmentation Needed and DF set」を返信します。

通常であれば、ICMPを受信したパソコンでパケットサイズを調整して送信します。この動作をPath MTU Discoveryといい、最近ではデフォルトになっています。

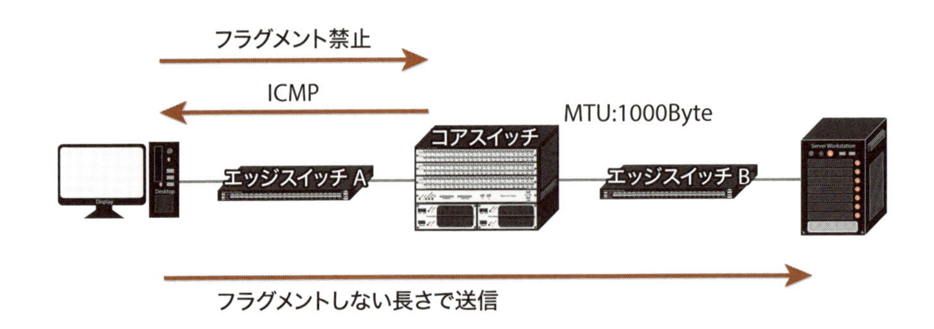

この時、エッジスイッチAでICMPをフィルタリングされていると、パソコンまで届きません。

このため、パソコンではフラグメントが必要な事が分からず、フラグメントを禁止したパケットを最大MTUで送信し続け、コアスイッチにより破棄されて通信ができません。

切り分けとしては、コマンドプロンプトで「`ping -l 1472 -f 通信相手`」を実行します。1472はデータ部分のbyte数を示すため、ICMPヘッダの8byteとIPヘッダの20byteを足して1500byteになり、MTUの最大値でpingを送信します。

通常のpingで応答があり、サイズ指定したpingで次の応答がある場合は、フラグメントの問題です。

```
C:¥>ping -l 1472 -f 172.16.1.2

172.16.1.2 に ping を送信しています 1472 バイトのデータ:
パケットの断片化が必要ですが、DF が設定されています。
パケットの断片化が必要ですが、DF が設定されています。
パケットの断片化が必要ですが、DF が設定されています。
パケットの断片化が必要ですが、DF が設定されています。

172.16.1.2 の ping 統計:
    パケット数: 送信 = 4、受信 = 0、損失 = 4 (100% の損失)、
```

ping自体の応答がない場合は、エッジスイッチAでEcho Requestなど含めてICMPすべてを遮断している可能性もあります。また、エッジスイッチでは滅多にありませんが、ファイ

アウォールなどが途中にあると、ICMPのEcho RequestとReplyだけ透過している事は一般的にあります。他には、コアスイッチがICMPのコード4を返していない可能性もあります。今ではほとんどないと思いますが、このような機器をブラックホールルータと呼び、古い機器では確認が必要です。

対処としては、自身が管理しているネットワークの場合、エッジスイッチAでICMPを遮断しているのであれば、透過するようにします。また、コアスイッチがブラックホールルータの場合はICMPを返信するようにします。これでPath MTU Discoveryが正常に動作して通信できるようになります。

他には、可能であればコアスイッチとエッジスイッチB間のMTUを大きくすると通信が速くなります。この時、ルータなどではフラグメントが必要な経路をしばらく覚えて、キャッシュしている機種があります。

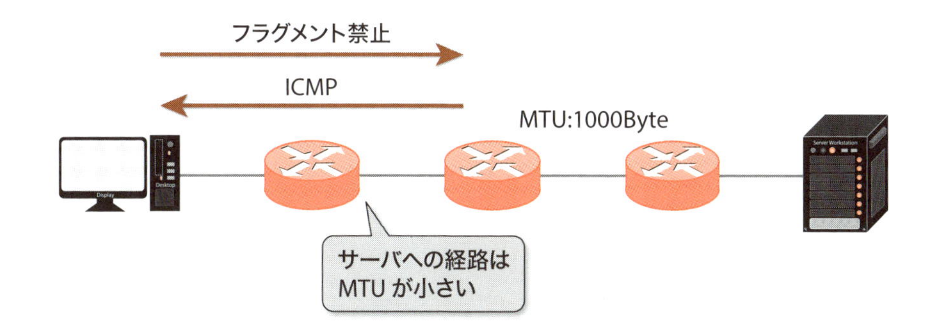

このようにキャッシュされている場合は、MTUを大きくするだけではすぐに現象が解消されません。インターフェースを再起動するなどしてキャッシュを削除する必要があります。

フラグメントの問題は、所内ネットワークの通信では滅多に発生しませんが、発生した時に知っている人がいないと長期化する事があります。

また、インターネット接続部分では、MTUが小さくなっている事があります。他には、VPN（Virtual Private Network）で事業所間を接続する場合、元々のIPパケットをVPNの情報でカプセル化して大きくするため、フラグメントの問題が発生しやすくなります。

e）ARPテーブルの問題

装置が故障して交換する時など、元々の装置と同じIPアドレスを設定する場合は、ARPテーブルに気を付ける必要があります。

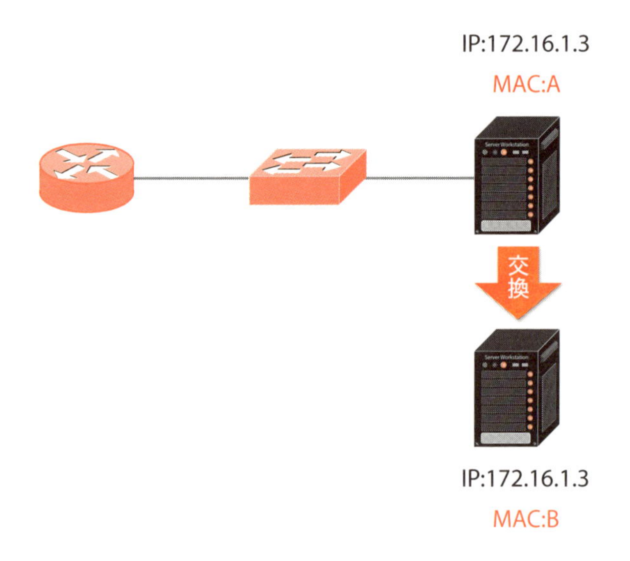

ルータではARPテーブルを持っているため、しばらく172.16.1.3のIPアドレスに対応するMACアドレスはAだと覚えています。その間、パソコンなどから通信しようとしても通信できません。ルータのARPテーブルは、長いものだと数時間保持している機種もあります。サーバ起動時にGARP（Gratuitous ARP）というARPを送信する場合があります。GARPはARPテーブルを書き換えさせるので、この場合はすぐに通信できるようになります。

GARPを送信しない場合でも、サーバからルータに対してpingを行うと、ARPテーブルが新しいサーバのMACアドレスに書き換えられるため、すぐに通信できるようになります。

このARPテーブルの問題は、ルータやファイアウォールなどを入れ替えた時に最も気を付ける必要があります。

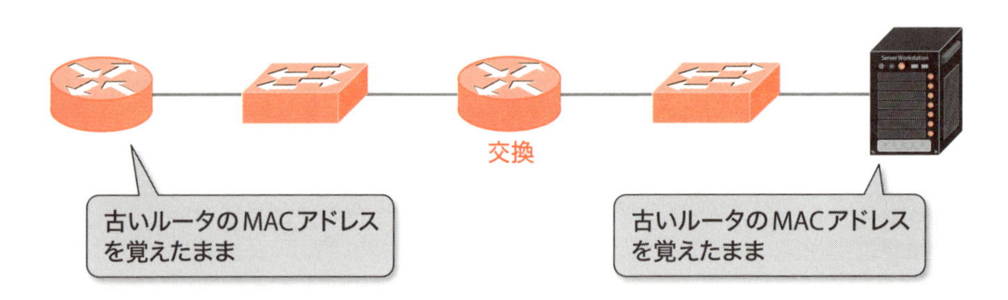

周囲の機器は、古いルータやファイアウォールなどのMACアドレスがARPテーブルに保持されており、しばらく通信できません。交換したルータやファイアウォールが重要な通信経路だった場合、大きな業務影響になります。サーバのARPテーブルのエントリは短時間で消えますが、ルータでは長時間保持している事があるため、交換した装置からpingを行うか、相手ルータ側でARPテーブルをコマンドでクリアする必要があります。

この場合も、交換したルータやファイアウォールなどがGARPを送信すれば問題ありません。

GARPを送信する事が分かっている場合でも、フェイルセーフの考えで、できる範囲で周囲の機器のARPテーブル確認が必要です。

f）公開サーバ変更時のDNSキャッシュ問題

Webサーバ入れ替えのため、サーバ管理者で新規IPアドレスを割り振ってDNSに登録したとします。これに合わせて、ファイアウォールでは新IPアドレスへのHTTPやHTTPSが透過する設定をします。

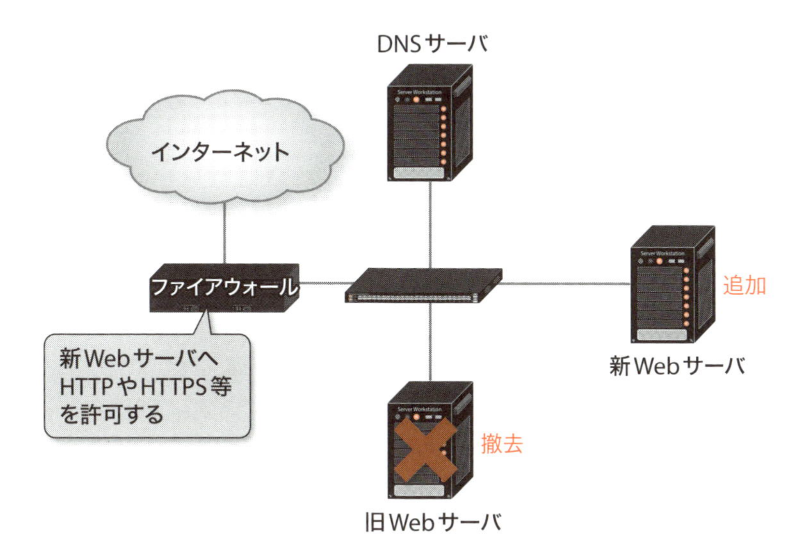

サーバ担当者からDMZ内の他のサーバからは通信できたが、インターネット経由で通信できないため、ファイアウォールの定義を確認してくれないかと依頼があったとします。

ファイアウォールの定義を確認して間違っていない場合、ファイアウォールのログを参照します。ログで新IPアドレスに対してアクセスがない場合は、DNSキャッシュの問題の可能性があります。

DNSにはキャッシュがあるため、DNSサーバの設定を変更しても、すぐには新Webサーバへ通信が切り替えられません。

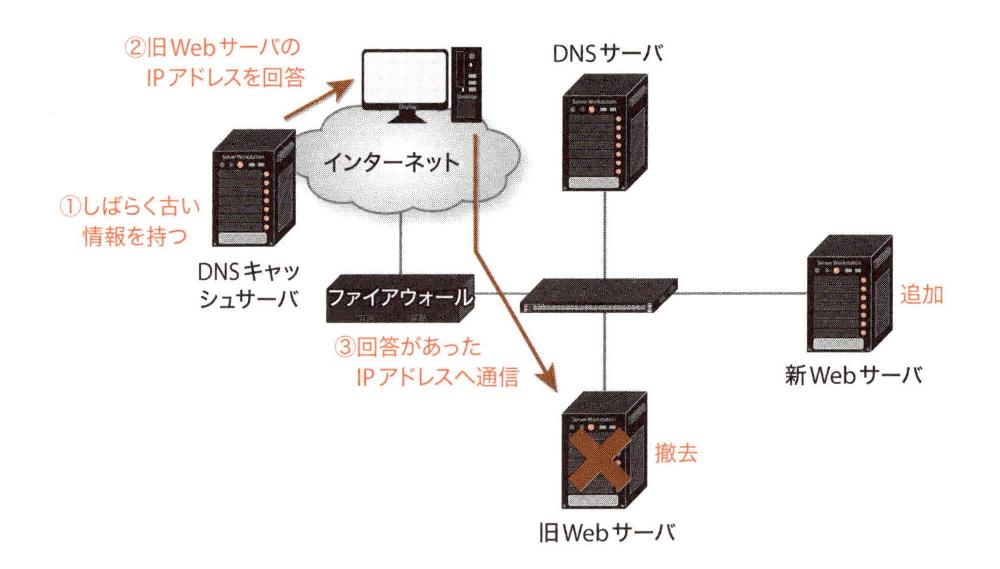

モバイルなどでインターネットに接続し、nslookupコマンドでWebサーバのIPアドレスを確認すると、旧Webサーバになっているのが分かると思います。ttlは24時間や数日で設定されている事もあり、最長この間切り替えられず、待つしか対処がありません。

このようにならないよう、旧Webサーバにアクセスがきてもいいように、しばらくは旧Webサーバを残しておきます。

旧Webサーバを残せない、または旧Webサーバにアクセスがあっても意味がないなどの場合は、入れ替え時に新Webサーバは旧WebサーバのIPアドレスを引き継ぐようにします。この場合、DNSキャッシュ問題はなくなりますが、ARPテーブルの問題に気を付ける必要があります。

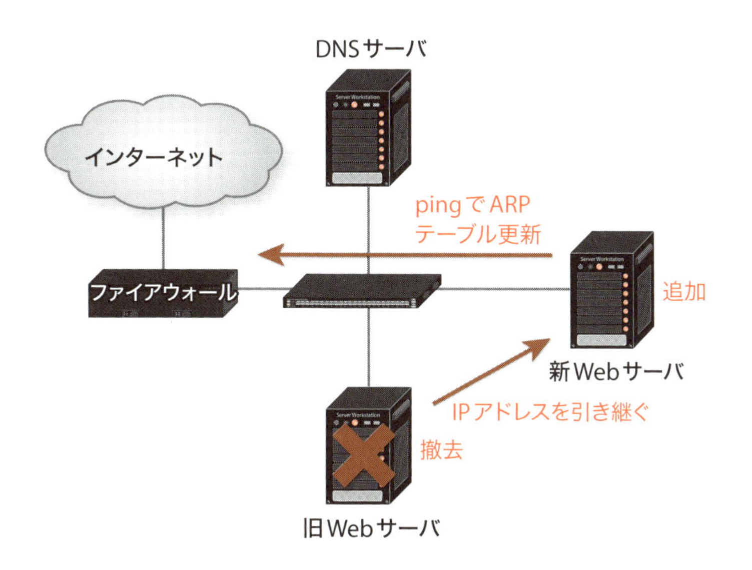

新WebサーバでIPアドレスを引き継げない場合は、Webサーバを入れ替える前にDNSサーバでWebサーバのttlを5分など小さくしておき、5分たったらDNSキャッシュが削除されるようにします。

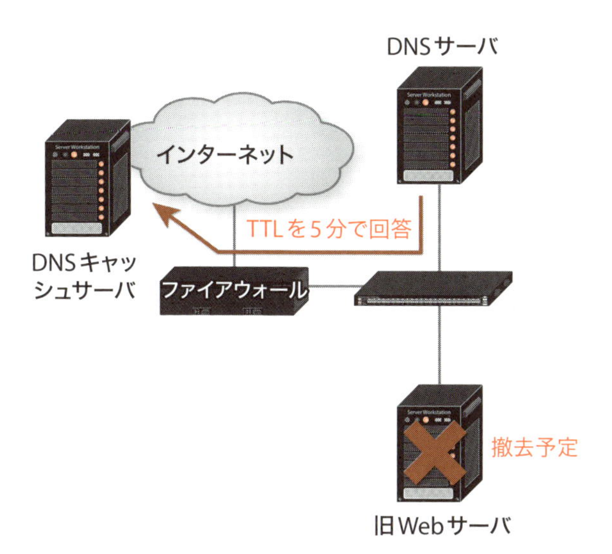

新Webサーバを追加した後、DNSサーバでWebサーバの情報を新しいIPアドレスに書き換え、安定稼働を確認した後にttlを元に戻します。安定稼働を確認する前にttlを元に戻すと、万一切り戻しが必要になった時に、DNSキャッシュの問題ですぐに戻せません。

6.5 Wiresharkを使った解析

トラブル発生時にはWiresharkでパケットを採取して、どこで通信できなくなっているか解析が必要な時があります。その解析方法について説明します。

a）ポートミラーリング

Wiresharkでパケットキャプチャしたい時、単純にスイッチにパソコンを接続してもほとんどフレームは流れてきません。

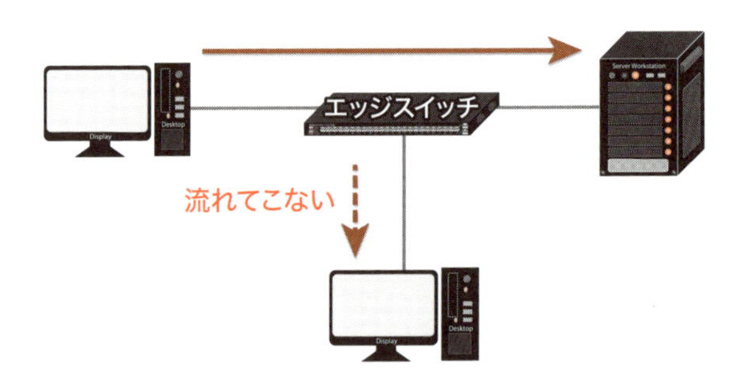

理由はMACアドレステーブルがあるためです。スイッチはフレームが通る際、送信元のMACアドレスと、どのインターフェースから受信したかを学習します。学習した内容は一定時間覚えていて、MACアドレステーブルと呼ばれます。MACアドレステーブルは次のようなテーブルになっています。

インターフェース番号	MACアドレス
1	A
2	B
3	C

スイッチは、MACアドレステーブルに載っているMACアドレスに対するフレームを、対応するインターフェースだけに送信し、その他のインターフェースには流しません。

これに対応するため、スイッチでポートミラーリングの設定をします。ポートミラーリングを利用すると、設定したインターフェースで流れるフレームをすべてコピーし、キャプチャ用のパソコンに流す事ができます。

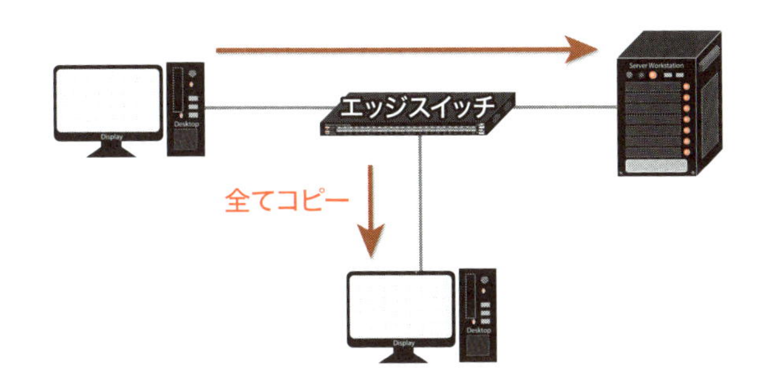

Wiresharkでパケット採取する時は、必ず設定が必要です。また、運用を行う上ではミラー用のインターフェースを決めておくと、トラブル発生時にはそのインターフェースに接続する事で、すぐにキャプチャできるようになります。

b）パケット一覧部概略

キャプチャした際、Wiresharkのパケット一覧部は次のようになっています。

No.	Time	Source	Destination	Protoco	Length	Info
1	0	22:ff:22:ff:2:	Broadcast	ARP	42	Who has 172.16.1.1? Tell 172.16.1.2
2	0.0039	172.16.1.1	22:ff:22:ff:2:	ARP	60	172.16.1.1 is at 11:ff:11:ff:11:ff
3	0.025	172.16.1.2	172.16.1.1	DNS	75	Standard query 0x0cf3 A example.com
4	0.0427	172.16.1.1	172.16.1.2	DNS	147	Standard query response 0x0cf3 A 203.0.113.2
5	0.0437	172.16.1.2	203.0.113.2	TCP	66	6873 > http [SYN] Seq=0 Win=8192 Len=0 MSS=1460 WS=4 SACK_PERM=1
6	0.0546	203.0.113.2	172.16.1.2	TCP	66	http > 6873 [SYN, ACK] Seq=0 Ack=1 Win=65535 Len=0 MSS=1414 WS=2 SACK_PERM=1
7	0.0546	172.16.1.2	203.0.113.2	TCP	54	6873 > http [ACK] Seq=1 Ack=1 Win=66456 Len=0
8	0.0557	172.16.1.2	203.0.113.2	HTTP	360	GET / HTTP/1.1
9	0.0831	203.0.113.2	172.16.1.2	TCP	1468	[TCP segment of a reassembled PDU]
10	0.084	203.0.113.2	172.16.1.2	TCP	1468	[TCP segment of a reassembled PDU]
11	0.084	172.16.1.2	203.0.113.2	TCP	54	6873 > http [ACK] Seq=307 Ack=2829 Win=66456 Len=0
12	0.0862	203.0.113.2	172.16.1.2	TCP	1468	[TCP segment of a reassembled PDU]
13	0.0863	203.0.113.2	172.16.1.2	TCP	1468	[TCP segment of a reassembled PDU]
14	0.0864	172.16.1.2	203.0.113.2	TCP	54	6873 > http [ACK] Seq=307 Ack=5657 Win=66456 Len=0
途中省略						
65	0.17678	172.16.1.2	203.0.113.2	TCP	60	http > 6873 [FIN, ACK] Seq=307 Ack=36126 Win=66456 Len=0
66	0.17683	203.0.113.2	172.16.1.2	TCP	54	6873 > http [ACK] Seq=36126 Ack=308 Win=66456 Len=0
67	0.17686	203.0.113.2	172.16.1.2	TCP	54	6891 > http [FIN, ACK] Seq=36126 Ack=308 Win=66456 Len=0
68	0.17689	172.16.1.2	203.0.113.2	TCP	60	http > 6891 [ACK] Seq=308 Ack=36127 Win=66456 Len=0

枠で囲った部分の説明は次ページの表の通りです。

項目	説明
No.	採取したパケットの順番を示す
Time	1番目のパケットから経過した時間を秒で示す。「ビュー」から「時刻表示形式」を選択すると何時何分、1つ前のパケットからの間隔などに表示を切り替える事ができる
Source	送信元のIPアドレスを示す。IPアドレスがない場合はMACアドレスが表示される
Destination	送信先のIPアドレスを示す。IPアドレスがない場合はMACアドレスが表示される
Protocol	プロトコルを示す
Length	フレームの長さをByteで表示する
Info	そのパケットがどんな意味を持つか概略を表示する

c）パケット一覧部での解析

表示されているパケットについて説明していきます。

表示されているパケットは、次のようにパソコンからインターネットにあるWeb サーバにブラウザでアクセスした時を想定したものです。

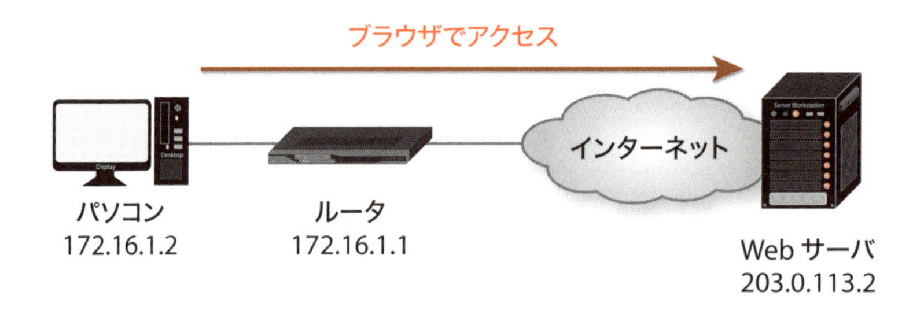

No.	Time	Source	Destination	Protoco	Length	Info
1	0	22:ff:22:ff:2:	Broadcast	ARP	42	Who has 172.16.1.1? Tell 172.16.1.2
2	0.0039	172.16.1.1	22:ff:22:ff:2:	ARP	60	172.16.1.1 is at 11:ff:11:ff:11:ff
3	0.025	172.16.1.2	172.16.1.1	DNS	75	Standard query 0x0cf3 A example.com
4	0.0427	172.16.1.1	172.16.1.2	DNS	147	Standard query response 0x0cf3 A 203.0.113.2
5	0.0437	172.16.1.2	203.0.113.2	TCP	66	6873 > http [SYN] Seq=0 Win=8192 Len=0 MSS=1460 WS=4 SACK_PERM=1
6	0.0546	203.0.113.2	172.16.1.2	TCP	66	http > 6873 [SYN, ACK] Seq=0 Ack=1 Win=65535 Len=0 MSS=1414 WS=2 SACK_PERM=1
7	0.0546	172.16.1.2	203.0.113.2	TCP	54	6873 > http [ACK] Seq=1 Ack=1 Win=66456 Len=0
8	0.0557	172.16.1.2	203.0.113.2	HTTP	360	GET / HTTP/1.1
9	0.0831	203.0.113.2	172.16.1.2	TCP	1468	[TCP segment of a reassembled PDU]
10	0.084	203.0.113.2	172.16.1.2	TCP	1468	[TCP segment of a reassembled PDU]
11	0.084	172.16.1.2	203.0.113.2	TCP	54	6873 > http [ACK] Seq=307 Ack=2829 Win=66456 Len=0
12	0.0862	203.0.113.2	172.16.1.2	TCP	1468	[TCP segment of a reassembled PDU]
13	0.0863	203.0.113.2	172.16.1.2	TCP	1468	[TCP segment of a reassembled PDU]
14	0.0864	172.16.1.2	203.0.113.2	TCP	54	6873 > http [ACK] Seq=307 Ack=5657 Win=66456 Len=0
途中省略						
65	0.17678	172.16.1.2	203.0.113.2	TCP	60	http > 6873 [FIN, ACK] Seq=307 Ack=36126 Win=66456 Len=0
66	0.17683	203.0.113.2	172.16.1.2	TCP	54	6873 > http [ACK] Seq=36126 Ack=308 Win=66456 Len=0
67	0.17686	203.0.113.2	172.16.1.2	TCP	54	6891 > http [FIN, ACK] Seq=36126 Ack=308 Win=66456 Len=0
68	0.17689	172.16.1.2	203.0.113.2	TCP	60	http > 6891 [ACK] Seq=308 Ack=36127 Win=66456 Len=0

枠で囲った部分はARPのやりとりを示します。No.1のパケットは、パソコンがルータのMACアドレスを知るために、宛先をブロードキャストとしてARP解決を行おうとしています。Destination部分がBroadcast、Info部分がWho has 172.16.1.1?となっているのが確認できると思います。

No.2のパケットは、ルータからの応答で自身のMACアドレスを応答しています。Info部分で172.16.1.1 is at 11:ff:11:ff:11:ffとなっているのが確認できると思います。

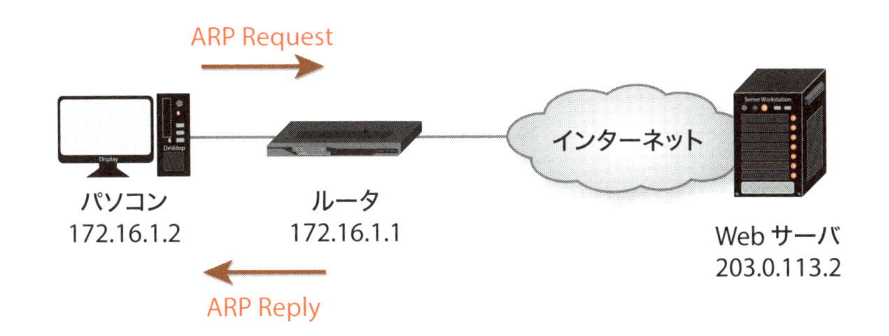

既にパソコンのARPテーブルに載っている場合は、この通信は発生しません。

No.	Time	Source	Destination	Protoco	Length	Info
1	0	22:ff:22:ff:2	Broadcast	ARP	42	Who has 172.16.1.1? Tell 172.16.1.2
2	0.00386	172.16.1.1	22:ff:22:ff:2	ARP	60	172.16.1.1 is at 11:ff:11:ff:11:ff
3	0.02496	172.16.1.2	172.16.1.1	DNS	75	Standard query 0x0cf3 A example.com
4	0.04266	172.16.1.1	172.16.1.2	DNS	147	Standard query response 0x0cf3 A 203.0.113.2
5	0.04368	172.16.1.2	203.0.113.2	TCP	66	6873 > http [SYN] Seq=0 Win=8192 Len=0 MSS=1460 WS=4 SACK_PERM=1
6	0.05461	203.0.113.2	172.16.1.2	TCP	66	http > 6873 [SYN, ACK] Seq=0 Ack=1 Win=65535 Len=0 MSS=1414 WS=2 SACK_PERM=1
7	0.05464	172.16.1.2	203.0.113.2	TCP	54	6873 > http [ACK] Seq=1 Ack=1 Win=66456 Len=0
8	0.05572	172.16.1.2	203.0.113.2	HTTP	360	GET / HTTP/1.1
9	0.08314	203.0.113.2	172.16.1.2	TCP	1468	[TCP segment of a reassembled PDU]
10	0.08398	203.0.113.2	172.16.1.2	TCP	1468	[TCP segment of a reassembled PDU]
11	0.08399	172.16.1.2	203.0.113.2	TCP	54	6873 > http [ACK] Seq=307 Ack=2829 Win=66456 Len=0
12	0.08623	203.0.113.2	172.16.1.2	TCP	1468	[TCP segment of a reassembled PDU]
13	0.08635	203.0.113.2	172.16.1.2	TCP	1468	[TCP segment of a reassembled PDU]
14	0.08636	172.16.1.2	203.0.113.2	TCP	54	6873 > http [ACK] Seq=307 Ack=5657 Win=66456 Len=0
途中省略						
65	0.17678	172.16.1.2	203.0.113.2	TCP	60	http > 6873 [FIN, ACK] Seq=307 Ack=36126 Win=66456 Len=0
66	0.17683	203.0.113.2	172.16.1.2	TCP	54	6873 > http [ACK] Seq=36126 Ack=308 Win=66456 Len=0
67	0.17686	203.0.113.2	172.16.1.2	TCP	54	6891 > http [FIN, ACK] Seq=36126 Ack=308 Win=66456 Len=0
68	0.17689	172.16.1.2	203.0.113.2	TCP	60	http > 6891 [ACK] Seq=308 Ack=36127 Win=66456 Len=0

枠で囲った部分はDNSのやりとりを示します。No.3のパケットで、パソコンがルータにexample.comのIPアドレスを教えてくれるように問い合わせています。Info部分がStandard query 0x0cf3 A example.comになっているのが確認できると思います。queryは問い合わせを意味します。

No.4のパケットはルータからの回答で、example.comのIPアドレスは203.0.113.2である事が分かります。responseは応答を意味します。

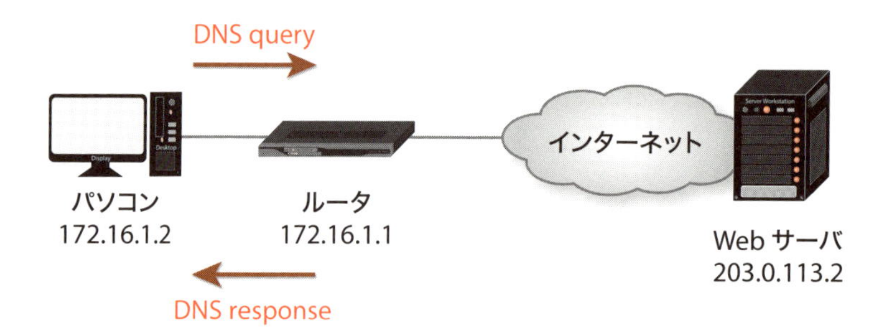

パソコンにもDNSキャッシュがあり、既にパソコンのDNSキャッシュに載っている場合は、この通信は発生しません。

DNSの応答がない場合は、DNSサーバと通信できていない可能性があります。存在しないFQDNで問い合わせをしても、DNSサーバからは存在しないと応答があるためです。

ここまでで通信先のIPアドレスが分かったため、次からがWebサーバとの通信です。

No.	Time	Source	Destination	Protoco	Length	Info
1	0	22:ff:22:ff:2:	Broadcast	ARP	42	Who has 172.16.1.1? Tell 172.16.1.2
2	0.00386	172.16.1.1	22:ff:22:ff:2:	ARP	60	172.16.1.1 is at 11:ff:11:ff:11:ff
3	0.02496	172.16.1.2	172.16.1.1	DNS	75	Standard query 0x0cf3 A example.com
4	0.04266	172.16.1.1	172.16.1.2	DNS	147	Standard query response 0x0cf3 A 203.0.113.2
5	0.04368	172.16.1.2	203.0.113.2	TCP	66	6873 > http [SYN] Seq=0 Win=8192 Len=0 MSS
6	0.05461	203.0.113.2	172.16.1.2	TCP	66	http > 6873 [SYN, ACK] Seq=0 Ack=1 Win=6553
7	0.05464	172.16.1.2	203.0.113.2	TCP	54	6873 > http [ACK] Seq=1 Ack=1 Win=66456 Len
8	0.05572	172.16.1.2	203.0.113.2	HTTP	360	GET / HTTP/1.1
9	0.08314	203.0.113.2	172.16.1.2	TCP	1468	[TCP segment of a reassembled PDU]
10	0.08398	203.0.113.2	172.16.1.2	TCP	1468	[TCP segment of a reassembled PDU]
11	0.08399	172.16.1.2	203.0.113.2	TCP	54	6873 > http [ACK] Seq=307 Ack=2829 Win=66456 Len=0
12	0.08623	203.0.113.2	172.16.1.2	TCP	1468	[TCP segment of a reassembled PDU]
13	0.08635	203.0.113.2	172.16.1.2	TCP	1468	[TCP segment of a reassembled PDU]
14	0.08636	172.16.1.2	203.0.113.2	TCP	54	6873 > http [ACK] Seq=307 Ack=5657 Win=66456 Len=0
途中省略						
65	0.17678	172.16.1.2	203.0.113.2	TCP	60	http > 6873 [FIN, ACK] Seq=307 Ack=36126 Win=66456 Len=0
66	0.17683	203.0.113.2	172.16.1.2	TCP	54	6873 > http [ACK] Seq=36126 Ack=308 Win=66456 Len=0
67	0.17686	203.0.113.2	172.16.1.2	TCP	54	6891 > http [FIN, ACK] Seq=36126 Ack=308 Win=66456 Len=0
68	0.17689	172.16.1.2	203.0.113.2	TCP	60	http > 6891 [ACK] Seq=308 Ack=36127 Win=66456 Len=0

枠で囲った部分でTCP通信を開始する時の3ウェイハンドシェイクを行っています。パソコン→Webサーバ、Webサーバから応答、パソコンから再度応答の順で、Info部分では[SYN]、[SYN,ACK]、[ACK]の順番になっているのが確認できると思います。

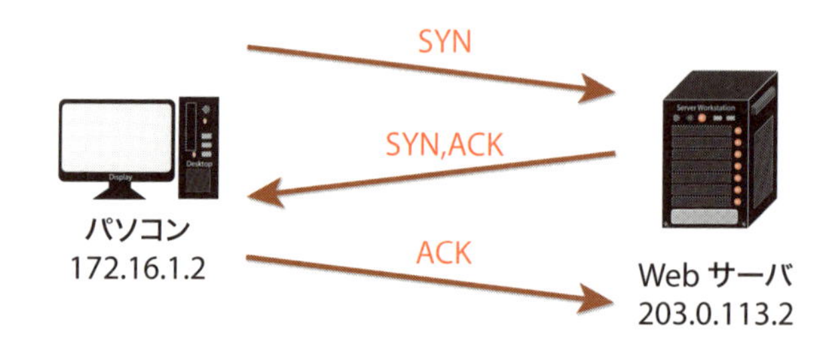

最初の[SYN]が送信されているにも関わらず、[SYN,ACK] が返ってこない場合は正常にルーティングできていない、フィルタリングされているなどの要因が考えられます。

通信できない場合は、多くの場合、ここまでのどこかで止まっていると思います。

No.	Time	Source	Destination	Protoco	Length	Info
1	0	22:ff:22:ff:2	Broadcast	ARP	42	Who has 172.16.1.1? Tell 172.16.1.2
2	0.00386	172.16.1.1	22:ff:22:ff:2	ARP	60	172.16.1.1 is at 11:ff:11:ff:11:ff
3	0.02496	172.16.1.2	172.16.1.1	DNS	75	Standard query 0x0cf3 A example.com
4	0.04266	172.16.1.1	172.16.1.2	DNS	147	Standard query response 0x0cf3 A 203.0.113.2
5	0.04368	172.16.1.2	203.0.113.2	TCP	66	6873 > http [SYN] Seq=0 Win=8192 Len=0 MSS
6	0.05461	203.0.113.2	172.16.1.2	TCP	66	http > 6873 [SYN, ACK] Seq=0 Ack=1 Win=6553
7	0.05464	172.16.1.2	203.0.113.2	TCP	54	6873 > http [ACK] Seq=1 Ack=1 Win=66456 Len
8	0.05572	172.16.1.2	203.0.113.2	HTTP	360	GET / HTTP/1.1
9	0.08314	203.0.113.2	172.16.1.2	TCP	1468	[TCP segment of a reassembled PDU]
10	0.08398	203.0.113.2	172.16.1.2	TCP	1468	[TCP segment of a reassembled PDU]
11	0.08399	172.16.1.2	203.0.113.2	TCP	54	6873 > http [ACK] Seq=307 Ack=2829 Win=66456 Len=0
12	0.08623	203.0.113.2	172.16.1.2	TCP	1468	[TCP segment of a reassembled PDU]
13	0.08635	203.0.113.2	172.16.1.2	TCP	1468	[TCP segment of a reassembled PDU]
14	0.08636	172.16.1.2	203.0.113.2	TCP	54	6873 > http [ACK] Seq=307 Ack=5657 Win=66456 Len=0
途中省略						
65	0.17678	172.16.1.2	203.0.113.2	TCP	60	http > 6873 [FIN, ACK] Seq=307 Ack=36126 Win=66456 Len=0
66	0.17683	203.0.113.2	172.16.1.2	TCP	54	6873 > http [ACK] Seq=36126 Ack=308 Win=66456 Len=0
67	0.17686	203.0.113.2	172.16.1.2	TCP	54	6891 > http [FIN, ACK] Seq=36126 Ack=308 Win=66456 Len=0
68	0.17689	172.16.1.2	203.0.113.2	TCP	60	http > 6891 [ACK] Seq=308 Ack=36127 Win=66456 Len=0

3ウェイハンドシェイク完了後、パソコンからWebサーバにコンテンツの要求を示すコマンドを送信しています。Info部分でGET / HTTP/1.1が確認できると思います。これはHTTPのコマンドで、他にはPOSTなどがあります。

No.	Time	Source	Destination	Protoco	Length	Info
1	0	22:ff:22:ff:2	Broadcast	ARP	42	Who has 172.16.1.1? Tell 172.16.1.2
2	0.00386	172.16.1.1	22:ff:22:ff:2	ARP	60	172.16.1.1 is at 11:ff:11:ff:11:ff
3	0.02496	172.16.1.2	172.16.1.1	DNS	75	Standard query 0x0cf3 A example.com
4	0.04266	172.16.1.1	172.16.1.2	DNS	147	Standard query response 0x0cf3 A 203.0.113.2
5	0.04368	172.16.1.2	203.0.113.2	TCP	66	6873 > http [SYN] Seq=0 Win=8192 Len=0 MSS
6	0.05461	203.0.113.2	172.16.1.2	TCP	66	http > 6873 [SYN, ACK] Seq=0 Ack=1 Win=6553
7	0.05464	172.16.1.2	203.0.113.2	TCP	54	6873 > http [ACK] Seq=1 Ack=1 Win=66456 Len
8	0.05572	172.16.1.2	203.0.113.2	HTTP	360	GET / HTTP/1.1
9	0.08314	203.0.113.2	172.16.1.2	TCP	1468	[TCP segment of a reassembled PDU]
10	0.08398	203.0.113.2	172.16.1.2	TCP	1468	[TCP segment of a reassembled PDU]
11	0.08399	172.16.1.2	203.0.113.2	TCP	54	6873 > http [ACK] Seq=307 Ack=2829 Win=664
12	0.08623	203.0.113.2	172.16.1.2	TCP	1468	[TCP segment of a reassembled PDU]
13	0.08635	203.0.113.2	172.16.1.2	TCP	1468	[TCP segment of a reassembled PDU]
14	0.08636	172.16.1.2	203.0.113.2	TCP	54	6873 > http [ACK] Seq=307 Ack=5657 Win=66456 Len=0
途中省略						
65	0.17678	172.16.1.2	203.0.113.2	TCP	60	http > 6873 [FIN, ACK] Seq=307 Ack=36126 Win=66456 Len=0
66	0.17683	203.0.113.2	172.16.1.2	TCP	54	6873 > http [ACK] Seq=36126 Ack=308 Win=66456 Len=0
67	0.17686	203.0.113.2	172.16.1.2	TCP	54	6891 > http [FIN, ACK] Seq=36126 Ack=308 Win=66456 Len=0
68	0.17689	172.16.1.2	203.0.113.2	TCP	60	http > 6891 [ACK] Seq=308 Ack=36127 Win=66456 Len=0

No.9と10のパケットで、パソコンからの要求に応じてWebサーバからデータを送信しています。No.11はそのACKで正常にデータを受信している事を示しています。ここではWindowsの遅延ACKに従い、2つ受信したらACKを返しています。

No.12から14も同様で繰り返しになります。その際、ACK番号がMSS（Maximum Segment Size）値である1414byteを2パケット分足した数増えていきます。No.7、No11、No.14のInfo部分でACK=1、ACK=2829、ACK=5657と変わっているのが確認できると思います。

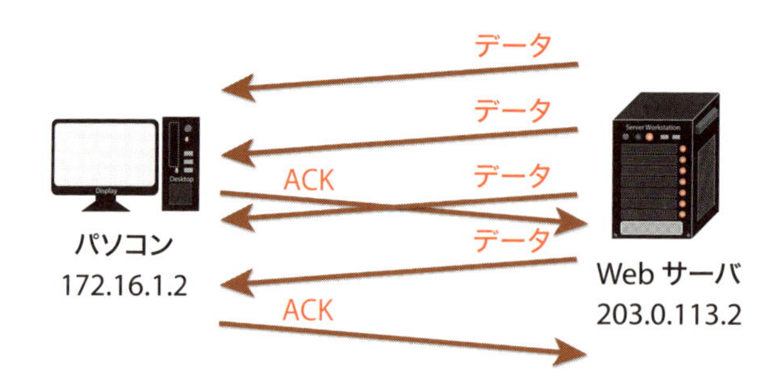

MSSはTCPでカプセル化される前のデータの長さを示し、上ではInfo部分が切れていて見えませんが3ウェイハンドシェイクの時に決まります。その時のInfo部分は次の通りです。

```
Info
6873 > http [SYN] Seq=0 Win=8192 Len=0 MSS=1460 WS=4 SACK_PERM=1
http > 6873 [SYN, ACK] Seq=0 Ack=1 Win=65535 Len=0 MSS=1414 WS=2 SACK_PERM=1
6873 > http [ACK] Seq=1 Ack=1 Win=66456 Len=0
```

※小さいMSSが採用されます

次は最後です。

No.	Time	Source	Destination	Protoco	Length	Info
1	0	22:ff:22:ff:2:	Broadcast	ARP	42	Who has 172.16.1.1? Tell 172.16.1.2
2	###	172.16.1.1	22:ff:22:ff:2:	ARP	60	172.16.1.1 is at 11:ff:11:ff:11:ff
3	###	172.16.1.2	172.16.1.1	DNS	75	Standard query 0x0cf3 A example.com
4	###	172.16.1.1	172.16.1.2	DNS	147	Standard query response 0x0cf3 A 203.0.113.2
5	###	172.16.1.2	203.0.113.2	TCP	66	6873 > http [SYN] Seq=0 Win=8192 Len=0 MSS
6	###	203.0.113.2	172.16.1.2	TCP	66	http > 6873 [SYN, ACK] Seq=0 Ack=1 Win=6553
7	###	172.16.1.2	203.0.113.2	TCP	54	6873 > http [ACK] Seq=1 Ack=1 Win=66456 Len
8	###	172.16.1.2	203.0.113.2	HTTP	360	GET / HTTP/1.1
9	###	203.0.113.2	172.16.1.2	TCP	1468	[TCP segment of a reassembled PDU]
10	###	203.0.113.2	172.16.1.2	TCP	1468	[TCP segment of a reassembled PDU]
11	###	172.16.1.2	203.0.113.2	TCP	54	6873 > http [ACK] Seq=307 Ack=2829 Win=664
12	###	203.0.113.2	172.16.1.2	TCP	1468	[TCP segment of a reassembled PDU]
13	###	203.0.113.2	172.16.1.2	TCP	1468	[TCP segment of a reassembled PDU]
14	###	172.16.1.2	203.0.113.2	TCP	54	6873 > http [ACK] Seq=307 Ack=5657 Win=66456 Len=0
途中省略						
65	###	172.16.1.2	203.0.113.2	TCP	60	http > 6873 [FIN, ACK] Seq=307 Ack=36126 Win
66	###	203.0.113.2	172.16.1.2	TCP	54	6873 > http [ACK] Seq=36126 Ack=308 Win=66
67	###	203.0.113.2	172.16.1.2	TCP	54	6891 > http [FIN, ACK] Seq=36126 Ack=308 Win
68	###	172.16.1.2	203.0.113.2	TCP	60	http > 6891 [ACK] Seq=308 Ack=36127 Win=66

通信の終わりを示します。パソコンから[FIN,ACK]を送信し、サーバ側では[ACK]で応答します。また、サーバ側からも[FIN,ACK]を送信し、パソコンから[ACK]の応答があります。

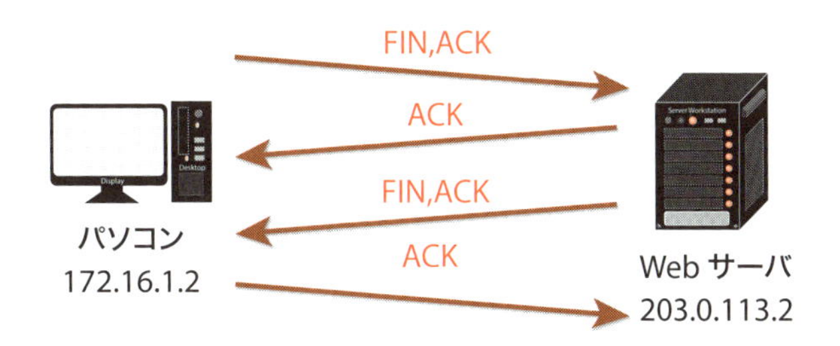

通信に異常がある場合は、黒や茶色などで分かるように色分けされて表示されるため、そのパケットに注目すると解析しやすくなります。

No.	Time	Source	Destination	Protoco	Length	Info
9	0	172.16.1.2	203.0.113.2	TCP	1500	[TCP segment of a reassembled PDU]
10	0.00386	172.16.1.1	172.16.1.2	ICMP	70	Destination Unreacjable (Fragmentation needed)

d）パケット詳細部概略

パケット詳細部は、次のように最初は要約された情報だけが表示されていますが、左の▷部分をクリックする事で詳細が見れるようになります。

```
▷Frame 9: 1468 bytes on wire (11744 bits), 1468 bytes captured (11744 bits) on interface 0
▷Ethernet II, Src: 11:ff:11:ff:11:ff (11:ff:11:ff:11:ff) Dst: 22:ff:22:ff:22:ff (22:ff:22:ff:22:ff)
▷Internet Protocol Version 4, Src: example.com (203.0.113.2), Dst: 172.16.1.2 (172.16.1.2)
▷Transmission Control Protocol, Src Port: http (80), Dst Port: 6873 (6873), Seq: 1, Ack: 307, Len: 1414
```

例えば上から2つ目の▷をクリックすると次のようになります。

```
▷Frame 9: 1468 bytes on wire (11744 bits), 1468 bytes captured (11744 bits) on interface 0
◢Ethernet II, Src: 11:ff:11:ff:11:ff (11:ff:11:ff:11:ff) Dst: 22:ff:22:ff:22:ff (22:ff:22:ff:22:ff)
  ▷ Destination: 22:ff:22:ff:22:ff (22:ff:22:ff:22:ff)
  ▷ Source: 11:ff:11:ff:11:ff (11:ff:11:ff:11:ff)
    Type: IP (0x0800)
 Internet Protocol Version 4, Src: example.com (203.0.113.2), Dst: 172.16.1.2 (172.16.1.2)
▷Transmission Control Protocol, Src Port: http (80), Dst Port: 6873 (6873), Seq: 1, Ack: 307, Len: 1414
```

見たい部分の▷をクリックしていく事で詳細が見れるようになっています。

e）パケット詳細部での解析

IPヘッダ部分で▷をクリックすると次のように表示されます。

```
◢Internet Protocol Version 4, Src: example.com (203.0.113.2), Dst: 172.16.1.2 (172.16.1.2)
    0100 .... = Version: 4
    .... 0101 = Header length: 20 bytes
  ▷ Differentiated Services Field: 0x00 (DSCP 0x00: CS0, ECN: Not-ECT)
    Total Length: 1454
    Identification: 0x14d6 (5334)
  ▷ Flags: 0x02 (Don't Fragment)
    Fragment offset: 0
    Time to live: 56
    Protocol: TCP (6)
  ▷ Header checksum: 0xb333 [validation disabled]
    Source: example.com (203.0.113.2)
    Destination: 172.16.1.2 (172.16.1.2)
```

各項目の意味は次の通りです。

項目	説明
Version	上記ではIPv4を示している。IPv6では6になる
Header length	IPヘッダの長さをbyteで示している
Differentiated Services Field	DSCP（Differentiated Services Code Point）と記述している部分ではQoS（Quality of Service）で使う優先度が表示される。上の例ではセットされていない
Total length	パケットの長さをbyteで示している
Identification	IDを示し、通信が進むにつれて増えていく
Frags	パケットを途中でフラグメントしてよいかを示す。上の例ではDon't Fragmentになっているため途中でのフラグメントを許可していない
Fragment offset	フラグメント化されたパケットの場合、フラグメント化される前のどの位置なのかを示す。組み立てる時に2番目なのか3番目なのか分かるようになっている。フラグメント化されていない場合は0になる
Time to live	TTLを示す。ルータを介する度に1引かれ、0になると破棄される
Protocol	上位レイヤーのプロトコルを示す。上の例ではTCPを示している
Header checksum	IPヘッダのチェックサム
Source	送信元IPアドレス
Destination	送信先IPアドレス

TCPヘッダ部分で▷をクリックすると次のように表示されます。

```
◢Transmission Control Protocol, Src Port: http (80), Dst Port: 6873 (6873), Seq: 1, Ack: 307, Len: 1414
    Source port: http (80)
    Destination port: 6873 (6873)
    [Stream index: 0]
    [TCP Segment Len: 1414]
    Sequence number: 1    (relative sequence number)
    [Next sequence number: 1415    (relative sequence number)]
    Acknowledgment number: 307    (relative ack number)
    Header length: 20 bytes
  ▷ Flags: 0x010 (ACK)
    Window size value: 33229
    [Calculated window size: 66458]
    [Window size scaling factor: 2]
  ▷ Checksum: 0xd34c [validation disabled]
    Urgent pointer: 0
  ▷ [SEQ/ACK analysis]
    TCP segment data (1414 bytes)
```

各項目の意味は次の通りです。

項目	説明
Source port	送信元のポート番号を示す
Destination port	送信先のポート番号を示す
Sequence number	シーケンス番号を示す
Acknowledgment number	ACK番号を示す
Header length	TCPヘッダの長さをbyteで示す
Window size value	ウィンドウサイズを示す。一度に大量に受信するとここを0で応答し、一時的に送ってこないようにしてその間にデータを処理するようにする
Checksum	TCPヘッダのチェックサム
Urgent pointer	受信側で処理を優先する緊急データの位置を示す。緊急データが含まれていない場合は0になる
TCP segment data	データ部分の長さを示し、この値がMSSにあたる

[]で囲まれた部分はWiresharkが独自に追加した情報です。例えば、赤色の文字部分のNextsequence numberでは次のシーケンス番号が確認できます。

f）トラブル時の解析例

通信開始の際、以下のようにARPがたくさん出力されていて次に進んでいないとします。

No.	Time	Source	Destination	Protoco	Length	Info
1	0	22:ff:22:ff:2:	Broadcast	ARP	42	Who has 172.16.1.1? Tell 172.16.1.2
2	0.5795	22:ff:22:ff:2:	Broadcast	ARP	42	Who has 172.16.1.1? Tell 172.16.1.2
3	1.582	22:ff:22:ff:2:	Broadcast	ARP	42	Who has 172.16.1.1? Tell 172.16.1.2
4	2.8645	22:ff:22:ff:2:	Broadcast	ARP	42	Who has 172.16.1.1? Tell 172.16.1.2
5	3.582	22:ff:22:ff:2:	Broadcast	ARP	42	Who has 172.16.1.1? Tell 172.16.1.2
6	4.582	22:ff:22:ff:2:	Broadcast	ARP	42	Who has 172.16.1.1? Tell 172.16.1.2
7	8.877	22:ff:22:ff:2:	Broadcast	ARP	42	Who has 172.16.1.1? Tell 172.16.1.2
8	9.5944	22:ff:22:ff:2:	Broadcast	ARP	42	Who has 172.16.1.1? Tell 172.16.1.2
9	10.594	22:ff:22:ff:2:	Broadcast	ARP	42	Who has 172.16.1.1? Tell 172.16.1.2

ゲートウェイに対してARP解決しようとしていますが応答がないため、MACアドレスが分からずに通信できない状態です。ケーブルが接続されていない、リンクアップしていない、VLANが違う、ネゴシエーションが合っていないなど、レイヤーが低い位置を疑う必要があります。

以下は、DNSの部分から先に進んでいない場合の例です。

No.	Time	Source	Destination	Protoco	Length	Info
1	0	172.16.1.2	172.16.1.1	DNS	121	Standard query 0xb8aa A aaaaaaaaaaaaaa.aaaaaa
2	0.02774	172.16.1.1	182.16.1.2	DNS	196	Standard query response 0xb8aa No such name

1番目のパケットでDNSのリクエストを送信し、2番目で応答がありますが、Info部分を見て分かるとおりNo such nameで名前解決できていません。

存在しないサーバと通信しようとしているか、DNSの設定が間違っているなどが考えられます。

DNSが原因の場合、このように分かりやすい時もありますが、通信の途中でDNSの通信があって遅くなる場合もあります。この場合はTimeの部分を確認してください。DNSの通信があって次のパケットが送信されるまで間隔が長い場合、DNSが正常に引けてなくて通信が遅くなっている可能性があります。

次は以下の場合です。

No.	Time	Source	Destination	Protoco	Length	Info
1	0	172.16.1.2	172.16.2.1	TCP	66	6873 > http [SYN] Seq=0 Win=8192 Len=0 MSS=1460 WS=4 SACK_PERM=1
2	0.0039	172.16.2.1	172.16.1.2	TCP	66	http > 6873 [SYN, ACK] Seq=0 Ack=1 Win=65535 Len=0 MSS=1414 WS=2 SACK_PERM=1
3	0.025	172.16.1.2	172.16.2.1	TCP	54	6873 > http [ACK] Seq=1 Ack=1 Win=66456 Len=0
4	0.0427	172.16.1.2	172.16.2.1	HTTP	360	GET / HTTP/1.1
5	0.03224	172.16.2.1	172.16.1.2	TCP	1500	[TCP segment of a reassembled PDU]
6	0.02556	172.16.2.1	172.16.1.2	ICMP	70	Destination Unreacjable (Fragmentation needed)

5番目のパケットのパケット詳細部でFlags部分を確認するとDon't Fragmentになっているのが確認できると思います。サーバ側でこのままMSSを小さくせずにフラグメント化も許可しない場合は、通信できないままタイムアウトになります。

このようにトラブル発生時の解析では、どこで通信が止まっているかパケット一覧部で確認し、その前後のパケットをパケット詳細部で見て、どこに原因があるか推測していきます。止まっていないように見えても、再送を繰り返している事もあります。その場合は、シーケンス番号やACK番号を確認する事も必要です。

6.6 ログからの調査

トラブル発生時にログを調査する事はよくあります。ログを見ればインターフェースがダウンした、ハード障害が発生した、フィルタリングで通信できていない、VRRPやSTPの状態変化などが分かります。

通常、ルータやスイッチなどのログは多くはありませんが、保存できる量も少ないため、トラブルが発生してからしばらくすると消えている事もあります。この場合、Syslogサーバなどで確認する必要があります。ファイアウォールなどのセキュリティ装置はログも大量に出力しますが、保存量も多くしばらくは消えない装置もあるものの、どこでトラブルが発生しているか検索しようとすると、装置の検索機能が弱い事が多く、困難です。

このため、やはりSyslogサーバなどに保存している場合は、grepコマンドなどを使って検索します。

セキュリティ事故でなく、通信ができない場合の調査であれば、トラブルが発生した前後のログを参照すれば解決のヒントがある可能性があります。

ログが大量で検索が困難な場合はelasticsearch（https://www.elastic.co.jp/）などを導入します。検索がgrepなどよりかなり早く行う事ができますが、慣れるまで時間がかかります。このため、本格的なセキュリティ対策として、ログの大量解析を常時行うような時に導入を検討します。

なお、elasticsearchはOSS（オープンソースソフトウェア）のため、自由にダウンロードして使えます。

第7章

ステップアップ

ネットワーク運用管理者として技術面だけでなく、品質向上や作業効率化、キャリアアップなどを踏まえて業務にあたると、自身のステップアップに繋がります。

第7章では、ネットワーク運用管理者として従事する上で、将来も見据えた考慮点やネットワーク運用管理者としての可能性などを説明します。

1 着任後に行う事
2 セキュリティ事故
3 品質
4 ITIL
5 作業の優先順位
6 サポートサービスへの問い合わせ
7 キャリアアップ
8 ネットワークエンジニアの可能性

7.1 着任後に行う事

ネットワーク運用管理業務に関わらない事ですが、着任後は先輩やリーダーなどから現地の案内や体制について説明があると思います。ネットワーク機器やサーバが置いてある部屋への入り方や規則、誰に報告するのか、また、業者として常駐している場合はお客様を紹介してもらうなどです。

その後、ネットワークの概要や定常業務の内容などを教えてもらうと思いますが、定常業務は最初の自分の仕事として確実に覚える必要があります。

時間が空いた時、『第３章　定常業務での技術ポイント』で説明した内容を、装置やケーブルを直接見たり、資料を探したりして確認してください。

同時に『第5章　ネットワーク運用管理ツール』で説明したツールを必要に応じてインストールし、動作確認してください。また、各ツールを使って自分が担当しているネットワークがどうなっているか確認してみるとよいと思います。実際にツールなどを使って確認する事でより詳しく分かりますし、ツールも使いこなせるようになります。

7.2 セキュリティ事故

昨今ではセキュリティ事故に非常に厳しくなってきています。

ネットワーク運用管理業務に限った事ではありませんが、重大なセキュリティ事故を起こすと懲戒対象になったり、最悪の場合は訴えられます。このため、セキュリティ事故だけは起こさないようにする必要があります。

セキュリティ事故の例としては次のようなものがあります。

- メールの宛先を間違って送信し、情報が漏えいした。
- パソコンをなくして、情報が漏えいした。
- USBメモリにデータを入れていたが、なくして情報が漏えいした。
- インターネットから使えるサーバでファイル共有していたが、誰でも参照できる状態になっていた。

このため、メールを送信する前に宛先をチェックする、暗号化する、パソコンに重要なデータは置かない、USBメモリは使わない、無暗にインターネット上のサービスを利用しないなどの対策が行われています。

セキュリティ事故になる情報としては、悪用されたり利益を損ねる恐れのある情報、個人の特定に繋がる個人情報などがあります。

ICT業界ではこのようなデータを扱う場面が多いため、着任先でルールを聞いて厳守しなければいけません。

7.3 品質

品質は、例えば機械であれば故障しないとか、必要な機能が揃っているなどです。ネットワーク運用管理業務はサービスです。業者であれば情報システム部門に、情報システム部門であればエンドユーザにサービスを提供します。サービスにも品質があります。ネットワークで必要な要件を満たしている、停止を極力少なくするなどです。

a）RAS

ネットワーク運用管理業務に限らず、ICT関係の業務を行う上で念頭に置く1つの考えがRASです。RASは信頼性（Reliability）、可用性（Availability）、保守性（Serviceability）の3つの頭文字を取ってそう呼ばれています。

信頼性	障害の少なさを示します。
可用性	どの位継続して使えるかを示します。障害が発生しても切り替えにより継続して利用できるのであれば、可用性が高いといえます。
保守性	保守がどの位しやすく、素早く対応できるかを示します。

信頼性を向上させるには、故障しにくい装置を使うのも1つの考えですが、経由するスイッチの数を減らす、ケーブルを抜けにくいものに変えるなどでも向上します。

可用性についてはSTPやVRRP、OSPFなどの切り替え、ループ対策などで、万一障害が発生したり、ミスがあってもネットワークが継続して使えるようにする事で向上します。

保守性については、ハードウェア故障時に動作したままファンだけ交換できる、二重化された電源の片方だけ交換できるといった装置依存なものもありますが、リモートから対応できる、予備の交換用スイッチがあるなどでも向上させる事ができます。

運用管理業務では、装置全体を入れ替えるような事までは業務に含まる事はあまりありませんが、通信経路を見直す、ループ対策を取り入れる、リモートからの対応を素早くできるようにするなどで改善は可能です。

また、問題点があって運用管理業務で対応できない場合は、次回の企画に反映させるよう情報を展開する事で、よりよいサービスに改善していく事ができます。

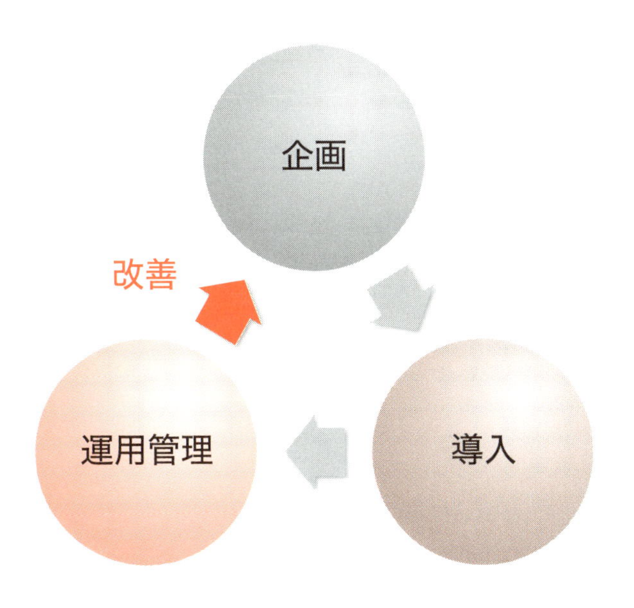

b）品質管理

ネットワーク運用管理業務の品質は、ネットワークが継続して利用できるだけではありません。質問を放置して回答していなければ質問者から苦情がきます。また、定常業務を間違ってばかりいると問題です。

このような問題が発生しないよう、可視化して管理する事を品質管理といいます。

品質管理を簡単に言うと次のようになります。

① 進め方や役割分担などプロジェクトのあり方を計画する。
② プロジェクトで決まった通りに業務を実行する。
③ 決まった通りに業務が行われているか、計画が正しいかチェックする。
④ 間違いがあれば改善する。

①はプロジェクトのリーダーが考えます。例えば、トラブル0を目指すなどの目標や、Aさんは定常業務、Bさんは非定常業務などの役割分担、スケジュール、トラブルが発生すると誰に連絡するかなど多岐におよびます。

②が実践です。プロジェクトで決めた進め方どおりに行う必要があります。

例えば、定常業務で毎日のように設定変更が発生したとします。この変更を放置していないか可視化する必要があります。これはタスク管理と呼ばれます。

タスク管理用のツールとしてExcel、Redmine（http://redmine.jp/）、Trac（http://trac.edgewall.org/）などが使われます。Excelはタスク数が少ない時に、簡単に管理するのに向いています。RedmineやTracであればWebベースで入力、検索ができ、一覧表で残件などもすぐに見分ける事ができますし、内容の詳細も一覧表からクリックすれば確認できます。

また、品質管理には文書と記録という言葉が出てきます。文書は「ネットワーク構成図」であったり、「接続表」、「VLAN一覧表」、「IPアドレス一覧表」などです。作業手順書も文書に入ります。文書は『2.1 b）構成管理』で示した通り、最新に保たれているようにしてその履歴を残します。記録は覚え書きのメモのようなもので、議事録や作業結果などです。

このように資料やデータで可視化し、必要に応じてレビューを行います。

『2.6 非定常業務』の手順書の例では確認者欄があり、チェックを行うと説明しました。これがレビューで③にあたります。可視化してチェックを行う事で失敗を未然に防ぎます。

③のチェックでプロジェクトのあり方として問題があった場合や、追加した方が良いルールがあった場合、④で改善していきます。

この4つのプロセスをPlan（計画）、Do（実行）、Check（評価）、Action（改善）の頭文字を取り、PDCAといいます。

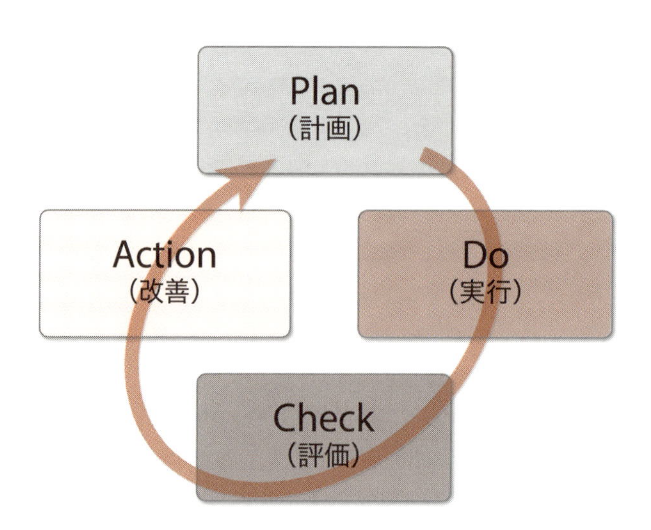

PDCAを回す事をPDCAサイクルといい、1回サイクルを行う度に業務改善されていく事を目的とします。

品質管理を中心とした品質マネジメントシステム（QMS:Quality Management System）はISO9001で規格化されており、職場によっては厳密に採用しているところもありますが、そうでなくても多少品質管理をしなければ問題が多発して品質低下を招きます。

ネットワーク運用管理業務に従事して、すぐに品質管理の計画まで考える事はありませんが、実行はします。

資料やデータに残さず作業していると誰もチェックできないため、必ず記録を残す、文書を改版するなどを意識して作業する事で、自身の作業品質向上に役立ちます。

 c）品質とコストのバランス

品質向上はコストがかかります。例えば「ネットワーク構成図」や「接続表」など様々な文書を変更がある度に書き換えると、1人ではできなくて2人で行う必要が出てくるかもしれません。それは人件費としてコストに跳ね返ります。

しかし、コストを無制限にかけるわけにはいかないため、バランスが必要です。

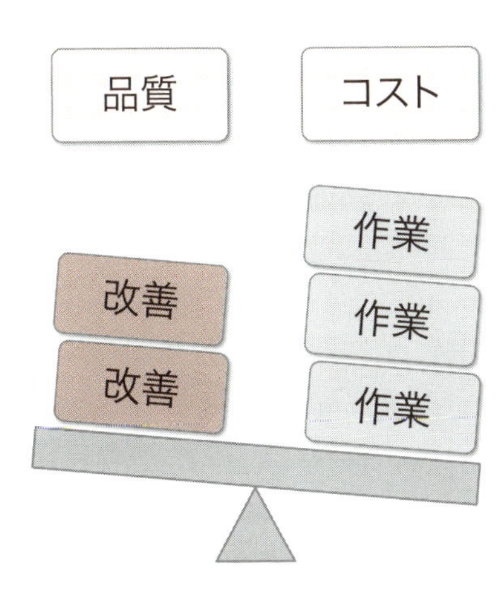

不要な作業は極力排除する必要があります。例えば、同じ内容を複数資料で重複管理している時は、1つにまとめるなどです。また、許される場合は構成管理自体を簡略化し、サーバに最新の資料だけアップロードしておくだけにする事もあります。

極端な話、資料を100ページも毎回更新していたら、誰でも間違います。これではコストだけかかっていて品質が向上しているとはいえません。このように極端ではなくても、もし品質を実践していて無駄に思える作業があれば、リーダーと相談して改善します。これも品質向上の1つといえます。

d）エスカレーション

障害発生時はリーダーではなく、より上位の管理職に報告したり、より範囲を広げて連絡が必要な時があります。これをエスカレーションといいます。

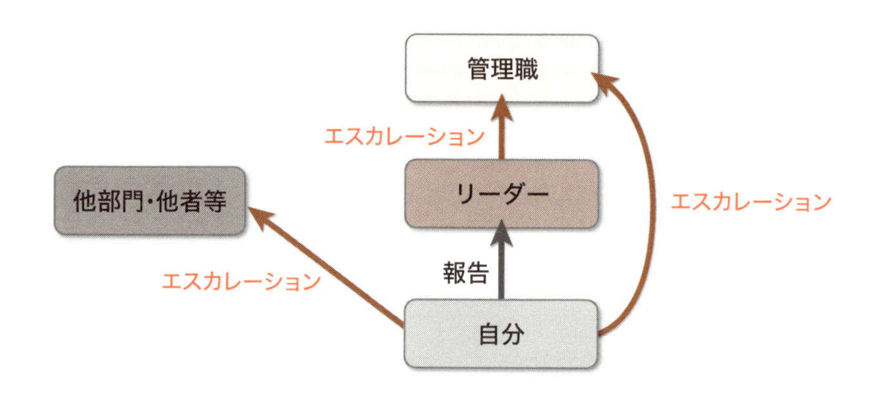

エスカレーションする事で、上位の管理者が重要度をいち早く判断し、次の手を打つ事ができます。次の手を打つとは、実際にコマンドを打って解決する事ではなく、関連部署に連絡して対応してもらう、顧客に謝罪をする、人を集めてくるなど、より権限のある立場で対応してもらえる可能性があります。

エスカレーションにはネットワークの障害だけでなく、顧客クレームであったり、セキュリティ事故が発生した時なども含まれます。エスカレーションが必要な時に行わないと、問題が大きくなってから報告する事になります。この場合、次の手が難しくなっている事が多く、問題対処に時間がかかり、損失が大きくなる可能性があります。

エスカレーションはどのような問題が起こると行うのか、誰に連絡するかなど、ルールが決められているため、一度確認が必要です。

7.4 ITIL

ITIL（Information Technology Infrastructure Library）は、ICTを使ったサービスを継続的に改善し、組織活動に役立てるためのフレームワーク（マネジメントノウハウ）です。ライフサイクルにより、より良いサービスに改善していく事は既に説明しましたが、ITILでは次のように表現されています。

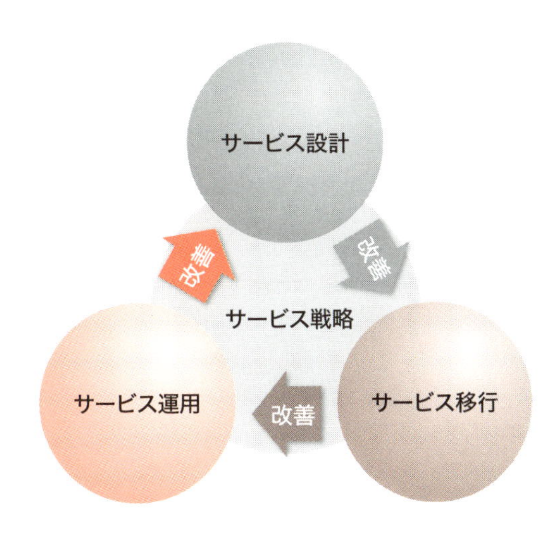

このように継続的サービス改善によってより良くしていく事を、サービス・ライフサイクルと呼びます。

ネットワーク運用管理業務はITILのサービス運用にあたります。サービス運用の中にはイベント管理、インシデント管理、要求実現、問題管理というプロセスがあります。それぞれを簡単に示すと次のようになります。

項目	説明
イベント管理	何かしらのアクションが必要な状態。
インシデント管理	障害など対処が必要な状態。
要求実現	定常業務、非定常業務、Q&A対応など、通常のサービス対応。
問題管理	繰り返されるなどの問題で根本的な原因究明が必要な状態。

イベントの発生は、例えば障害監視装置からの通知であったり、エンドユーザからの連絡であったりします。調査の結果、問題ない通知であったり、エンドユーザの勘違いであった場合はクローズになります。

インシデントは、通知や連絡で障害が発生している時に管理します。例えば、ループが発生しているためケーブルを抜いてクローズするなどです。

問題管理は、インシデントの数を減らす恒久対策です。例えば、ループが多発するのはエンドユーザのミスですが、ミスがある事を前提として作られていないシステムが原因とも考えられます。この場合、その恒久対策としてループ検知を取り入れてクローズとします。

以前はイベントも含めてインシデントと呼ばれていたため、インシデントという言葉はよく聞きますが、問題管理との違いは重要です。障害対応により現状回復は可能ですが、目指すところは改善です。企業にとってこの違いは収益に関わってきます。また、運用管理業務を行う担当者から見ると、恒久対策を考える事は簡単ではありませんが、良い解決策があれば業務が楽になるメリットもあります。

例えば、ループの問題を更に突き詰めて、重要なシステムを別サブネットにしていれば軽減できたはずで、設計時に考慮されていない事が問題にされたとします。

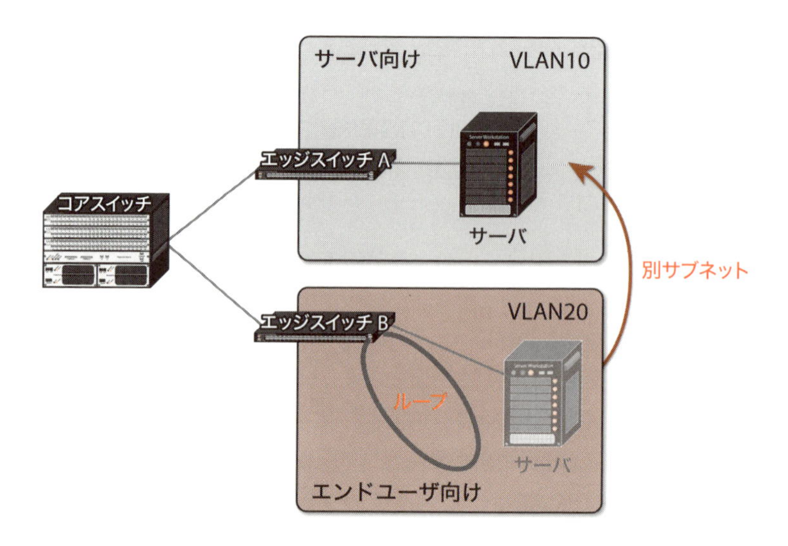

この場合、要件が明確でない非機能要件が反映されているか確認する事で、設計時の漏れを少なくできるかもしれません。設計時の漏れを少なくできればやり直しも少なくなり、運用時のコストダウンもできるため、企業にとってメリットになりますし、運用も楽になります。

非機能要件とは、システムの要件として明確化されていなくても、通常は考慮が必要な要件で、既に説明したRASも含まれます。非機能要件で考慮する内容はIPA（独立行政法人情報処理推進機構）で公開されており、次のURLから一覧をダウンロードできます。

http://www.ipa.go.jp/sec/softwareengineering/reports/20100416.html

7.5 作業の優先順位

作業が増えてくると、時間内にすべて終わらない事があります。

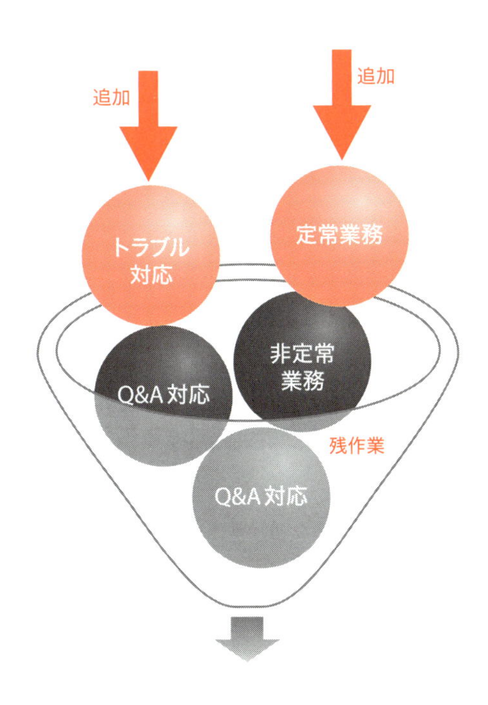

この場合は優先順位を付けて、優先度の高いものから作業を進める必要があります。

通常、優先度が高いのはトラブル対応です。このため、トラブルが発生した時は他の作業より優先して対応します。次に優先度が高いのは定常業務です。日々発生する作業を後回しにすると、ネットワークを利用する人の業務に影響が出ます。

この優先順位で作業した場合、非定常業務やQ&A対応が後回しになってしまいます。このため、依頼してきた人に対応が遅くなる事を連絡する必要があります。この時、作業が終わる目途も合わせて連絡すると、相手の理解も得やすくなります。このため、これまでの経験から作業ボリュームを洗い出し、終わる目途を付ける必要があります。また、優先度の高い作業が終われば、残作業は元の状態に戻り、溢れる事はありません。

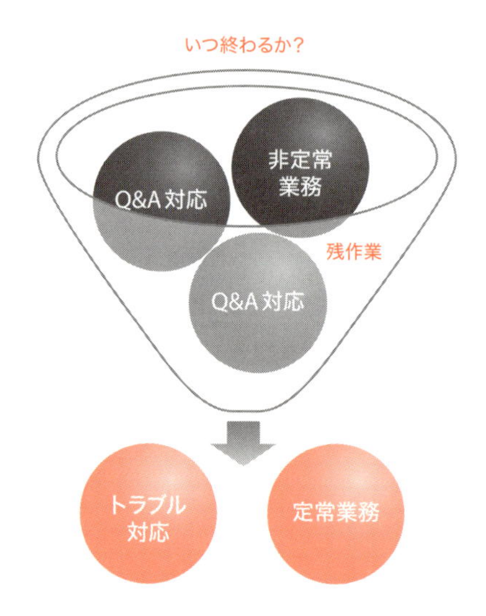

非定常業務やQ&A対応であっても、優先する必要がある時もあります。また、追加される作業量が多く、優先順位を付けても予定内に終わらずに、溢れる事が予想される場合もあります。

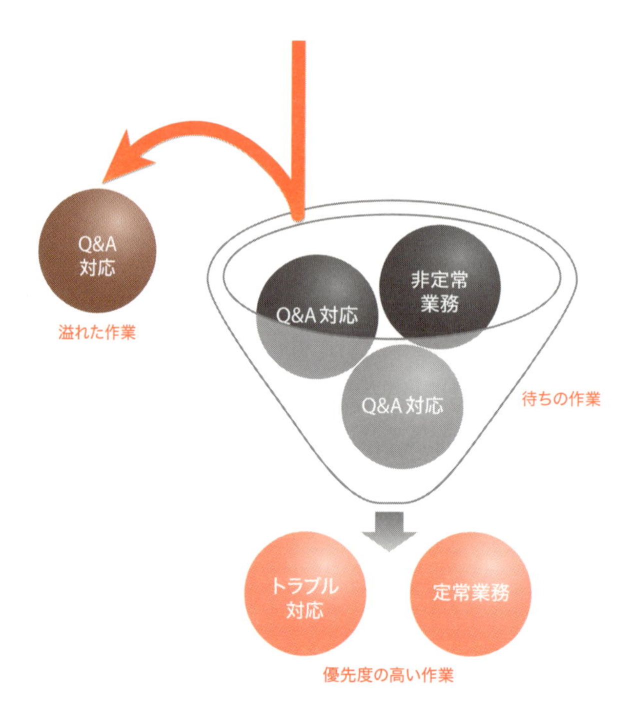

このような時は、リーダーや周囲の人に早めに相談が必要です。

7.6 サポートサービスへの問い合わせ

新技術適用の調査やQ&A対応、トラブル対応をしている時、分からない事はたくさん出てくると思います。書籍やWebサイトなどを参考に自分で調べる事は重要ですが、初めての事は誰でも不安です。そのような時、サポートサービス契約があると便利です。自分が調べた内容を伝えて、間違ったところはないか教えてもらえます。サポートサービスへ問い合わせる時、最低限次のことを伝える必要があります。

・やりたい事や望む結果	例：RIPをOSPFに変更したい。
・既存環境	例：スイッチが20台ですべてRIPを有効にしている。
・今分かっている事と不明点	例：OSPFの設定は調査できたが、ルータIDが必須か分からない。
・期限	例：1週間以内に回答してほしい。

トラブル対応時は次のことを伝える必要があります。

・現象	例：パソコンからWebサーバへ通信できない。
・いつから	例：今日の13:00頃連絡があったが、その前から発生していた可能性もある。
・既存環境	例：スイッチが20台ですべてOSPFを有効にしている。
・今分かっている事と不明点	例：OSPFの設定は確認したが間違った点はない。ただし、ルーティングテーブルに正常に反映されていない。フィルタリングなどはしていないため、なぜルーティングテーブルに反映されていないかを知りたい。
・期限	例：1時間以内に第一報がほしい。

電話で問い合わせる時は、上記をいったん考えた上で問い合わせるとスムーズです。また、メールで問い合わせる時は、慣れるまではフォーマットを作って利用すると少ないやりとりで情報が伝わります。トラブル発生時は緊急な時もあるため、緊急度を伝えると対応が早くなります。ネットワーク構成図やコンフィグなどはできるだけ送付しますが、無暗に送付すると相手もどれが有効な情報か判断するのに時間がかかるため、最初は重要な情報を送ります。

複雑なトラブルの場合、情報を送付しても、サポート担当者の方も初めて対応するネットワーク環境なので、理解するまで時間がかかる事があります。また、必要な情報がすぐに揃わない事もあります。このため、バグなどでない限り、現地を分かっている運用管理者が原因を考えるのが一番近道です。

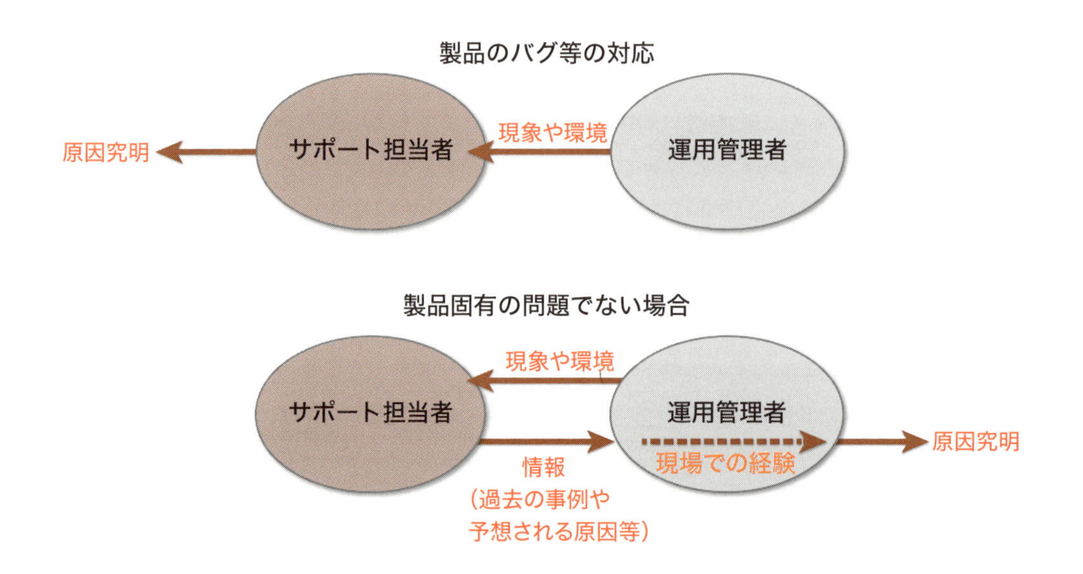

従って、サポートサービスに問い合わせて回答を待つのではなく、あくまでサポートサービスの担当者から情報を引き出す事を考えて、解決するのは自分だという意識で対処した方がトラブル対応は早く解決できます。また、ほとんどの場合、ログや現在の状態を採取してほしいと連絡が来るため、トラブル対応で現地に行った時に、装置の設定や状態、ログなどを一括で採取するコマンドがあれば採取しておきます。これを採取していないと、再度採取しに行く事になります。すぐに解決できない場合は、二度手間にならないように必ず採取しておきます。

7.7 キャリアアップ

ICT業界だけでなく、どんな世界でも技術力は必要です。このため、運用管理業務を行いながら、将来のためにスキル向上を行っていく必要があります。ネットワーク運用管理業務は安全、安定が一番です。安全に作業を行い、安定稼働を目指します。このため、好き勝手に作業ができるわけではありませんが、向上心を持って業務にあたる事で、幾らでもスキルアップできます。定常業務であっても、毎回成功するとは限りません。その時、なぜそうなったか原因究明するだけでも次回に繋がります。Q&A対応では、相手によっても回答の仕方を変える事もあります。また、最もスキルアップに繋がるのはトラブル対応です。トラブルを起こさず安定稼働を目指すのが運用管理業務ですが、最もスキルアップができるのがトラブル対応でもあるのです。これはトラブルを多く経験した方が、どうしたら安定稼働に繋がるのかが分かり、スパイラルアップできるのだと思います。

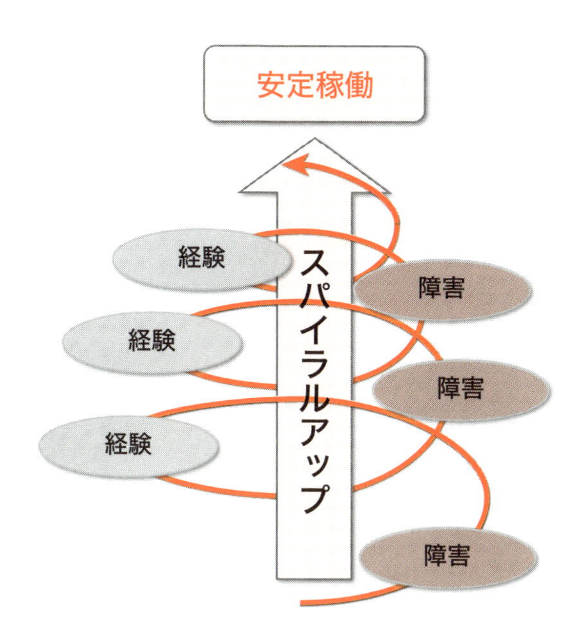

つまり、ネットワーク運用管理者自身の経験が、ネットワークを成長させます。他にも検証環境があるならば、疑問に思う事を試してみる事もできます。

スキルアップの方法としては、資格取得もあります。ICTスキルは標準化されており、キャリアフレームワークといいます。キャリアフレームワークの中でネットワークに関連した各資格がどのレベルにあたるのかを次に示します。

レベル	資格	説明
レベル4	ネットワークスペシャリスト	プロフェッショナルとして認められ、後進の育成ができる
レベル3	CCNP	1人で作業できる
レベル2	基本情報技術者、CCNA	指示を受けながら作業できる
レベル1	ITパスポート	最低限の知識を有する

ネットワークスペシャリスト、基本情報技術者、ITパスポートはIPA（独立行政法人　情報処理推進機構）が行っている国家試験です。CCNAとCCNP（Cisco Certified Network Professional）はシスコシステムズ社のベンダー資格です。資格のレベル自体が実力を示さないと思いますが、資格取得のために覚えるだけでも勉強になります。

資格と経験は自信に繋がります。同じ作業をしても自信がある人とない人では結果に差が出ます。このため、必要な資格取得と多くの経験をするように、チャレンジする事がキャリアアップに繋がります。

7.8 ネットワークエンジニアの可能性

既にネットワークは重要なインフラとなっていますが、これからもますますネットワークの重要性が増えてくると思います。

最近ではサーバが仮想化されると共に、ネットワークも仮想化されつつあります。

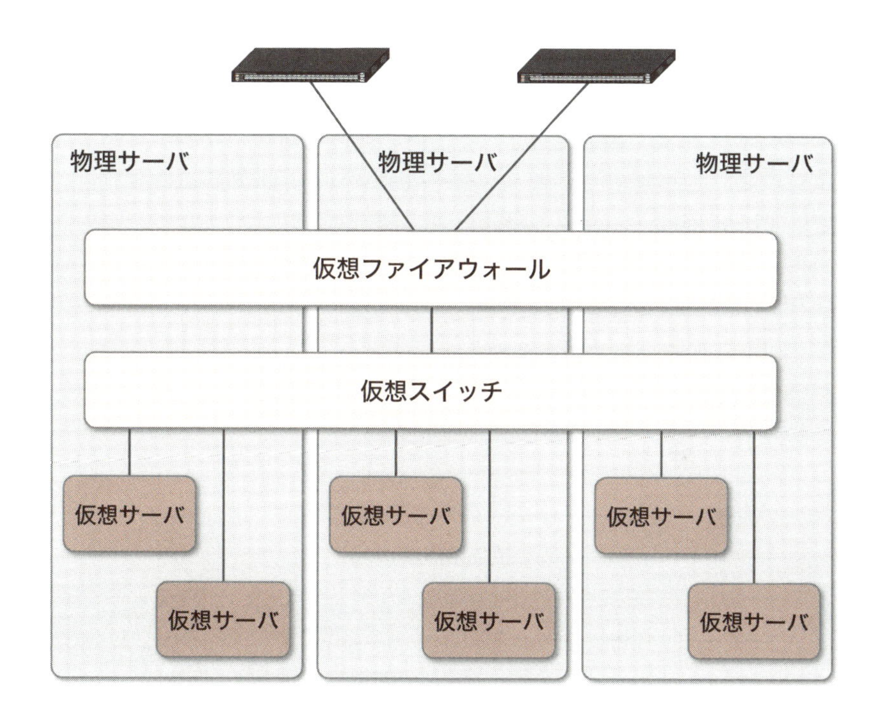

物理サーバ上でLinuxやWindowsなどのOS（Operating System）を持つ仮想サーバを複数作り、障害時や保守時に別の物理サーバに移動させたりできますが、その間を繋ぐ仮想スイッチなどのネットワーク機器を、物理サーバ上で作れます。仮想サーバを増やしたり減らしたり用途を変えるごとに、仮想スイッチを作ったり減らしたり、接続を変えたりできます。つまり、物理的なスイッチやケーブルがいらないため、変更が柔軟にできます。

仮想化システムは設置場所が離れていても機能しますが、その間を繋ぐのは旧態のネットワークで、仮想化されたネットワークも含めて運用していく必要があります。

また、クラウドの台頭によりサーバの設置場所に寄らず、利用したい時だけ必要なスペックをすぐ利用できるようになってきました。

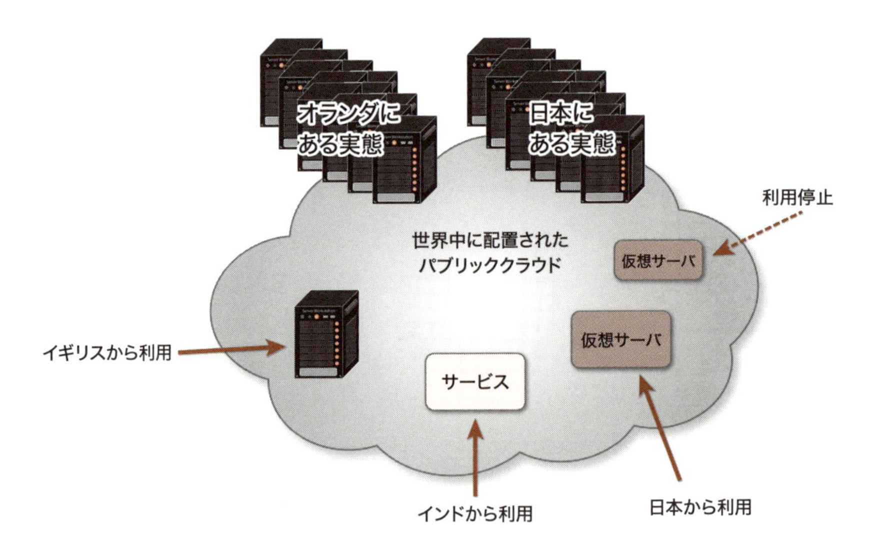

クラウドにはパブリッククラウドとプライベートクラウドがあり、パブリッククラウドはインターネットから利用できるクラウドで、プライベートクラウドは仮想化などを利用した組織内部で利用できるクラウドです。

クラウドを利用するのはネットワークがなければ成り立ちません。

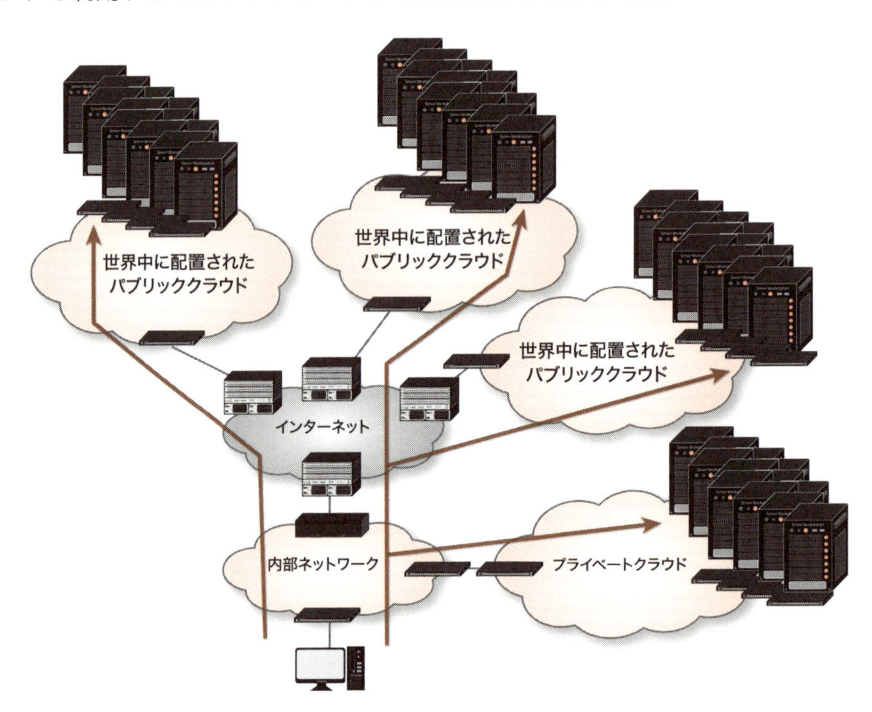

このような背景の元、これまで関係なかったデータを結び付けて新たな結果を導き出すビッグデータの技術も発展しています。

例えば、ビッグデータを活用し、複数の技術を組み合わせた新たな市場を開拓する、SNS（ソーシャルネットワーキングサービス）やWebサイト、人の行動などを組み合わせてマーケティングを行う、より精度の高い近未来予測を行うなどができるようになってきました。あなたの見ている広告は、ビッグデータを活用して表示されているかもしれません。

このように、ICTは人に活用されるだけでなく、現実世界に大きな影響を与えるものになってきました。

こういった事から、ネットワークは形態を様々に変化しつつも裾野は広がっていき、エンジニアの需要も広がっていくと思いますが、それに追随できるよう経験を積む事も必要です。色々な経験を積めば自分のためになりますし、組織にも有益です。

ネットワークは安全、安定が一番と説明しましたが、ネットワーク運用管理業務を行っている上でも既存のやり方にとらわれず、新しい事を取り入れていく必要があります。新しい事を取り入れて成功すると、やりがいも出てきます。

ネットワークエンジニアは、テレビや映画に出てくるハッカーのような仕事とはほど遠いと思いますが、このような将来を見据えてステップアップしていくと、未来に可能性ある仕事だと思います。

付録

1 定常業務チェックシート
2 接続表サンプル
3 VLAN一覧表サンプル
4 IPアドレス一覧表サンプル

付録は本書書籍のサポートサイト

https://book.mynavi.jp/supportsite/detail/9784839957803.html

からダウンロードできます。

ダウンロードできるファイルはzip形式で、解凍するためのパスワードは

　mynavi-network-operation

です。解凍後のファイル形式はxlsxで、Excel 2007以降で利用できます。

付録.1 定常業務チェックシート

ネットワーク運用管理業務に就いた最初に、どのようなネットワークか把握して業務を行うために利用してください。

定常業務チェックシート

このシートは結果を記載するのではなく、各項目を確認出来るかチェックするために使って下さい。

項	大項目	中項目	チェック	説明
3.1	ネットワーク構成	ルーティング型	□	集中、分散ルーティング型、その他
		ネットワーク構成図	□	資料入手したか？
		各機器設置場所	□	設置場所の入り方は？
		UPS	□	利用しているか？ どの機器向けか？
		パッチパネル	□	利用しているか？ どの機器向けか？ 接続を確認する方法は？
		その他	□	その他機器と用途(空調管理、監視装置等)
		責任分界点	□	エッジスイッチと配下、サーバファームとその配下等
		障害監視	□	監視ソフトや障害時の通知方法等
		性能管理	□	管理ソフトや確認の仕方
		ネットワーク機器との接続方法	□	シリアル、USB、SSH、IDやパスワード
		バックアップ	□	機器のバックアップ
3.2	ケーブル	ネットワーク構成図	□	ケーブル種別は判断出来るか？
		図面	□	居室先まで管理が必要な場合、敷設状況や情報コンセント位置が分かるか？
3.3	インターフェース特性	接続表	□	全二重、半二重、オートが確認出来るか？
3.4	VLAN	接続表	□	ポートVLAN、タグVLAN、割り当てているVLANが確認出来るか？
		VLAN割当方法	□	各スイッチ個別か、自動配布か？ どこで作成するか？
3.5	リンクアグリゲーション	ネットワーク構成図	□	リンクアグリゲーションを使っている区間が分かるか？
		接続表	□	リンクアグリゲーションを使っているインターフェースが分かるか？
		モード	□	固定、active、passive
3.6	スパニングツリー	モード	□	STP、RSTP、PVST+、RapidPVST+、MSTP
		接続表	□	ルートブリッジやパスコスト、PortFastが分かるか？ (どこがブロッキングか？)
		経路の分散	□	VLAN単位に経路を分散している場合は、どう分けているか？
		STP代替機能の利用	□	どの機能を使っているか？ どのインターフェースをStandbyにしているか？
		STP代替機能利用時の復旧	□	障害復旧時に自動復旧するか？
3.7	ループ対策	ループ検知	□	ループ検知を使っている場合、どのパターンを検知出来るか？
		ストーム制御	□	ストーム制御を使っている場合、閾値は？
		ループ対処後の復旧	□	ケーブルを抜いて対処後に通信は自動復旧するか？
3.8	DHCPリレーエージェント	リレー先IPアドレス	□	DHCPリレーエージェントを使っている場合、リレー先のIPアドレスは？
		利用箇所	□	コアスイッチ、エッジスイッチ
3.9	DHCPスヌーピング	接続表	□	利用している場合、接続表からTrust、Untrustが判断出来るか？

3.10	RIP	バージョン	□	v1、v2
		ホップ数	□	ホップ数を加算している経路が判断出来るか？
		再配布	□	スタティック、OSPF等からの経路の再配布はあるか？
3.11	OSPF	エリア	□	シングル、マルチ。エリアの種類(バックボーン、標準、スタブ等)。エリアID。
		優先度	□	DR/BDRを決定する優先度はどこで設定しているか？
		ルータID	□	ルータIDは明示的に設定されているか？
		コスト	□	コストを設定している経路が判断出来るか？
		パッシブインターフェース	□	パッシブを設定しているインターフェースが判断出来るか？
3.12	VRRP (HSRP)	IPアドレス一覧表	□	仮想IPアドレスやVRID(グループID)が確認出来るか？
		優先度	□	どちらをマスター(アクティブ)にしているか？
		プリエンプトモード	□	障害復旧時に切戻すか？
3.13	スタック	ネットワーク構成図	□	どこでスタックしているか？
3.14	パケットフィルタリング	種類	□	どの機器で使っていて、VLAN内、VLAN間どちらで有効か？
		暗黙の処理	□	暗黙の処理は遮断か、許可か？
3.15	ファイアウォール	フィルタリング一覧表	□	一覧表はあるか？　基本遮断で必要な通信のみ許可か？
3.16	NAT	NAT一覧表	□	NAT一覧表はあるか？　NATか、NAPTか？　Source変換、Dest変換か？
3.17	IPS	アノマリ型/シグネチャ型	□	どちらか？　或いは両方か？
		定義	□	定義はどこで確認するか？
3.18	運用管理設定	SNMPコミュニティ名	□	書き込み、読み込みそれぞれのコミュニティ名
		TRAP先	□	TRAP先IPアドレス
		Syslog送信先IPアドレス	□	各装置で異なる可能性あり
		Syslogファシリティ	□	各装置で異なる可能性あり
		NTP同期先IPアドレス	□	内部とDMZで異なる可能性あり
		LLDP	□	利用しているか？　CDP等メーカ独自か？
		接続表	□	LLDP等を停止しているインターフェースは？
-	その他	手順書	□	各作業を行う時の手順書は揃っているか？
		構成管理	□	最新版資料をどのように管理しているか？
		トラブル時連絡フロー	□	トラブル発生時の連絡方法は？
		エスカレーション手順	□	緊急時連絡方法は？
		タスク管理	□	エクセル、Redmine、Trac等
		セキュリティ	□	どのようなセキュリティ対応をしているか？
		重要な基盤システム	□	DNS、DHCP、Web等の基盤システムはどこに接続されているか？
		重要な業務システム	□	重要度の高い業務システムはどこに接続されているか？
		遠隔監視契約形態	□	遠隔監視対象やサービスは増減可能か？
		連絡先一覧	□	サポートサービス、ハードウェア保守、遠隔監視サービス等の連絡先

付録.2 接続表サンプル

接続表サンプルでは装置固有の設定や各インターフェースに設定する内容を記述しています。

接続表サンプル

<table>
<tr><td colspan="2">機種</td><td colspan="5">ABCスイッチ</td><td rowspan="2">STP</td><td>モード</td><td colspan="2">PVST+</td><td rowspan="2">OSPF</td><td>ルータID</td><td colspan="3" rowspan="2">-</td></tr>
<tr><td colspan="2">装置名</td><td colspan="5">EdgeA</td><td>優先度</td><td colspan="2">-</td><td></td></tr>
<tr><td rowspan="2">I/F</td><td rowspan="2">規格</td><td rowspan="2">特性</td><td rowspan="2">コネクタ</td><td colspan="3">パッチパネル</td><td colspan="2">VLAN</td><td colspan="2">リンクアグリゲーション</td><td colspan="2">STP</td><td>OSPF</td><td>DHCP</td><td rowspan="2">接続先</td></tr>
<tr><td>機種</td><td>I/F</td><td>コネクタ</td><td>ID/タグ</td><td>許可VLAN</td><td>グループ番号</td><td>モード</td><td>パスコスト</td><td>PortFast</td><td>優先度</td><td>スヌーピング</td></tr>
<tr><td>1</td><td>10/100/1000</td><td>100FULL</td><td>RJ45</td><td>Aパネル</td><td>1</td><td>RJ45</td><td>10</td><td>-</td><td>-</td><td>-</td><td>-</td><td>○</td><td>-</td><td>Untrust</td><td>A居室</td></tr>
<tr><td>2</td><td>10/100/1000</td><td>AUTO</td><td>RJ45</td><td>Aパネル</td><td>2</td><td>RJ45</td><td>10</td><td>-</td><td>-</td><td>-</td><td>-</td><td>○</td><td>-</td><td>Untrust</td><td>A居室</td></tr>
<tr><td>3</td><td>10/100/1000</td><td>AUTO</td><td>RJ45</td><td>Aパネル</td><td>3</td><td>RJ45</td><td>10</td><td>-</td><td>-</td><td>-</td><td>-</td><td>○</td><td>-</td><td>Untrust</td><td>A居室</td></tr>
<tr><td>4</td><td>10/100/1000</td><td>AUTO</td><td>RJ45</td><td>Aパネル</td><td>4</td><td>RJ45</td><td>10</td><td>-</td><td>-</td><td>-</td><td>-</td><td>○</td><td>-</td><td>Untrust</td><td>A居室</td></tr>
<tr><td>5</td><td>10/100/1000</td><td>AUTO</td><td>RJ45</td><td>Aパネル</td><td>5</td><td>RJ45</td><td>10</td><td>-</td><td>-</td><td>-</td><td>-</td><td>○</td><td>-</td><td>Untrust</td><td>A居室</td></tr>
<tr><td>6</td><td>10/100/1000</td><td>AUTO</td><td>RJ45</td><td>Aパネル</td><td>6</td><td>RJ45</td><td>20</td><td>-</td><td>-</td><td>-</td><td>-</td><td>○</td><td>-</td><td>Untrust</td><td>B居室</td></tr>
<tr><td>7</td><td>10/100/1000</td><td>AUTO</td><td>RJ45</td><td>Aパネル</td><td>7</td><td>RJ45</td><td>20</td><td>-</td><td>-</td><td>-</td><td>-</td><td>○</td><td>-</td><td>Untrust</td><td>B居室</td></tr>
<tr><td>8</td><td>10/100/1000</td><td>AUTO</td><td>RJ45</td><td>Aパネル</td><td>8</td><td>RJ45</td><td>20</td><td>-</td><td>-</td><td>-</td><td>-</td><td>○</td><td>-</td><td>Untrust</td><td>B居室</td></tr>
<tr><td>9</td><td>10/100/1000</td><td>AUTO</td><td>RJ45</td><td>Aパネル</td><td>9</td><td>RJ45</td><td>20</td><td>-</td><td>-</td><td>-</td><td>-</td><td>○</td><td>-</td><td>Untrust</td><td>B居室</td></tr>
<tr><td>10</td><td>10/100/1000</td><td>AUTO</td><td>RJ45</td><td>Aパネル</td><td>10</td><td>RJ45</td><td>20</td><td>-</td><td>-</td><td>-</td><td>-</td><td>○</td><td>-</td><td>Untrust</td><td>B居室</td></tr>
<tr><td>11</td><td>1000BASE-LX</td><td>AUTO</td><td>LC</td><td>Bパネル</td><td>1</td><td>SC</td><td>タグ</td><td>全て</td><td>-</td><td>-</td><td>10</td><td>×</td><td>-</td><td>Trust</td><td>CoreA-23</td></tr>
<tr><td>12</td><td>1000BASE-LX</td><td>AUTO</td><td>LC</td><td>Bパネル</td><td>2</td><td>SC</td><td>タグ</td><td>全て</td><td>-</td><td>-</td><td>-(BLK)</td><td>×</td><td>-</td><td>Trust</td><td>CoreB-23</td></tr>
</table>

I/F:インターフェース
－：未設定(デフォルト)
BLK:ブロッキング

付録.3 VLAN一覧表サンプル

VLAN一覧表サンプルでは各VLANの区別ができるようにし、割り当てられたサブネットや用途を記述しています。

サンプルのようにVLAN-ID:10であれば、サブネット172.16.10.0のように対応付けると分かりやすくなります。

VLAN一覧表サンプル

VLAN-ID	VLAN名	サブネット	用途
10	Sales	172.16.10.0	営業部署
20	General	172.16.20.0	総務部
30	Engineering	172.16.30.0	技術部
40	President	172.16.40.0	社長室
50	Public	172.16.50.0	広報室
60	Guest	-	ゲスト用
99	Maintenance	172.16.99.0	保守用

サブネットマスク：255.255.255.0
ー：L2のためルーティングしない事を示す。

付録.4 IPアドレス一覧表サンプル

IPアドレス一覧表サンプルでは装置ごとに各VLANに設定するIPアドレスが分かるようにしています。また、仮想IPアドレスについてはVRIDも分かるようにしています。

IPアドレス一覧表サンプル

設置場所	装置名	VLAN	IPアドレス	備考
サーバルーム	CoreA	10	172.16.10.1	VRID:10
			172.16.10.2	
		20	172.16.20.1	VRID:20
			172.16.20.2	
		30	172.16.30.1	VRID:30
			172.16.30.2	
		40	172.16.40.1	VRID:40
			172.16.40.2	
		99	172.16.99.2	
	CoreB	10	172.16.10.1	VRID:10
			172.16.10.3	
		20	172.16.20.1	VRID:20
			172.16.20.3	
		30	172.16.30.1	VRID:30
			172.16.30.3	
		40	172.16.40.1	VRID:40
			172.16.40.3	
		99	172.16.99.3	
建屋A	EdgeA	99	172.16.99.11	
建屋B	EdgeB	99	172.16.99.12	
建屋C	EdgeC	99	172.16.99.13	
建屋D	EdgeD	99	172.16.99.14	

INDEX： 索引

英字

ABR …… 130
ARP …… 72,205,218
arp コマンド …… 159,205
ASBR …… 130
BDR …… 90
DHCP …… 82
DHCP スヌーピング …… 85,126
DNS …… 207
DR …… 90
ExPing …… 166
Flex Link …… 78
HSRP …… 98
HTTP …… 210
ipconfig …… 206
IPS …… 109
IPv4 …… 136
IPv6 …… 136
IP アドレス一覧表サンプル …… 261
ITIL …… 243
L2 スイッチ …… 46
L3 スイッチ …… 46
LC コネクタ …… 59
LLDP …… 115
MDI と MDIX …… 64
MIB …… 113
MSTP …… 74,119
MTU …… 217
NAPT …… 106
NAT …… 105,106
NDP …… 139
Nmap …… 193
nslookup コマンド …… 172,207
NTP …… 114
OSPF …… 90,127
ping コマンド …… 161,216
PortFast …… 76
PVST+ …… 74
Q&A 対応業務 …… 34
Rapid PVST+ …… 74
RAS …… 238
RIP …… 87,127
RJ45 …… 57
RSTP …… 74
SC コネクタ …… 59
SI（System Integrator） …… 13
SNMP …… 53,113
SPF 計算 …… 92
STP 代替え機能 …… 77,121
Syslog …… 114
TeraTerm …… 152
tracert コマンド …… 164
Trusted …… 126
Twinax ケーブル …… 61
UPS（無停電電源装置） …… 50
VLAN …… 65
VLAN 一覧表サンプル …… 260
VRRP …… 95
VTP …… 68
Wireshark …… 181,222

あ～さ行

アノマリ型 IPS …… 110
暗黙の処理 …… 102
運用管理受託業者 …… 21
エスカレーション …… 242
エンドユーザ …… 19

オートネゴシエーション 62
オペレーション 14
カテゴリ 58
カプセル化 217
技術調査 17
キャリアアップ 249
切り戻し 33
切り分け 17
グローバルアドレス 105
グローバルユニキャストアドレス 138
クロスケーブル 58
ケーブル 56
原因調査 18
構成管理 14
サポート 247
シグネチャ型IPS 111
事前検証 143
集中ルーティング型 48
障害監視 15
常駐 20
情報システム部門 19
スター型 47
スタック接続 99
スタブエリア 131
ステートフルインスペクション 104
ストーム制御 81,124
ストレートケーブル 57
スパニングツリープロトコル 72,118
性能管理 17
責任分界点 52
セキュリティ事故 237
接続表サンプル 259
全二重 62

た～ら行

対処 18
ダイナミックルーティング 87
タグVLAN 67
着任 236
ツイストペアケーブル 57
定常業務 24
定常業務チェックシート 257
定例会 41
デュアルスタック 141
トラブル対応 200
トラブル対応業務 38
ネイバー 90
ネットワーク運用管理業務 12
ネットワーク運用管理者 20
ネットワーク管理者 20
パケットフィルタリング 101
パスコスト 75
パッチパネル 50
半二重 62
光ファイバケーブル 59
非定常業務 29
品質 238
品質管理 239
ファイアウォール 103
プライベートアドレス 105
分散ルーティング型 49
ポートVLAN 65
ポートミラーリング 222
ホップ数 88
リプレース 13
リンクアグリゲーション 70
リンクローカルアドレス 138
ルータ 46
ループ 79,213
ループ検知 80
ループ対策 123
ログ 234

[著者紹介] **のびきよ**
2004年に「ネットワーク入門サイト（http://beginners-network.com/）」を立ち上げ、初心者にも分かりやすいようネットワーク全般の技術解説を掲載中。その他「ホームページ入門サイト（http://beginners-hp.com/）」など、技術系サイトの執筆を中心に活動中。
著書に『短期集中！ CCNA Routing and Switching/CCENT教本』（マイナビ出版）がある。

[STAFF]
イラスト　カトウナオコ（katonao.com）
カバーデザイン　海江田 暁（Dada House）
制作　企画室ミクロ
編集担当　山口正樹

現場のプロが教える！
ネットワーク運用管理の教科書

2015年12月22日　初版第1刷発行

著　者　のびきよ
発行者　滝口直樹
発行所　株式会社 マイナビ出版
〒101-0003 東京都千代田区一ツ橋2-6-3 一ツ橋ビル 2F
TEL：0480-38-6872（注文専用ダイヤル）
03-3556-2731（販売）
03-3556-2736（編集）
URL：http://book.mynavi.jp
印刷・製本　シナノ印刷株式会社

ISBN978-4-8399-5780-3